贵州西部香炉山式铁矿
控矿因素与成矿规律

刘幼平　程国繁　龙汉生　于　宁
崔　滔　孟昌忠　白朝益　刘　坤　著
毛凯楠　张双菊　张　海

北　京
冶 金 工 业 出 版 社
2016

内 容 提 要

本书从大地构造位置、峨眉山大火成岩省及玄武岩高原、地层岩石、岩浆岩、地质构造与地壳演化、地球物理、地球化学背景方面研究了“香炉山铁矿”的成矿背景条件；从“香炉山式铁矿”的基本地质特征、矿体特征、矿石质量特征、地球化学特征等方面系统阐述了两个典型铁矿床；从成矿物质来源、岩相古地理地貌、古气候与古纬度、古环境与古生态、古风化作用等方面研究了“香炉山式铁矿”的控矿因素；从铁矿的时间分布、空间分布、成矿古地理环境、含矿岩系特征、矿石矿物学特征、铁矿床共伴生矿产、铁矿的风化壳形成-次生富集等方面研究了铁矿的成矿规律；探讨了“香炉山式铁矿”成矿机制，建立了“香炉山式铁矿”的成矿模式与找矿模型。研究成果对于指导后续找矿实践具有重大现实意义。

本书资料丰富、综合全面、分析透彻、观点明确、结论有据，可供从事地质矿产勘查、矿床学研究、矿产资源开发及高等院校地质专业师生参考。

图书在版编目(CIP)数据

贵州西部香炉山式铁矿控矿因素与成矿规律/刘幼平等著.—北京：冶金工业出版社，2016.12

ISBN 978-7-5024-7460-7

Ⅰ.①贵…　Ⅱ.①刘…　Ⅲ.①铁矿床—控矿因素—研究—贵州　②铁矿床—控矿因素—成矿规律—研究—贵州
Ⅳ.①P618.310.673

中国版本图书馆 CIP 数据核字（2017）第 028946 号

出 版 人　谭学余
地　　址　北京市东城区嵩祝院北巷 39 号　邮编　100009　电话　(010)64027926
网　　址　www.cnmip.com.cn　电子信箱　yjcbs@cnmip.com.cn
责任编辑　常国平　杨秋奎　美术编辑　杨　帆　版式设计　杨　帆　孙跃红
责任校对　石　静　责任印制　牛晓波
ISBN 978-7-5024-7460-7
冶金工业出版社出版发行；各地新华书店经销；固安华明印业有限公司印刷
2016 年 12 月第 1 版，2016 年 12 月第 1 次印刷
787mm×1092mm　1/16；10.25 印张；8 彩页；268 千字；151 页
50.00 元

冶金工业出版社　投稿电话　(010)64027932　投稿信箱　tougao@cnmip.com.cn
冶金工业出版社营销中心　电话　(010)64044283　传真　(010)64027893
冶金书店　地址　北京市东四西大街 46 号(100010)　电话　(010)65289081(兼传真)
冶金工业出版社天猫旗舰店　yjgycbs.tmall.com

前　言

矿产资源是人类社会发展必要的物质基础。矿产资源的开发利用则是人类社会物质文明和精神文明的重要标志，正如伟大的革命导师恩格斯所说："从铁矿石的冶炼开始，人类由野蛮时代过渡到文明时代"。贵州省矿产资源丰富，分布广泛，矿种众多，是我国重要的矿产资源大省之一。在目前查明资源储量的87种矿产中名列全国前3位的有23种，其中铁矿资源储量居全国第13位。

贵州省铁矿目前已查明矿产地128处。其中大型1处，中型18处，小型109处。贵州省铁矿床按成因可划分为层控铁矿床、海相沉积铁矿床、陆相沉积铁矿床（"綦江式"铁矿）、海陆交互相沉积铁矿床、热液铁矿床、风化残余铁矿床等六大类。已探明的铁矿资源表明：贵州省铁矿床存在小矿多大矿少、贫矿多富矿少、坑采储量多露采储量少、难采选矿石所占比重大等不足，全省除水城观音山、赫章铁矿山、菜园子铁矿，以及清镇与修文地区与铝土矿共生的铁矿等少数产地探明资源储量较多，规模可达中大型，矿石较富，具较大开采利用价值外，其余产出大多分散零星，规模小，开发利用价值有限。相比之下，"缺铜少铁"仍是贵州矿产资源优势的美中不足。

贵州省铁矿勘查已有百余年历史，是贵州省内最早勘查的矿种之一。1895年法国人杜克劳斯就到水城观音山等地进行过调查。此后，先后有瑞典人顶格兰、我国地质学家丁文江、乐森璕、王曰伦等对贵州省铁矿做过勘查工作。1961年，已大致查明全省铁矿分布状况，探明了绝大多数产地的储量。探明储量主要集中在贵州省西部地区，铁矿石以贫矿为主（约占总储量的70%以上）。富矿主要分布在水城观音山、赫章铁矿山、菜园子矿区。

可以看出，贵州省铁矿勘查前人已经做了大量地质调查研究及勘查工作，取得了很大的成绩，但对于缓解贵州省铁矿资源紧缺的状况没有根本性改变。

进入21世纪以来，在加强国家矿产资源战略储备方针政策指引下，贵州省铁矿整装勘查工作取得了较大进展，尤其是《贵州省威宁~水城地区铁多金属矿整装勘查》勘查成果显著。2007~2009年，贵州省地质矿产资源开发总公司在威宁县哲觉镇居乐一带开展铜矿普查工作时在峨眉山玄武岩组第三段顶部与宣威组底部发现一层铁多金属矿层。紧接着，2000~2013年贵州省地矿局113地质大队在威宁~水城地区开展相关地质工作时也重新认识到这层含铁岩系，并开展了相关勘查工作，如贵州省威宁县香炉山铁矿详查，探明铁矿石332+333总资源储量2200万吨。随后113地质大队又于2012~2014年在区内开展了《贵州省威宁~水城地区铁多金属矿整装勘查》工作，新增铁矿石量资源量（332+333+334?）近5亿吨，并对“香炉山式铁矿”地质特征、含矿岩系特征、矿石质量、伴生矿产等进行了初步评价。

矿床是地壳长期发展过程中形成的具一定经济价值的特殊地质体。在矿床成因分类中，沉积矿床和风化矿床都属于外生矿床的重要类型，而新发现的“香炉山式铁矿”既非典型的沉积矿床，也非典型的风化矿床，而综合体现了沉积矿床和风化矿兼有的典型特征，属于玄武岩-古风化壳沉积（堆积）型矿床，是峨眉山大火成岩省内生-外生成矿作用结合的产物。因此，无论在矿床成因分类上，还是在矿产资源勘查类型上，“香炉山式铁矿”都有其自身的定位和特殊性。鉴于“香炉山式铁矿”为贵州省近年地质找矿工作中新发现的铁矿类型，虽然有关单位和部分学者曾对该矿床的地质特征、成矿条件、共（伴）生矿产等方面作过研究，但研究工作毕竟还是较为零星的，其研究成果未能系统反映该矿床的形成背景、控制因素；未能全面揭示矿床的成矿规律和形成机制，且科学的成矿模式和找矿模式也有待建立和完善。前人对该铁矿的研究工作总体较为薄弱，其研究成果对于有效指导该区及其邻域“香炉山式铁矿”的找矿勘探实践还有一定的差距。为此，我们在贵州省2015年度省级地勘基金公益性、基础性项目《贵州省西部地区铁矿成矿规律、控矿因素与成矿预测研究》（黔国土资地勘函［2015］406号）的资助下，以贵州理工学院资源与环境工程学院为主持单位、贵州省地矿局113地质大队合作参与共同完成了本项目的研究。

本书既是项目研究成果集成的综合体现，也是吸收并深化前人地质勘查和研究成果精华的综合体现。本书以贵州省西部威宁~赫章地区新发现的产于峨眉山玄武岩组第三段顶部与宣威组第一段底部两个不整合面之间的“玄武岩-古风化壳沉积（堆积）型”铁矿床为研究对象，以香炉山和哲觉两个矿田内的典型矿床为主要解剖对象，在前人勘查工作基础上，通过详实的野外地质工作，对区内铁矿床区域成矿背景、“香炉山式铁矿”地质地球化学特征进行了系统研究并对典型矿床进行了精细解剖，总结了“香炉山式铁矿”控矿因素、探讨了“香炉山式铁矿”成矿规律与成矿机制，并初步建立其成矿模式和找矿模式，同时对“香炉山式铁矿”开展了成矿预测研究。项目研究成果不仅对丰富我国铁矿的成因类型在矿床上具有重要的理论意义，而且对于指导贵州省西部及其邻域“香炉山式铁矿”的后续找矿实践具有重大现实意义。

全书共分10章，由项目组主要成员分工合作完成。刘幼平负责统筹思路及提纲、全稿修改完善与全面统稿。全书各章节的完成情况如下：第 1 章刘幼平、龙汉生、孟昌忠，第 2 章程国繁、于宁，第 3 章龙汉生、毛凯楠，第 4 章龙汉生、于宁、张双菊、张海，第 5 章程国繁、崔滔、白朝益，第 6 章刘幼平、于宁、程国繁、张双菊，第 7 章崔滔、程国繁，第 8 章刘幼平、刘坤，第 9 章龙汉生、孟昌忠，第 10 章刘幼平。全书的插图及附录整理编制由于宁、何英和张双菊共同完成。

本书出版得到了贵州省 2015 年度省级地勘基金公益性、基础性项目《贵州省西部地区铁矿成矿规律、控矿因素与成矿预测研究》（黔国土资地勘函［2015］406 号）和贵州省普通高等学校创新人才团队项目《贵州省普通高等学校“隐伏矿床勘测”创新团队》（黔教合人才团队字［2015］56 号）的联合资助。

研究过程中得到贵州省资深地质专家王砚耕研究员在方法和理论上的悉心指导与帮助。项目实施过程中参与野外工作和研究的人员有刘幼平、聂爱国、崔滔、龙汉生、程国繁、于宁、白朝益、刘坤、毛凯楠、张双菊、程玛莉、孟昌忠、张海、李再勇、王彪、郭云胜。野外工作中得到贵州省地矿局 113 地质大队孟昌忠总工程师，李再勇、张海高级工程师，王彪、郭云胜工程师的大力协助。

本书成稿付梓之际，谨向贵州理工学院资源与环境工程学院、贵州省地矿局 113 地质大队和参与研究工作的专家、学者和为项目研究提供资料的单位表示最诚挚的感谢。

期望本书的出版能为贵州乃至我国“香炉山式铁矿”的找矿勘查工作有所补益，贡献一份微薄力量。由于风化壳矿床的成矿作用和成矿过程较为复杂，加之研究时间紧迫，著者水平有限，书中尚有疏漏和不足，敬请各位专家、同行批评指正。

著　者

2016 年 10 月

目 录

1 “香炉山式铁矿”分布概况及研究现状

1.1 “香炉山式铁矿”分布概况

“香炉山式铁矿”主要分布在贵州西北地区的威宁~赫章与六盘水市的部分地域。研究区范围地理坐标：东经 103°42′~104°45′，北纬 26°31′~26°57′，面积 3000 余平方千米。研究区内有高速公路及县、乡村公路相通，交通条件较便利（图 1-1）。

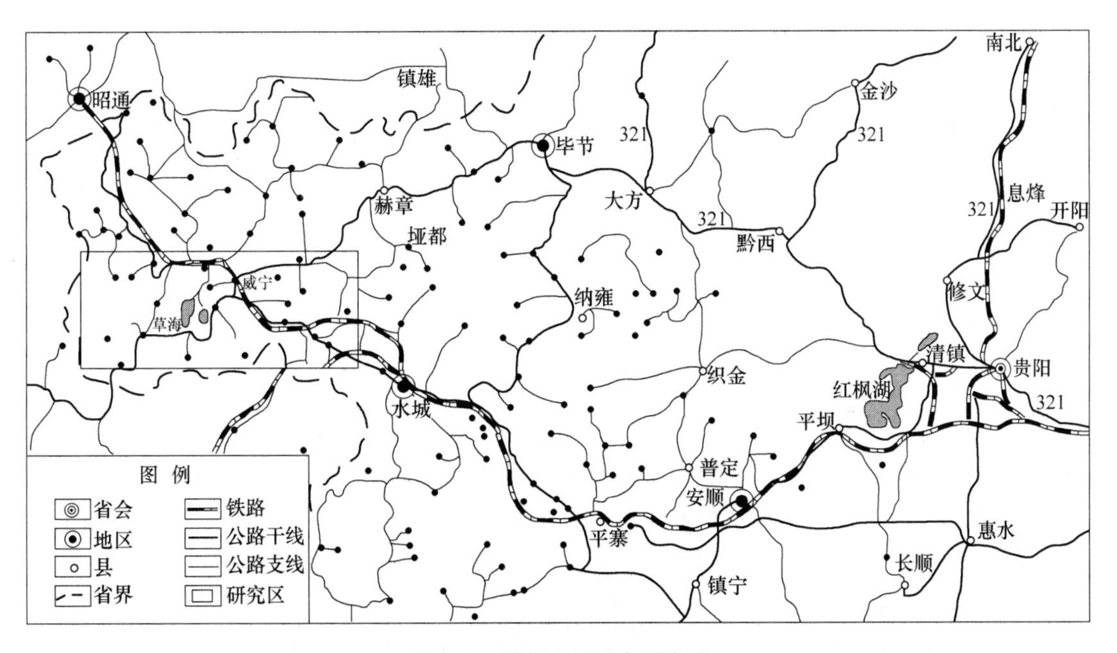

图 1-1 研究区交通位置略图

研究区属典型的山区地形，自然地理环境较差，海拔一般 1500~2600m。全省最高峰韭菜坪（海拔 2900.6m）也位于研究区内。研究区内地形切割强烈，崎岖不平。碳酸盐岩广泛分布，岩溶地貌发育，峰丛、漏斗、悬崖峭壁多见。地表水系不发育，河流多为季节性河流。

研究区内属亚热带湿润季风气候，夏无酷暑，冬季气候较寒冷，特别是威宁、赫章地区素有“西部高寒山区”之称，年平均气温不到 12℃，年降雨量较多，日照少，多雨雾天气，7~9 月为雨季，霜冻期较长。植被较发育，但多为灌木、荆棘和杂草。

研究区内经济相对落后，发展极不平衡，以农业经济为主，工业经济次之。农作物主要为玉米、洋芋、小麦。工业主要集中于六盘水市，仅煤炭、冶金等工业具有一定基础。改革开放以来，区内乡镇企业的发展，民采铅锌矿、铁矿盛行，已成为当地经济发展的支柱。

矿究区内杂居汉、回、苗、彝等民族，劳动力资源丰富。

1.2 "香炉山式铁矿"资源概况

"香炉山式铁矿"形成于峨眉山大火成岩省外带的东部边缘，赋存于峨眉山玄武岩组与上二叠统宣威组间古风化壳不整合面上，该含矿层在区内俗称"含铁岩系"，其与上下地层均为假整合接触。"含铁岩系"主要分布在由峨眉山玄武岩与宣威组组成的向斜构造中，褶皱构造决定了矿床的保存与分布空间，区内发现的铁矿层一般呈似层状或透镜状平行于向斜内地层产出。铁矿石矿物浅部（垂深0～40.5m）以褐铁矿为主，随着深度的不断加深，褐铁矿含量逐渐减少，深部主要为赤铁矿。铁岩石矿物主要为分布于"含铁岩系"其中下部的结构为火山角砾结构、凝灰角砾结构，条带状构造、层状构造，上部的凝灰结构矿物含矿性次之。该类铁矿多与铝（Al）、钛（Ti）、钪（Sc）、稀土等矿产共（伴）生。

据贵州省地质矿产勘查开发局113地质大队2014年《贵州省威宁～水城地区铁多金属矿整装勘查报告》成果，区内共新发现26个铁矿体，其中哲觉勘查区20个、香炉山勘查区6个。截至2014年12月整装勘查区范围内新增铁矿石资源量（332+333+334?）近5亿吨。

1.3 研究现状与趋势

1.3.1 铁矿勘查与研究现状

区内矿产勘查和研究程度高，据《威宁县志》记载，区内铜矿自唐朝或五代以来，不断有采冶，尤以明清较盛，但多为民采，规模较小。新中国成立前，曾有丁文江、乐森璕、罗绳武、谢家荣、阮维周等对区内玄武岩型铜矿做过调查工作。新中国成立后，先后有地矿、冶金（有色）、煤田等地勘队伍对区内铜、铁、铅锌、煤等矿产做过不同程度的勘查工作。但对区内产于峨眉山玄武岩组与宣威组间的古风化壳中的铁矿勘查和研究较少，现将与铁矿相关的地质勘查工作叙述如下。

自1938年起，罗绳武、燕树檀等先后对水城观音山、赫章铁矿山等铁矿床作了零星调查。

1958～1959年，赫威水队在二塘一带，进行了以煤矿为对象的普查工作，在对煤矿进行勘查工作的同时，发现了龙潭组底部的铁矿，并进行了勘查工作，1959年10月提交了《威宁二塘上二叠系榕峰煤系底部铁矿勘探工作简报》，提交审查的铁矿资源储量为近2000万吨，其中铁品位30%以上的80余万吨，20%～30%的1700万吨。该报告于1962年经贵州省地质局审查并批准，后经贵州省地矿局113地质大队于2008～2010年开展资源储量核查，编制有《贵州省水城县二塘铁矿区资源储量核查报告》。

1966年以后，铁矿的普查勘探工作主要集中在水城观音山、赫章菜园子及普安罐子窑等地，继续扩大产于下石炭统和中泥盆统中的工业价值较大的层控菱铁矿床的找矿远景。通过这一时期的普查勘探工作，在贵州西部发现了一大批大中型铁矿床。

1979年，贵州省地质局物探队开展了贵州西部及其附近玄武岩型铁矿初步调研工作，并提交了相应初步调查报告。

2007年10月～2009年1月，贵州省地质矿产资源开发总公司在哲觉镇居乐一带开展铜矿普查工作，在区内三棵树～段家梁子、对面坡～长梁子一带的宣威组底部发现一层铁多金属矿层，初步估算铁矿石334资源量达近900万吨。

2000～2013年，贵州省地矿局113地质大队在开展《贵州省威宁县炉山一带铜矿普查》、《贵州省威宁县炉山一带铜矿详查》矿权的地质勘查中，发现和重新认识了赋存于峨眉山玄武岩顶部～上二叠统宣威组底部的铁含矿岩系，认为含矿岩系中除赋存有“二塘式铁矿”外，尚赋存有铜、钛、稀土、钪等高价值的伴生元素，因此开展了“贵州省威宁县炉山铁多金属矿详查”并编制完成了《贵州省威宁县炉山铁多金属矿详查报告》，提交探明铁矿总资源储量2000余万吨：其中达到工业品位（25%）以上铁矿石总资源量（332＋333）为1000余万吨。

2012～2013年，贵州省有色金属和核工业地质勘查局地质矿产勘查院在赫章县雄雄戛铁矿勘探中探明贫铁矿石资源量达1.8亿吨，对其矿床地质特征、矿石特征、选冶利用等方面进行了系统研究。

1.3.2 铁矿整装勘查研究程度

贵州省地质找矿突破战略行动“246”计划实施以来，区内开展了相关的整装勘查工作，主要有《贵州省威宁～水城地区铁多金属矿整装勘查》、《威宁县龙街向斜煤炭整装勘查》、《赫章可乐向斜煤炭整装勘查》、《威宁县阳关寨背斜煤炭整装勘查》、《贵州省黔西北威水背斜铅锌矿整装勘查》、《贵州省赫章县垭都～蟒洞铅锌矿整装勘查》。上述整装勘查项目对于提高区内地质矿产程度，实现煤、铅锌、铁等矿产找矿突破起到了重要的推动作用。

与铁矿相关的主要为贵州省地矿局113地质大队承担的《贵州省威宁～水城地区铁多金属矿整装勘查》项目，他们通过1:10000地质填图、1:2000地质剖面测量、探槽施工、物探测量、工程测量、钻探及取样等工作，基本查明了研究区内“香炉山式铁矿”的含铁岩系的地质特征、分布范围及变化规律；初步评价了研究区内铁矿体的稳定程度，大致圈定整装勘查区内铁矿体的分布范围，并对区内已发现的铁多金属矿体进行了大致的控制，大致查明了部分矿体的形状、产状及规模、品位等，并对伴生稀土、钪作出了初步评价。本次工作新圈定铁多金属矿体26个，经过资源量估算，区内新增铁矿石量（332＋333＋334?）近5亿吨。同时初步总结了研究区内铁多金属矿成矿规律，指出了进一步找矿的方向，圈出了4个找矿靶区，并在找矿靶区内优选出7个成矿有利区段，并进行了找矿潜力分析。

上述工作成果的取得，为本次研究工作的深入开展奠定了坚实基础。

1.3.3 贵州及邻省铁矿床研究进展

峨眉山玄武岩一直是地学界研究的焦点之一，对贵州省西部产出的峨眉山玄武岩与成矿关系的研究由来已久。从梅厚均（1962）提出峨眉山大火成岩省开始，宋谢炎（1998，2002）、王砚耕（2003）、何斌等（2003，2004，2005）对峨眉山玄武岩喷发和性质作出了充分说明，聂爱国（2007，2012）对区内峨眉山玄武岩浆喷发对贵州西部区域成矿贡献，锐钛矿成因机制等进行了系统研究。贵州省在2001年、2003年、2005年召开的地质矿产战略研讨会上峨眉山玄武岩作为会议主题，可见峨眉山玄武岩对成矿的重要性。研究区内铜、铅锌、煤等矿种研究程度较高。对于这些矿床，不同研究人员已经在成矿机制、找矿潜力、成矿预测等领域取得了显著的成绩。特别是对铅锌、金、银、铜矿成矿作用，物质来源，成矿背景等进行了深入研究，并取得了丰硕成果，极大地推进了区内找矿突破。

贵州省铁矿现已查明矿产地128处。其中大型1处，中型18处，小型109处。据已获资料，可将贵州省铁矿划分为6种成因类型：分别为层控矿床、海相沉积矿床、陆相沉积矿床、海陆交互相沉积矿床、热液矿床、风化残余矿床。随着“宁乡式”铁矿选冶技术的突破，贵州省铁矿的开发利用或将迎来一个新的勘查开发机遇期。

云南省有色地质局地质研究所（杨平等，2011）在滇东峨眉山玄武岩分布区开展并完成了《云南省宣威~罗平铁矿勘查选区综合研究报告》，同时编制了《云南省曲靖地区稀土多金属矿整装勘查实施方案》（杨平等，2012）并开展了该地区的稀土多金属矿整装勘查。

杨平等（2013）报道了在云南东部宣威~罗平一带在二叠纪玄武岩两大喷发旋回顶部的古风化壳中发现的两层稀土、铁、钛多金属矿化层，其矿化特征为ΣREO 0.016%~0.52%、TFe 10.09%~49.44%、TiO_2 1.08%~10.94%；含矿层厚度8.0~35.0m；矿化体分布广，呈层状、似层状。他们对矿床形成机理进行了初步研究，认为矿化层的形成是“源（富稀土、铁、钛的玄武岩）~转（古风化淋积作用）~储（地形起伏不大、离古陆不远的陆相氧化淋积环境为主的有利古地理环境）”的多因素耦合的结果，指出区内稀土、铁、钛多金属矿极具成矿和找矿潜力。

涉及铁矿单矿种的成矿规律等综合研究成果也较多，但对于此次研究的“香炉山式铁矿”矿床则很少，主要成果有：

（1）《贵州省主要构造体系与汞矿及西部热液菱铁矿分布规律图（1∶50万）及说明书》（1980），综合分析了贵州西部菱铁矿的特征，论述了北西向构造带中复合构造和低级别、低序次构造控矿问题，圈出7个V级成矿远景区。

（2）《贵州省主要构造体系与西部热液菱铁矿分布规律图（1∶50万）及说明书》（1979），对贵州省主要构造体系与西部热液菱铁矿分布规律等进行了较为详细的论述。

（3）《贵州省赫章菜园子铁矿床地质特征及成矿地质条件研究》（1983），总结了成矿地质背景和矿床地质特征，用地下热水溶液成矿的观点，探讨了矿床成因，分析了成矿和控矿条件，提出了区域找矿方向。对成矿物质的来源、成矿溶液的特征、成矿温度进行了推断，建立了菜园子典型菱铁矿床的成矿模式。

（4）《贵州西部菱铁矿床成矿规律及成矿预测的研究》（1983）依据大量的铁矿勘查及测试资料，探讨了贵州西部菱铁矿床的矿床成因，认为贵州西部菱铁矿床是海相碳酸盐岩中的沉积改造矿床，是层控矿床的范畴，分析了成矿和控矿条件，并对贵州西部菱铁矿进行了成矿预测。

（5）《贵州省主要铁矿类型成矿预测及找矿方向研究报告》（1983），对贵州省铁矿类型划分进行了研究，分为海相沉铁矿床、湖相沉铁矿床、沉积变质型铁矿床、风化淋滤或坡积铁矿床、沉积改造菱铁矿五大类型，同时指出了每种类型铁矿的找矿方向并进行了成矿预测。

此外，尚有：廖世范等（1980）对赫章铁矿山菱铁矿床的成矿方式和沉积改造机理进行了讨论，认为铁矿山为一碳酸盐岩中沉积改造菱铁矿床，矿床形成经历了原生沉积和后期地下水溶液（或热液）改造两个阶段；刘文建等（1985）对菜园子菱铁矿床所具有的各种交代特征进行了较详细研究，结果表明似层状矿体与脉状矿、灰矿与黄矿都不是原生沉积形成的，其生成时期应为成岩期后，矿体形成的主要方式是：含铁热水溶液，沿构造、岩性有利地段，与围岩发生交代作用形成；林立青等（1986）对菜园子菱铁矿床氢、氧、碳同位素特征及其地质意义进行了研究，指出铁矿石与围岩的氢、氧、碳同位素组成有明显的差别，前者系由含铁热液（主要由渗流地下水与高盐度的沉积水掺和并溶滤矿体围岩及沉积铁矿含矿系中的铁质而形成）交代成矿原岩（白云岩）并充填其裂隙空间而形成，后者系正常海相沉积的产物，并认为矿床系地下水热液成矿；聂筑陵（1986）也对菜园子菱铁矿床进行了菱铁矿矿物学研究，认为矿床是地下水热液交代~充填（白云岩）成矿；宴勇等（2012）对贵州赫章菜园子铁矿稀土元素地球化学研究结果表明矿体顶底板U/Th>1，推测矿床为热水沉积；高军波等（2015）对贵州赫章水塘、雄飞和铁矿山矿段泥盆系镁菱铁矿床开展了岩石学、矿物学及矿床地球化学研究，认为区内镁菱铁矿床属于沉积~改造成因；陶平等（2015）在对贵州西部晚古生代裂陷作用及其成矿系列进行研究时，对区内裂陷槽北段的铁矿床进行了总结，认为主要有两种矿床类型，一种为产于中泥盆统大河口组含泥质碎屑岩中海相沉积型铁矿床、独山组中沉积型铁矿床等，可能为热水沉积和沉积改造成因；另一种为产于大河口组及其上覆地层独山组鸡泡段和下伏地层龙洞水组、舒家坪组局限台地碳酸盐岩地层间裂隙及切穿地层断裂中的热液菱铁矿床。

贵州省产于峨眉山玄武岩组与上覆上二叠统间不整合面中的鲕状赤铁矿床最早研究为1979年贵州省地质局物探队开展的贵州西部及其附近玄武岩型铁矿初步调研工作。由于类似矿床选冶一直没有突破，多认为其没有工业价值而弃之不理，其研究程度较低。

邓克勇等（2007）在总结前人的研究成果基础上对区内玄武岩型铜矿成矿规律进行了系统的分析研究，指出在威宁岔河向斜南东翼存在一个产于峨眉山玄武岩组（$P_{2\text{-}3}em$）与宣威组（P_3x）含煤碎屑岩的接触带上新的含铜层位——“铜铁稀土矿化层”，赤铁矿层产于矿化层中亚层中，厚0.8~5m，含铁25%~48%。何立贤（2008）又对此撰文进行了专门报道，强调“铜铁稀土矿化层”发现的信息值得重视，指出岔河向斜中可能会有丰富的铁矿资源存在，并强调要进一步进行工作，以矿化层中的铁矿为主要勘查对象，沿岔河向斜P_3x煤系底部追索，确定铁矿层的连续性，估算铁矿石资源量。

据贵州地质调查院承担的《贵州省铁矿资源潜力评价》（2013）相关成果，威宁~赫章地区“宁乡式”沉积型铁矿主要是针对产于下石炭统和中泥盆统中的工业价值较大的层控菱铁矿床进行成矿规律总结和成矿预测，对产于峨眉山玄武岩组（$P_{2\text{-}3}em$）与宣威组（P_3x）间不整合接触面上的铁矿没有提及。

区内关于该类型铁矿成矿规律与找矿预测研究较深入者为贵州省地矿局113地质大队，其在实施《贵州省威宁~水城地区铁多金属矿整装勘查》期间进行了相关综合研究工作，他们对区内二叠系玄武岩顶铁多金属矿矿床进行了锆石U-Pb测年、研究了矿石矿物组构、铁赋存形式特征及含矿岩系、围岩稀土元素特征等，认为区内铁多金属矿床属于沉积型矿床，物质来源于峨眉山玄武岩及火山碎屑岩（凝灰岩），是内生和外生作用共同作用的产物，内生作用提供物质来源，外生作用使得有用元素分解、迁移、分异、富集成矿。

张海等（2013）在对贵州西部二叠系玄武岩古风化壳型铁多金属矿床演化特征研究

时，认为玄武岩中的辉石为铁矿的形成提供了物源。铁矿床的形成过程为在二叠系玄武岩火山喷发间歇期间，大气中的强酸性气体随大气降水降落变为酸性地表水体，在温暖至湿热的气候条件下酸性地表水体造成玄武岩中的富铝矿物分解首先形成高岭石、埃洛石等黏土矿物，而Fe、Ti、V等元素也因辉石等矿物的分解而迁移出来，并在高岭石等黏土矿物形成的吸附障中富集；与此同时，含铁矿物氧化分解形成针铁矿及赤铁矿。在缺氧、还原的条件下风化壳下部铁被还原成易溶的二价状态或在有机质的作用下迁出风化壳，并在合适的地质条件（向斜构造）下富集成矿。

孟昌忠等（2015）在区内对铁-多金属矿床开展了锆石U-Pb年代学和微区元素地球化学研究，认为该新类型矿床的成因与峨眉山大火成岩省的去顶作用有关，通过分析和总结峨眉山大火成岩省边缘地区不同类型表生矿床的空间分布特征，提出该类型矿床成因是特殊的古地理环境（形成富铁红土化剖面）与晚二叠世时期反复的海进和海退作用相耦合的产物。

综上，区内“香炉山式铁矿”总体研究较薄弱，虽然在成矿机制方面进行了初步探讨，但由于113地质队在进行综合研究时还是以地质勘查找矿为主，其样品采集等方面不够系统，矿化剖面观测也还不够详细，未能全面反映矿床的地质特征，微量、稀土元素特征未能全面反映矿床形成机制，矿床成矿规律、找矿标志等需要进一步深入凝练和总结。

1.4　研究工作的主要内容及技术方法

1.4.1　研究的主要内容

（1）对研究区内“香炉山式铁矿”的成矿地质背景从大地构造位置、峨眉山地幔柱作用、大火成岩省及玄武岩高原、地球物理背景、地球化学背景方面开展了系统的研究；同时，对其区域地质概况从地层岩石、岩浆岩、地质构造与地壳演化方面开展了系统的研究。

（2）对研究区内哲觉、香炉山两个典型矿床重点开展了含矿岩系及其顶底板剖面精细测量、槽（钻）探工程的精细编录、岩矿取样及测试分析；综合已有资料，系统研究了哲觉、香炉山两个典型矿床地质特征、矿体、矿石特征及相关矿床地球化学特征，以及矿床的控矿因素与找矿标志等。

（3）对研究区内“香炉山式铁矿”开展了控矿因素研究，较系统地分析了成矿物质来源、古风化作用、岩相古地理地貌、古气候与古纬度、古环境与古生态等因素与成矿的关系。

（4）对区内“香炉山式铁矿”成矿规律进行了研究，从区内铁矿床成矿时间分布规律、铁矿床成矿空间分布规律、沉积古地理确定了矿区的有利成矿空间、含矿岩系与成矿的分布规律、矿物岩石学赋矿规律、共伴生矿产规律、风化壳形成-次生富集规律进行了详细研究。

（5）探讨了区内“香炉山式铁矿”的成矿机制、建立了“香炉山式铁矿”的成矿模式和找矿模式，并就今后“香炉山式铁矿”在区域上的找矿方向作了初步预测与探讨。

1.4.2 采用的主要技术方法

1.4.2.1 资料收集汇总

重点收集了贵州西北地区相关铁矿勘查、勘探成果及研究进展资料，如：贵州省地质矿产勘查开发局113地质大队完成的《贵州省威宁～水城地区铁多金属矿整装勘查报告》，贵州省地质调查院完成的《全国矿产资源利用现状调查、贵州省铁矿资源储量核查报告全国矿产资源潜力评价报告》、《贵州省铁矿资源潜力评价成果报告》等。

重点收集了贵州西北地区基础地质资料，如：贵州省地质调查院完成的《贵州省区域地质志》、贵州省地质矿产局区域地质调查大队完成的《贵州岩相古地理图集》等。

老资料复查，系统收集研究区范围内的地表剖面资料及相关分析测试数据，钻探、老硐、探槽及物化探等地质资料。

跟踪研究区内铁矿勘查动态，系统收集正在开展铁矿勘查勘探的相关资料，便于掌握研究区最新的勘查情况，为本次研究服务，如《贵州省威宁县香炉山铁矿详查报告》等。

有针对性地选择与“香炉山式铁矿”研究有关的地质科学问题、难题开展联合攻关，为开展该区“香炉山式铁矿”成矿规律、成矿机制研究提供基础资料支撑；跟踪国内外相似矿床的最新工作方法、分析测试手段及研究成果。收集相关论文、著作近50篇（册），如：毛德明等著《贵州西部峨眉山玄武岩及其有关矿产》，陈文一等发表《贵州峨眉山玄武岩喷发期的岩相古地理研究》，孟昌忠等发表的《黔西北威宁地区含铁铜地层及其矿物岩石学特征》等。

1.4.2.2 野外地质调查

野外地质调查内容包括：

（1）专项地质路线调查。主要针对含矿岩系地表露头展开调查，立足于含矿岩系顶底板、岩石组合、建造特征、沉积环境及其纵横向变化规律等地质资料的收集。

（2）精细剖面测制、研究重点矿体。对研究区含矿岩系剖面、古风化壳剖面进行精细剖面测量，地层剖面进行复核认识测量，与研究重点矿体相结合的手段。重点收集区内地层沉积相序，岩性、沉积构造，含矿岩系厚度，含矿岩系顶底板等相关地质资料，并采集相关测试样品。

（3）钻探、老硐、探槽复查。钻探复查、老硐复查、探槽复查，按照1:50比例尺完成原始复核编录工作。收集岩性、沉积结构构造、层序特征及古生物地质特征信息，开展沉积环境研究，并进行对比分析，总结铁矿横向变化规律。

1.4.2.3 样品分析测试

依据研究区已有的分析测试资料及工作研究程度，结合本次研究需要，设置了以下测试分析样：

（1）主量元素分析（SiO_2、Al_2O_3、TFe_2O_3、CaO、MgO、Na_2O、K_2O、Cr_2O_3、TiO_2、MnO、P_2O_5、SrO、BaO等）。

（2）微量元素分析样（Rb、Ba、Th、U、Nb、Ta、Pb、Sr、Zr、Hf、Y、La、Ce、Pr、Nd、Sm、Eu、Gd、Tb、Dy、Ho、Er、Tm、Yb、Lu等）。

（3）一般岩矿稀土分析（La、Ce、Pr、Nd、Sm、Eu、Gd、Tb、Dy、Ho、Er、Tm、Yb、Lu、Y等）。

（4）岩矿测试分析（岩石薄片、岩石光片、矿物光片分析）。

（5）同位素分析（碳同位素、氧同位素）。

（6）扫描电镜样品分析。

（7）古生物化石孢粉分析。

（8）微体化石分析、植物化石分析。

（9）XRD样品分析。

（10）电子探针微区分析。

1.4.2.4 综合研究

认真分析贵州西北部地区铁矿勘查现状，对比、总结其他地区研究现状及成果经验，依托《贵州省威宁～水城地区铁多金属矿整装勘查》项目勘查成果，系统地对研究区“香炉山式铁矿”成矿地质背景、典型矿床特征、岩石矿石特征、成矿地球化学条件、矿床成因机制及找矿标志等进行综合研究，探索研究研究区“香炉山式铁矿”的控矿因素、成矿规律、成矿机制、成矿模式、找矿标志与找矿模型。为该地区乃至贵州省进一步对该类型铁矿床勘探工作提供技术支撑。

1.4.3 关键技术与创新点

1.4.3.1 关键技术

在项目研究过程中应用了矿田构造学、矿床学、地幔柱成矿等方面的新理论对矿床特征和成矿规律进行研究；应用了地球化学元素示踪理论对成矿物质来源和古成矿环境进行研究；应用目前较新的化学蚀变指数、风化淋滤指数等新方法对古风化作用进行研究。除偏光显微镜观察研究、微体古生物化石、化学分析等常规手段外，还将电子探针微区分析、扫描电镜能谱分析、X射线衍射分析等新技术应用于项目研究中。

1.4.3.2 创新点

系统对成矿背景的研究、全面对控矿因素的研究、详细对成矿规律的研究、提出了“玄武岩～风化壳堆积（沉积）型”铁矿类型，拟定为“香炉山式铁矿”，探讨了“玄武岩～风化壳堆积（沉积）型”铁矿成矿机制，建立了“玄武岩～风化壳堆积（沉积）型”铁矿的成矿模式与找矿模型。

2 成矿背景及区域地质

贵州西部威宁、水城地区峨眉山玄武岩组与宣威组之间新发现的铁矿床，不但在矿床地质特征、矿石结构构造上与赫章铁矿山、水城观音山、普安罐子窑等铁矿床的特征有本质不同，而且与盘县火铺、西冲、老厂和三都丰乐等地的铁矿床的矿石类型及含矿层位也存在明显差异，属于古风化壳沉积（堆积）型矿床，是贵州省近年找矿地质工作中发现的新类型铁矿床。

初步研究认为，该矿床的形成不但受到特殊的大地构造位置、地层岩石序列、岩浆活动特征、地质构造背景的影响，而且还与成矿时期的岩相古地理、古风化作用、古气候、古纬度、古水文地质等成矿条件有着密切关系。本章以最新铁矿整装勘查成果和实地调研收集的资料为基础，结合矿石微观特征和近年科研成果，对矿床的成矿背景和区域地质条件进行分析与讨论。

2.1 成矿地质背景

2.1.1 大地构造位置

从全球构造角度来看，研究区大地构造位置位于特提斯-喜马拉雅造山系与环太平洋构造带的结合部位，并处于扬子克拉通西南缘（图 2-1），大地构造背景特殊。《贵州省区域地质志》（2012）划分方案认为贵州大地构造跨越扬子陆块和江南造山带两大构造单元，二者以师宗～贵阳～松桃～慈利～九江深断裂为界（图 2-2），此界北侧属于扬子陆块，南侧属于江南造山带。据此，研究区属于扬子陆块西南缘，处于北西向紫云～垭都深大断裂、北东向的弥勒～师宗深大断裂带（师宗～贵阳～九江深断裂）和近南北向小江深大断裂挟持的三角地带。自早古生代至侏罗纪，研究区长期处于被动大陆边缘构造环境，早古生代诺迪尼亚（Rodinia）超大陆裂解，断块活动强烈。加里东造山运动造成早、晚古生代呈平行不整合接触，二叠纪中期开始的地幔柱活动并产生大规模岩浆喷发～侵入，导致区内地壳多次间歇性升降，形成多个平行不整合，海水进退频繁。侏罗纪末的燕山构造运动形成了研究区内的主要褶皱和断裂系统，喜山期的构造运动使先期构造受到加强和改造，形成了现今强变形带与弱应变域相间配置，多组构造共存，块带分异明显，褶断构造带发育的陆内构造变形图像。

本区特殊的大地构造背景不仅为峨眉山大火成岩省的形成就位提供了必要的构造条件，而且为区内晚古生代地层序列的发育以及晚古生代末沉积环境由浅海台地向陆相盆地演化奠定了动力学基础。

2.1.2 峨眉山大火成岩省及玄武岩高原

最近研究成果表明，研究区位于峨眉山大火成岩省的东部边缘，含铁岩系直接覆于峨眉山玄武岩组第三段玄武质溶岩或玄武质凝灰岩之上，二者呈平行不整合接触，玄武质凝

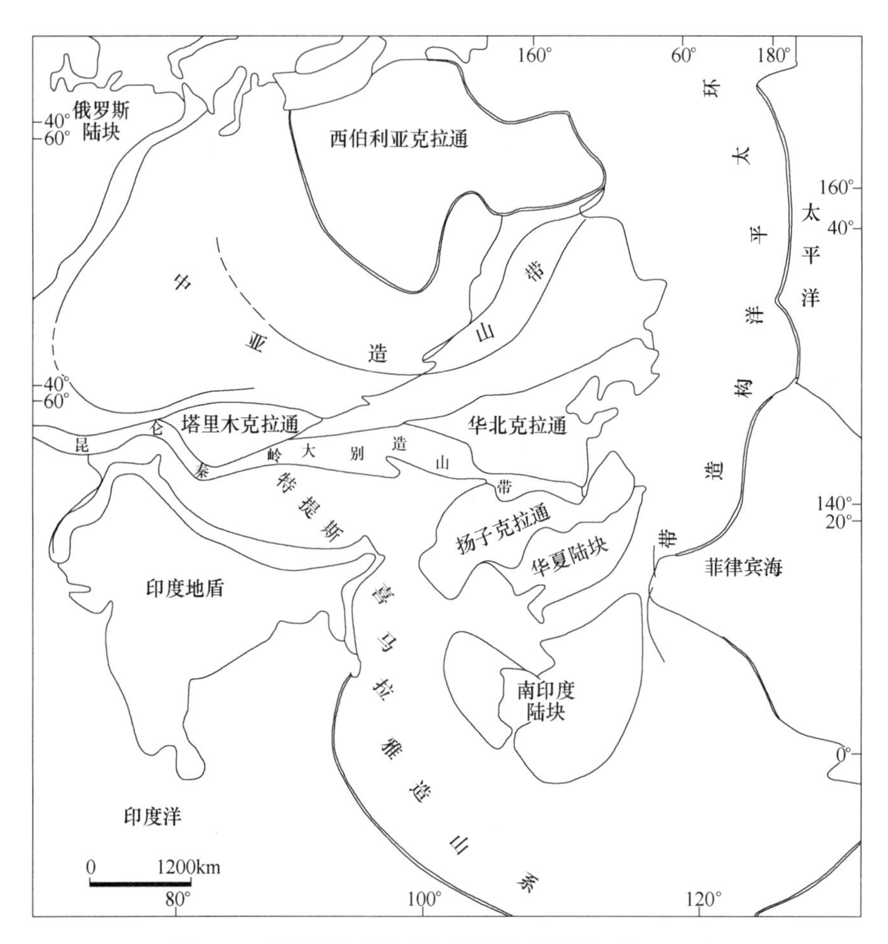

图 2-1　中国及邻区大地构造略图（据任纪舜，1999）

灰岩为铁矿形成提供了物源。由此表明，峨眉山大火成岩不仅直接与我国西南地区如攀枝花钒钛磁铁矿、铜厂河铜矿等多个内生金属矿床的形成有成因联系（宋谢炎等，1998；高振敏等，2002；王砚耕等，2003；徐义刚等，2013；汤庆艳等，2013；何冰辉等，2106），而且还为该区铁、稀土等矿产的形成提供了必要的物质来源，正如江河之水与海洋之水的联系一样，江河为海洋提供了不尽之源，从而揭示了地幔柱成矿作用的广泛性和多样性，使之成为晚古生代全球最显著、最活跃的成矿作用之一。

贵州省内峨眉山玄武岩及其同源的辉绿岩在时空上属于峨眉山大火成岩省（emeishan large igneous province，ELIP）的重要组成部分。据徐义刚（2002）研究认为，峨眉山玄武岩的喷发是峨眉地幔柱活动的结果，并以攀西裂谷带为界将大火成岩省分成东西两个区，在岩石类型上，西区为低钛玄武岩，而东区为高钛玄武岩。研究区位于东部高钛玄武岩区，全区玄武岩中 TiO_2 的平均含量大于 2.8%（《贵州区域地质志》，2012）。高振敏（2002）在《滇黔地区主要类型金矿的成矿与找矿》一书中，阐述了有关峨眉地幔柱的研究认识：峨眉地幔柱由若干呈放射状分布的亚柱组成（图 2-3），其初始地幔柱蘑菇状头部直径 1000～1500km，尾柱区中心位于四川攀枝花一带，直径 250km。贵州境内的峨眉山玄武岩，仍处于峨眉地幔柱头部区的东部边缘。

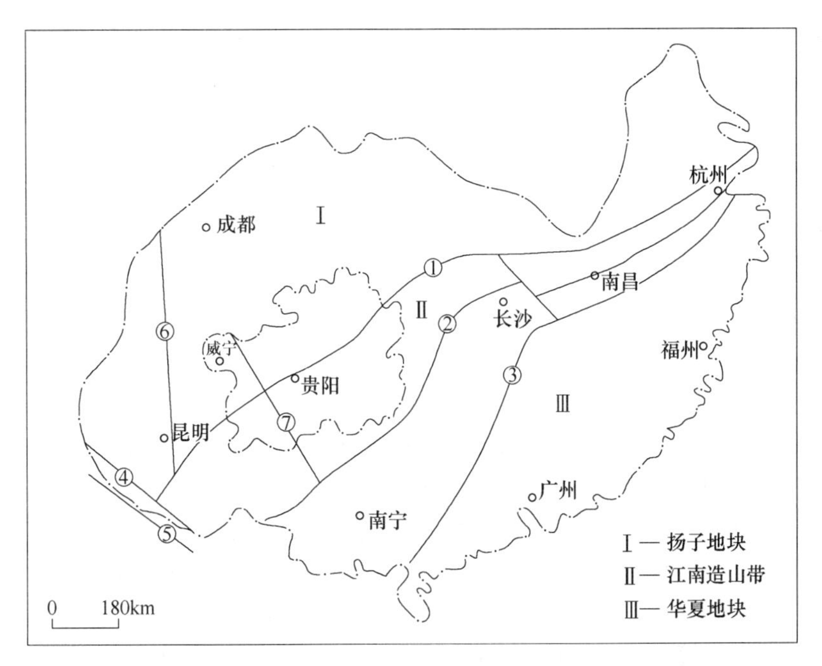

图 2-2 贵州省大地构造位置图（据《贵州省区域地质志》，2012）

①—师宗～松桃～慈利～九江断裂带；②—罗城～龙胜～桃江～景德镇断裂带；③—北海～萍乡～绍兴断裂带；④—红河断裂带；⑤—哀牢山断裂带；⑥—小江断裂带；⑦—水城～紫云断裂

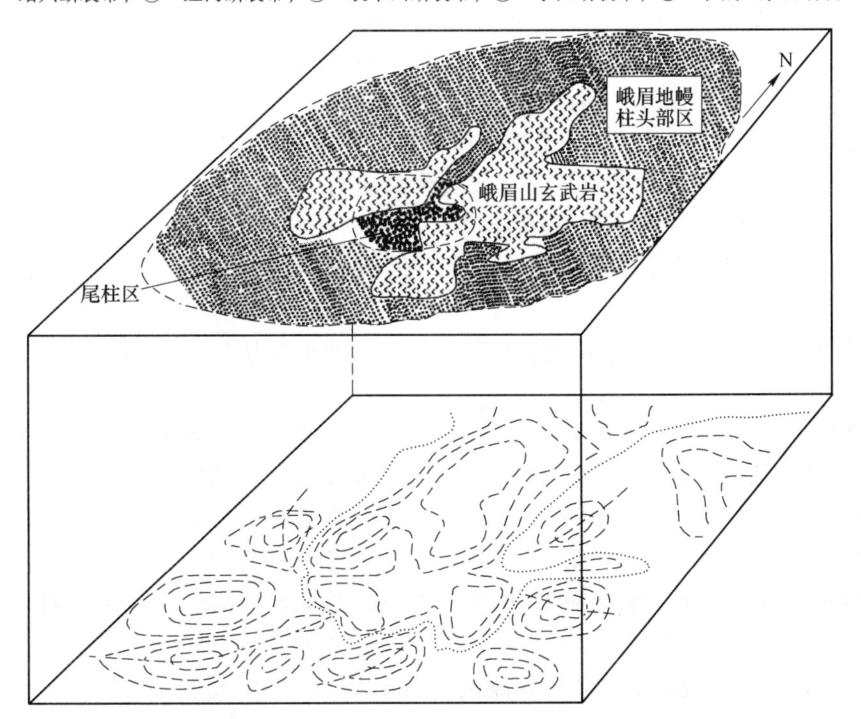

图 2-3 中国西南地区峨眉地幔柱的三维速度结构图（据高振敏，2002）

（上图为峨眉山玄武岩与峨眉地幔柱活动区（头部区与尾部区）空间关系；下图为峨眉地幔柱在 50～450km 范围内的总体速度结构构造特征，表现为由若干个呈放射状或“梅花状”相间排列的次级低速体（柱）和高速体（柱）所构成的复合低速体（柱））

何冰辉等（2016）的最新研究成果指出，何斌等和徐义刚等认为的在峨眉山玄武岩喷发之前，扬子板块西缘有过一次快速、公里级的穹状隆起与地幔柱理论模型吻合，从而为ELIP的地幔柱活动成因提供了有力的证据。此外，徐义刚等根据地球物理资料发现地壳厚度随隆起区的不同位置发生有规律的变化，地壳厚度从内带（大于60km）到中间带（约45km）再到外带（小于40km）呈现递减趋势，且在内带，岩石圈地幔存在一个高速异常透镜体，而在中间带和外带位置普遍缺失，这种配置结构的空间变化与地壳隆起结构之间的协调关系暗示了其与地幔柱活动之间的成因联系。

根据本次工作所获资料，结合前人研究成果，概括起来，对峨眉地幔柱活动具有如下认识：

（1）地幔柱活动范围大，空间分带结构明显。如图2-4所示，地幔柱大致以龙门山～小金河断裂为北西界，以哀牢山～红河断裂为南西界，东部边界可延伸到贵州凯里瓮安一带，其影响范围大于500000km^2，总体积约为300000km^3，直径约800km（侯增谦等，1999）。何斌等和徐义刚等提出峨眉山地幔柱活动造成的地壳抬升高度大于1000m，且茅口组地层存在明显的差异剥蚀，并在空间上呈有规律的变化，自西向东按剥蚀程度可分为：1）内带（深部剥蚀带），地层大量缺失，有的地区甚至缺失整个茅口组和/或栖霞组地层，剥蚀面起伏规模大；2）中带（部分剥蚀带），地层部分缺失，剥蚀面起伏不平；3）外带（古风化壳或短暂沉积间断带），地层很少缺失，普遍发育一层古风化壳；以及边缘连续沉积带（图2-4）。贵州省处于峨眉地幔柱的边缘，贵州省内峨眉山玄武岩均属高钛玄武岩，是地幔柱边缘消亡期局部熔融的产物（王砚耕等，2003）。

近年来一些研究成果表明，其西部边界可能不是哀牢山～红河断裂，而是更大的面积范围，可能已经延伸至古特提斯洋。峨眉山玄武岩组下伏地层为下二叠统茅口组、栖霞组、梁山组，上部被上二叠统及以上地层所覆盖（何冰辉，2016）。

（2）地幔柱活动时间跨度长，但玄武岩浆喷溢时限短。据卢记仁等（1996）一批学者研究，峨眉地幔柱从石炭纪就开始活动，一直到三叠纪才终告结束，地幔柱的活动时间跨度较大，但每期玄武岩浆喷发的时间短暂，喷发速率很快。可将地幔柱热事件活动分为五个阶段：

1）地幔柱活动初期，以康滇地轴核部一带形成的小型超基性岩体及基性层状侵入体（攀枝花、红格等岩体）为代表。

2）地幔柱活动早期，早二叠地幔柱活动进入青年期，巨大的地幔热柱在盐源～丽江一带上涌，导致陆内裂谷产生，形成厚度超过5000m的巨厚海相玄武岩。

3）地幔柱活动中期（裂谷期），地幔上涌导致攀西裂谷形成，并伴随着大规模的玄武岩浆喷发和喷溢活动，同时也形成一些浅成层状同源侵入体（辉绿岩）。

4）地幔柱活动晚期（地裂期），即晚二叠世，是地幔柱活动的壮年晚期。不但造成了大面积的玄武岩浆陆相喷发，还伴随着扬子板块西缘峨眉地裂运动的产生。

5）闭合期，晚三叠世金沙江洋和澜沧江洋相继关闭，形成了义墩弧火山带，标志着峨眉地幔柱活动宣告结束。

据宋谢炎等（2005）研究，峨眉地幔柱活动更确切的时限证据来自与峨眉山玄武岩有关的侵入岩体的锆石离子探针年龄测定，四川新街、攀枝花和红格等岩体的锆石年龄测定表明峨眉地幔柱的活动介于258～263Ma，即中二叠世末，这与峨眉山玄武岩的地层时代

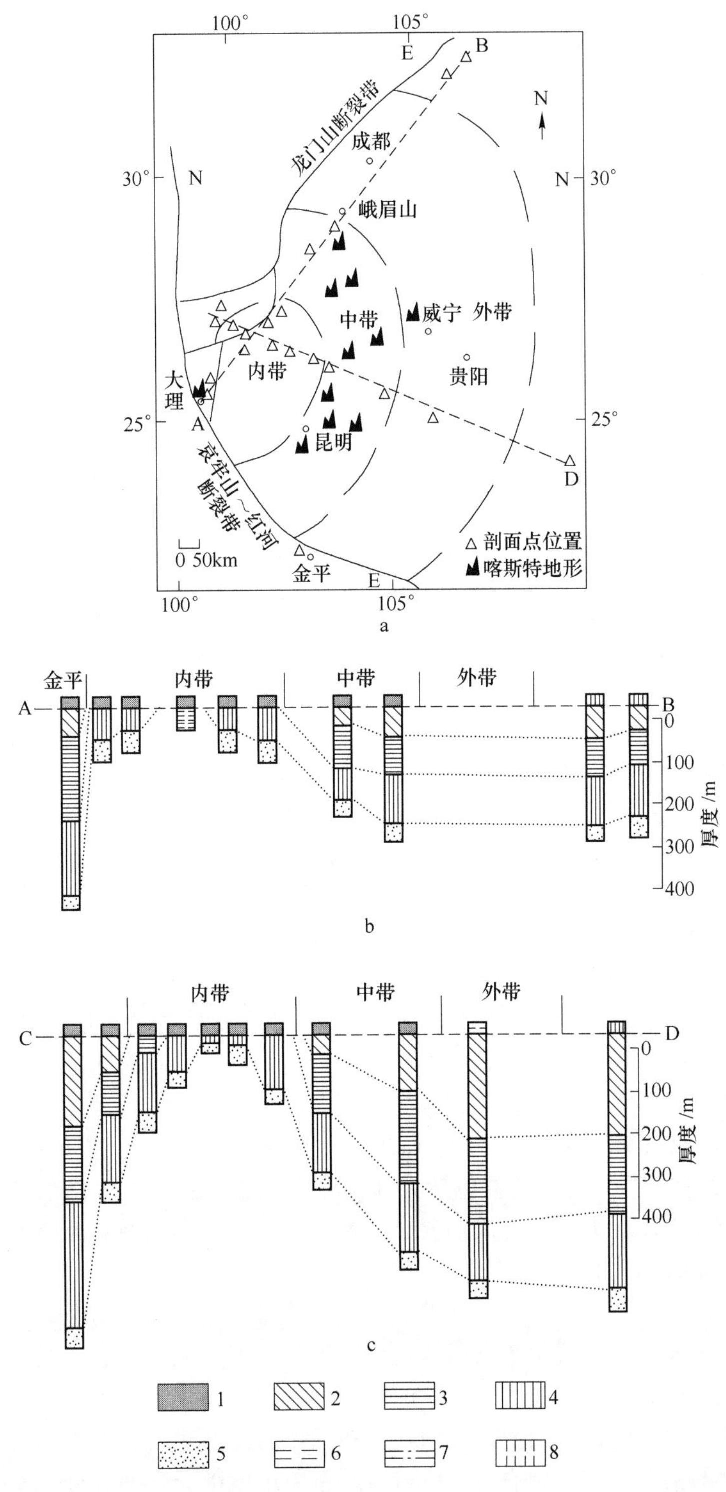

图 2-4 峨眉地幔柱及其大火成岩省地质图（据何冰辉，2016，修编）

1—峨眉山玄武岩；2—茅口组上段；3—茅口组中段；4—茅口组下段；5—栖霞组；6—梁山组；7—龙潭组；8—吴家坪组

高度吻合。

本项目研究初步认为，贵州高原岩区处于扬子陆内的滇黔坳陷区，发育最典型的大陆溢流玄武岩，以拉斑玄武岩和石英拉斑玄武岩为主，组合单一，岩性稳定。大量同位素资料证实，玄武岩的喷发活动始于中二叠世茅口期，鼎盛于晚二叠世龙潭期，结束于晚三叠世，具有多期次喷发旋回特征。主喷发期大约在 259～261.5Ma 之间，先兆～延续期为 200～280Ma。中二叠世的玄武岩主体集中于盐源～丽江岩区，晚二叠世玄武岩广布，贵州西部和云南东部为玄武岩高原的主体。

（3）与峨眉地幔柱活动相关的成矿作用广泛，矿床类型多样。峨眉地幔柱活动是扬子陆块西南缘最大的一次构造～岩浆热事件，对峨眉大火成岩省范围内的成矿起着非常重要的控制作用，不但形成了著名的 Fe、Ti、V、PGE 等亲幔元素的岩浆～热液矿床，而且更重要的是引起了强烈的壳～幔相互作用，造成大区域尺度的异常高热流场，对地壳成矿流体的形成、循环、演化起了重要的促进作用，形成遍布扬子陆块西南缘及邻区的 Au、Ag、Cu、Pb、Zn、Hg、Sb、Te、Se 等中低温热液或热液改造型矿床，反映峨眉山玄武岩的岩浆或岩浆热液流体直接参与成矿的研究成果较多（郑启钤，1985；毛德明等，1992；罗孝桓等，2002；毛景文等，2003；王砚耕，2003；高振敏，2004；胡瑞忠，2005）。然而，不仅如此，峨眉山玄武岩对成矿的控制作用还表现在它遭受风化剥蚀后为后期的沉积矿床提供了丰富而独特的巨量物源，对贵州西部及其周边地区的铁（威宁～水城地区的铁矿）、铜（云南巧家～会泽地区的沉积型铜矿）、铝（广西靖西～德宝～田阳超大型铝土矿）、稀土（贵州西部）等矿床的形成起到重要的控制作用。

（4）地幔柱导致二叠纪全球气候和生态环境巨变，二叠纪末大量生物集群绝灭。1992 年，M. F. Coffin 和 O. Eldholm 首次将大火成岩省（large igneous province，LIP）这一术语用来描述喷出地表或在深部侵入的铁镁质岩巨大堆积区，其面积在大于 100000km^2，形成时间非常短，一般为几个百万年或更短。后来，大火成岩体的概念随着其在实践中的广泛应用而得到很大发展。2008 年以前，关于大火成岩省的定义可以概括为：大火成岩省（LIP）是面积大于 100000km^2、体积大于 100000km^3，且最大寿命可以达到约 50Ma（个别者甚至可长达 100Ma）的岩浆岩省，它们产于板内构造环境，具有板内地球化学习性，以短程（约 1～5Ma）、脉动式火成活动为特征，其绝大部分火成岩（大于总体积的 75%）均在此期间内形成（M. F. Coffin 和 O. Eldhom，1994；Ernst 等，2005；Bryan 和 Ernst，2008）。在岩石类型上，大火成岩省包括大陆溢流玄武岩，巨大的大陆岩墙群、岩床和铁镁质～超铁镁质侵入体、大陆裂谷火山岩、酸性火成岩、大洋高原玄武岩和大洋盆地溢流玄武岩（Bryan 和 Ernst，2008）。

夏林圻等（2012）研究表明，晚古生代以来，在亚洲大陆上，曾发育过 5 个大火成岩省，即峨眉山大火成岩省、天山大火成岩省、西伯利亚大火成岩省、喜马拉雅～潘伽大火成岩省和德干大火成岩省（图 2-5）。

本次研究再一次表明，贵州西部大面积分布的峨眉山玄武岩和同源的辉绿岩侵入岩是峨眉地幔柱活动的结果，成为峨眉大火成岩省的重要组成部分，而且处其东部边缘，地层古生物资料表明峨眉山玄武岩的主喷发期为中二叠世茅口期至晚二叠世宣威早期，时限约为 257～259Ma（宋谢炎等，2002）。贵州的二叠世玄武岩属于大陆溢流拉斑玄武岩，呈巨大的岩被产出，分布于上二叠统的三岔河乌蒙山区，全省分布面积约为 30000km^2，大致在毕节～织金～安顺一线以西地区成片分布，以东多分布不连续。厚度自西向东逐渐变薄，最厚1249m（威宁舍居乐），在威宁哲觉至黑石一带厚一般约400～600m（图2-6）。

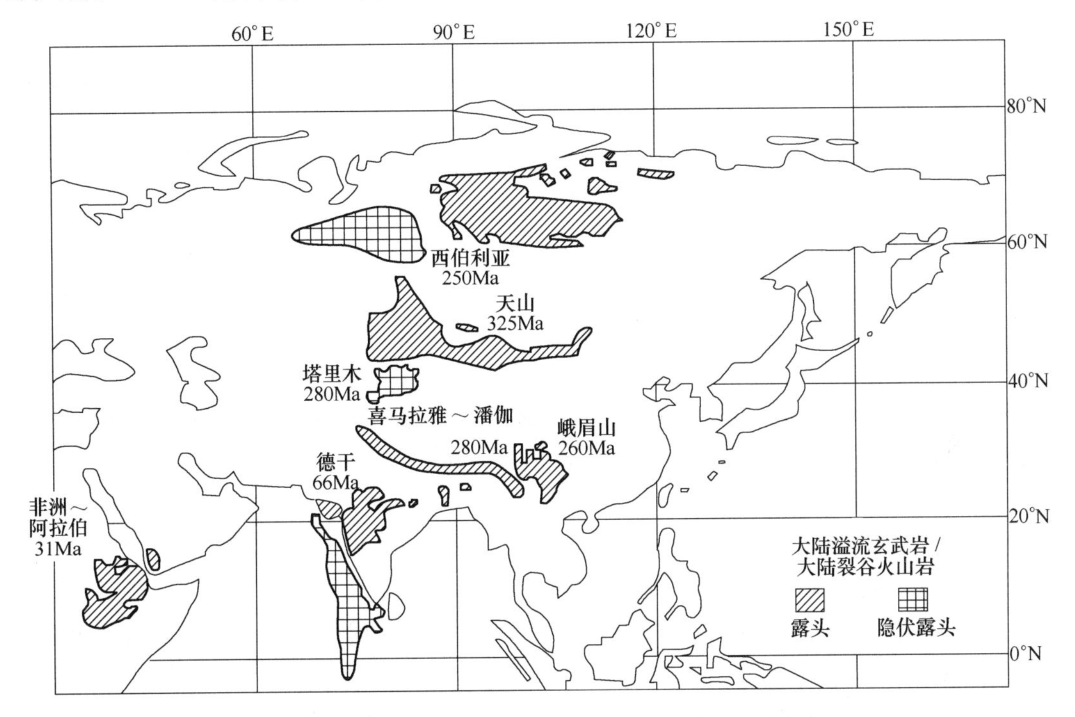

图2-5 亚洲大火成岩省分布图（据夏林圻等，2012）

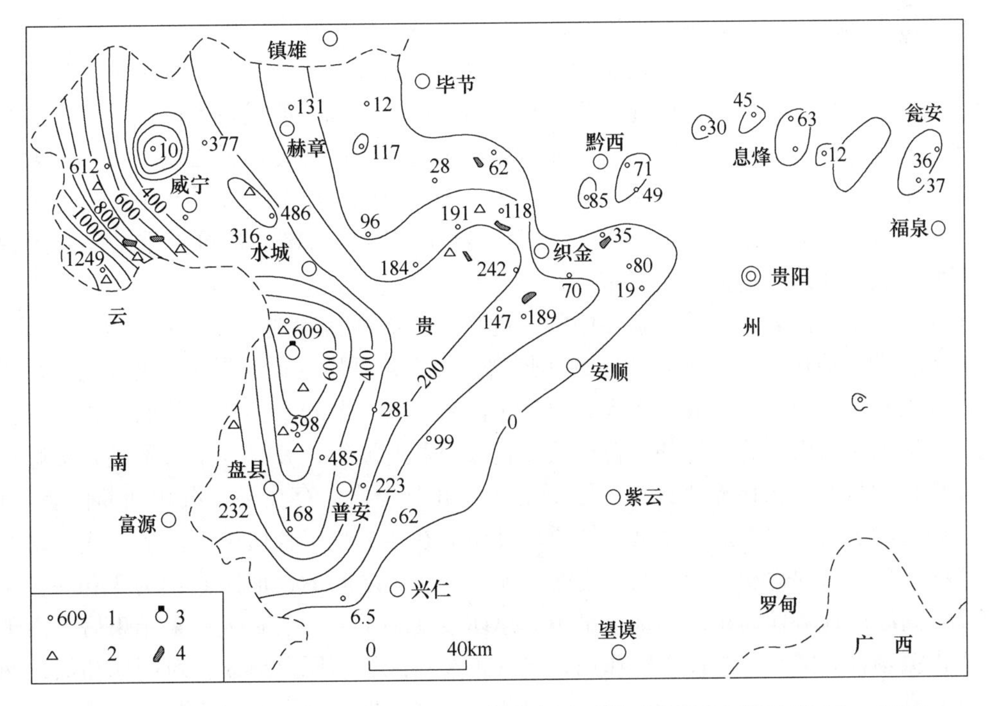

图2-6 峨眉山玄武岩组等厚线及辉绿岩体分布图（据《贵州省区域地质志》，2012）

1—位置及厚度（m）；2—集块岩分布区；3—火山角砾岩分布区；4—辉绿岩体

在威宁香炉山剖面（P1）上，玄武岩组厚774.97m，可分为三个岩性段：

第一段（$P_{2-3}em^1$），黄褐色、黄绿色块状玄武岩夹黄褐色、灰绿、紫红色凝灰质黏土岩，杏仁体非常发育，与下伏茅口组（P_2m）为平行不整合接触。厚85.15m。

第二段（$P_{2-3}em^2$），铁灰、钢灰、灰黄色块状玄武岩夹杏仁玄武岩及紫红、黄绿色凝灰质黏土岩，偶夹气孔状玄武，中部柱状节理发育。厚533.61m。

第三段（$P_{2-3}em^3$），灰黄色致密块状玄武岩与紫红色气孔状角砾状玄武岩互层，夹紫红色凝灰质黏土岩，气孔非常发育。厚156.21m。

以凝灰质黏土岩为喷发层标志，可以划分7个大的喷发旋回（图2-7），大致可代表峨眉山玄武组在威宁地区的基本层序和剖面结构。在这7个喷发旋回中，还可以气孔和杏仁体的发育程度为顶部标志，进一步划分出若干次级喷发旋回。

在威宁哲觉剖面（PM001）上，玄武岩组厚544m，也可分为三个岩性段：

第一段（$P_{2-3}em^1$），为灰绿色中厚层块状玄武岩夹杏仁状玄武岩和绿色、黑灰色黏土岩或凝灰质黏土岩，厚41.8m。与下伏茅口组（P_2m）浅灰色生物屑灰岩为平行不整合接触。

第二段（$P_{2-3}em^2$），以灰绿色、黄色、褐色中厚层至块状致密玄武岩为主，夹杏仁状玄武岩和凝灰岩或凝灰质黏土岩，厚302.1m。

第三段（$P_{2-3}em^3$），主要为灰绿、黄灰色块状玄武岩夹褐色铁质玄武岩及紫红色凝灰质黏土岩和黏土岩，厚200.1m。

以凝灰质黏土岩为喷发层标志，可以划分9个大的喷发旋回，其中第一段含3个旋回，第二段含2个旋回，第三段包括4个旋回。

从总体上来看，玄武岩组的厚度从西向东逐渐减薄，但现今观测到的玄武岩厚度为剥蚀后的残留厚度，与玄武岩浆溢流堆积时的厚度没有直接关系，而与剥蚀区地壳的隆升作用和剥蚀速率有关。在研究区内还广泛分布有与玄武岩同源同期或基本同期的潜火岩相侵入岩体，岩体主要岩石类型为辉绿岩，以岩床产出为主，次为岩株或岩墙产出。一般出露长度数百米至数千米，厚数米至数十米，最厚可达143m。岩体侵入到上泥盆统至中二叠统岩层中，其中以茅口组中的岩体最为发育。岩体与围岩的接触带可见重结晶和退色现象，并发育数十厘米厚的同化混染带。

上述峨眉山玄武岩不整合覆盖在中二叠世晚期的碳酸盐建造（即茅口组灰岩）之上。火山岩系（即峨眉山玄武岩组）由玄武质熔岩、火山角砾岩、火山凝灰岩夹以沉凝灰岩为主的沉火山碎屑岩组成，构成了大火成岩省东部岩区的主要岩石类型，从而形成贵州玄武岩高原。根据峨眉山玄武岩组的上覆地层为宣威组和龙潭组，并且为平行不整合接触；玄武岩中所含大量产植物化碎片；夹多层沉凝灰岩和黏土岩；存在多个沉积间断面等特征，表明区内玄武岩喷溢时大陆夷平面总体缓坡环境。在西部威宁舍居乐剖面上玄武岩组厚度为1249m，到东部的瓮安一带，其厚度变为36m，二者之间的平面距离约为340km，反映了玄武岩高原的地势西高东低，地形平坦，总体坡度小于1°。玄武岩喷溢结束后，由于陆壳的多次振荡性升降和差异性剥蚀作用，导致了在玄武岩高原上形成相对高地和低地两种次级地貌类型，高地的玄武岩受到侵蚀、风化和剥蚀，低地接受来自于高地风化剥蚀产物堆积和沉积。

系	统	组	段	代号	层号	层厚/m	岩性柱 0 40m	岩性描述	喷发旋回
二叠系	上统	含铁岩系		TYX	40	4.79		蓝灰、灰黄色黏土岩，中部夹豆粒状黏土岩	
					39	1.21		砖红色赤铁矿，具碎屑状和豆粒状结构。与下伏黏土岩的接触面起伏不平	Ⅶ
		峨眉山玄武岩组	第三段	$P_{2-3}em^3$	38	17.97		紫红色厚层凝灰岩，夹灰白色条带或团块，顶部的节理缝中充填褐铁矿结壳	
					37	29.04		紫红色厚层凝灰岩，夹灰白色条带或斑块	
					36	37.53		黄褐色块状玄武岩夹凝灰质玄武岩	
					35	39.63		黄褐色夹紫红色气孔状角砾状玄武岩与块状玄武岩互层	
					34	20.92		黄褐色块状玄武岩夹气孔状角砾状玄武岩	
					33	5.15		灰紫色角砾状气孔状玄武岩，角砾为棱角到次棱角状，气孔发育于层面附近	
					32	3.91		灰黄色块状致密玄武岩，风化强烈，与下伏紫红色凝灰岩的接触面呈波状起伏	
					31	2.06		紫红色凝灰岩，夹黄褐色薄层条带（厚 2～3 cm)3 层（实际上是裂隙面）黏土岩	
			第二段	$P_{2-3}em^2$	30	9.06		黄褐色块状玄武岩，单层厚 60～80cm	Ⅵ
					29	34.04		主体为黄褐色块状玄武岩，具杏仁结构。顶部为紫红色沉凝灰岩夹灰黄色的小斑块、斑点，夹鲕豆粒结构的玄武岩，粒径 0.5～2cm 为主	
					28	16.74		灰黄色致密块状玄武岩	
					27	43.48		黄褐色块状玄武岩，夹杏仁状玄武岩	
					26	63.00		青灰色块状致密玄武岩夹杏仁状玄武岩的透镜体，致密玄武岩呈弧形弯曲的面与杏仁玄武岩接触	
					25	23.67		青灰色块状致密玄武岩，其中见环形、弧形构造，环带宽 20～25cm	
					24	17.98		蓝灰色（下部） 紫红色（上部）凝灰质黏土岩，其上覆为致密块状玄武岩	
					23	23.31		钢灰色块状致密玄武岩，发育较好的柱状节理，也见有构造节理切割玄武岩	Ⅴ
					22	24.27		钢灰色块状致密玄武岩，见少量的气孔及少量的杏仁体呈团块分布	
					21	38.03		钢灰色块状致密玄武岩	
					20	18.86		下部为紫红色杏仁状、块状与气孔状玄武岩杂乱堆积，中部为块致密玄武岩。上部为块状玄武岩—杏仁玄武岩—紫红色凝灰岩韵律层	Ⅳ
					19	15.37		灰黄色块状玄武岩，风化强烈，呈砂岩的外貌，中部夹杏仁状玄武岩的团块	
					18	14.41		浅蓝灰色块状玄武岩与杏仁状玄武岩互层，杏仁体已风化成为高岭石	Ⅲ
					17	54.67		底部为碎屑状豆粒状玄武岩，夹方解石脉，厚 5～20cm，产状 340°∠ 50°；其上为黄褐色粉砂岩状玄武岩，风化较强烈，外观松散，与下伏层有明显区别，铁质含量较高，铁质沿裂隙呈网状分布	
					16	35.22		铁灰色块状玄武岩，节理和裂隙发育，裂隙面上见白色结晶方解石	
					15	18.79		灰褐色、灰黄色碎屑状玄武岩，杏仁体和豆粒结构较发育，风化较强烈	
					14	49.48		底部为铁灰色块状杏仁状玄武岩，其上均为块状铁灰色玄武岩	
					13	9.23		铁灰色块状玄武岩，近顶部见球状风化	
					12	9.23		铁灰、钢灰色含杏仁体块状玄武岩。其上为灰色、褐色块状杏仁状玄武岩	
					11	14.77		铁灰黄色块状玄武岩，夹灰褐色杏仁状玄武岩，从下到上，杏仁体增多	
			第一段	$P_{2-3}em^1$	10	10.61		杂色凝灰质黏土岩，夹杏仁状玄武岩和致密状玄武岩的大团块，呈球状风化	Ⅱ
					9～4	63.87		褐黄色块状杏仁状玄武岩夹杏仁状玄武岩	
					3	1.41		为褐黄色 褐红色黏土岩，可能为凝灰质黏土岩强风化产物	Ⅰ
					2	9.26		被浮土掩盖，根据风化物特征，推测为块状玄武岩	
	中统	茅口组		P_2m	1	2.41		深灰色中厚层生物屑灰岩，生物屑含量大于 50%，重结晶严重	
					0	>5		浅灰色厚至中厚层状生物屑灰岩，与浅灰白色中厚层状细晶白云岩互层，产大量蜓科化石，缝合线发育。产状 330°∠50°	

图 2-7 威宁香炉山凉水井峨眉山玄武岩组实测剖面柱状图

2.1.3　地球物理背景

贵州省 1:50 万布格重力异常平面图（图 2-8）反映了贵州省重力异常的分布形态及基本特征。从异常值分布特点及异常等值线展布方向可以看出贵州省重力异常具有两大基本特征：一是由东向西场值逐渐降低。东部铜仁一带为 $-40\times10^{-5}m/s^2$ 逐渐下降到威宁附近的 $-235\times10^{-5}m/s^2$，东西变化幅值达 $-195\times10^{-5}m/s^2$。二是异常平面分布带明显。在江口～剑河～榕江一线以东的东部区域，异常等值线呈南北向密集展布；在上述一线以西及毕节～安顺～紫云一线以东的中部区域，异常等值线稀疏宽缓，东侧的异常等值线呈近南北方向展布，西侧的异常等值线方向变化较大，其间存在多处圈闭负异常；在毕节～安顺～紫云一线以的西部区域，异常等值线从北东向逐渐变成北西向，等值线密集，梯度范围比东部范围宽。

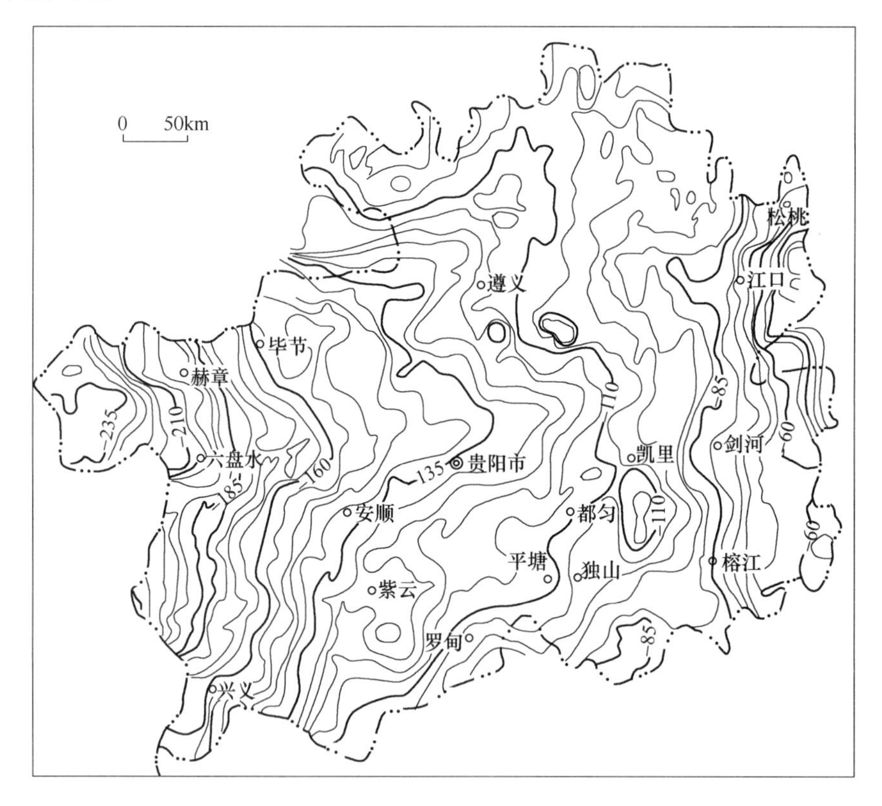

图 2-8　贵州省布格重力异常（$10^{-5}m/s^2$）平面图（据范祥发，1999）

重力异常梯度及其分带变化往往是深部地质构造和地质体特征变化的反映，范祥发（1999）根据重力异常轴向方位角等值线特征，厘定了贵州省重力异常分布和推断的深部地质构造格架（图 2-9），划分出一级断裂 4 条（图 2-9 中 F_1、F_2、F_3、F_4），其中 F_1 断裂位于我国“大兴安岭～太行山～武陵山”重力梯级带的南端，经贵州省江口～剑河～榕江一线进入广西境内，可能为濒太洋构造域活动痕迹的显示。F_2 断裂位于我国第二巨型区域重力梯级带上，为南北向龙门山重力梯度断裂带的南延部分。研究区位于此重力梯级带的西侧，重力异常值为 -210×10^{-5} ～ $-235\times10^{-5}m/s^2$。

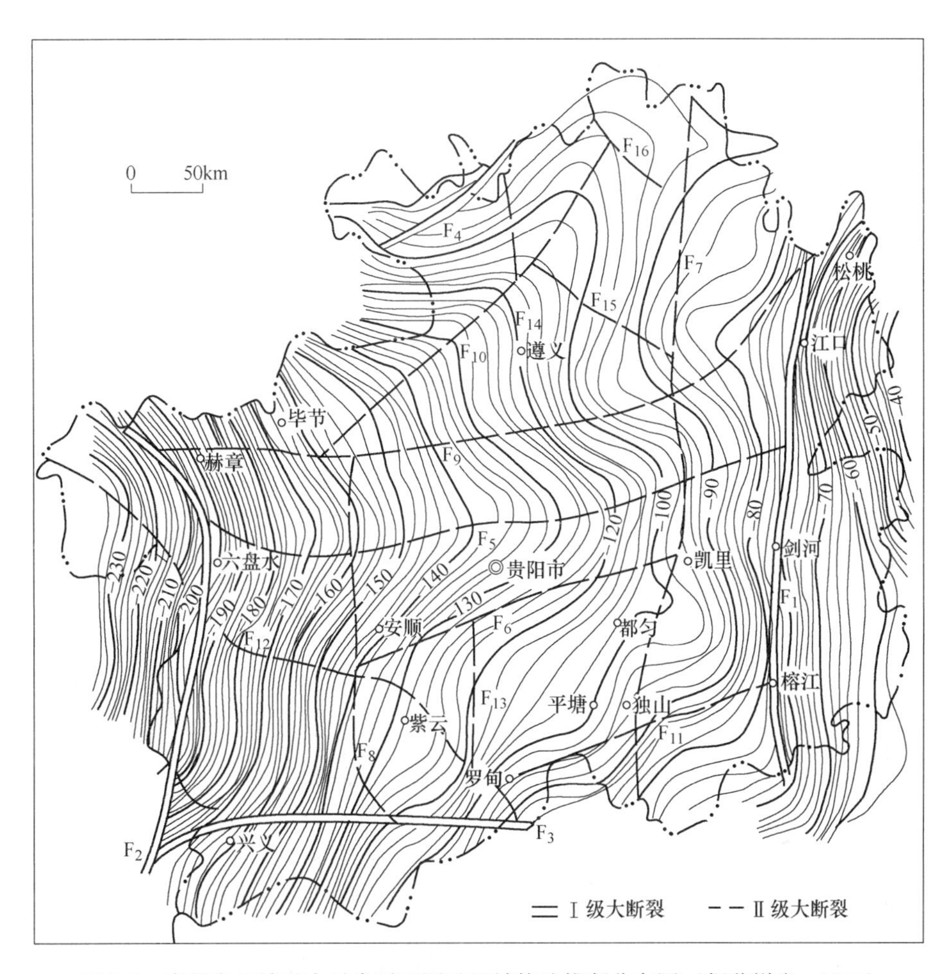

图 2-9 贵州省区域重力异常平面图及区域构造推断分布图（据范祥发，1999）

为了反映深部地质构造形态及隐伏含矿岩系的空间变化特征，贵州省威宁～水城地区铁多金属矿整装勘查项目采用音频大地电磁法（AMT）和激发极化等方法在香炉山和哲觉两个勘查区进行了剖面电磁测深，通过视电阻率和视幅频率异常特征，较好地确定了深部断裂的分布、褶皱形态的变化和含矿岩系的位置及变化。测定的物性数据表明，宣威组地层表现为低阻，玄武岩表现为高阻，含矿岩层表现为相对中高阻，凝灰岩表现为相对低阻，各组岩（矿）石电性差异较明显。因此，可利用音频大地电磁较好地划分隐伏二叠系宣威组与下伏峨眉山玄武岩组界线，圈出深部含矿岩系的分布范围。

香炉山勘查区 8—8′剖面电阻率断面图（图 2-10）较好地反映了该矿区的深部构造形态及含矿岩系的起伏变化特征，对钻探施工具有重要的指导意义，取得了较好的勘查效果。该剖面的电阻率及地质推断解释如下：

（1）剖面 220～1240m 之间为低阻异常区域推断为宣威组地层，地层厚度 0～250m 不等，形成宽缓向斜，下伏峨眉山玄武岩组的顶面起伏较大。

（2）中高阻异常带推断为含矿岩层。含矿岩层埋深 0～250m 不等，厚度 0.5～8m 不等，从向斜两翼到核部，岩系由薄变厚。

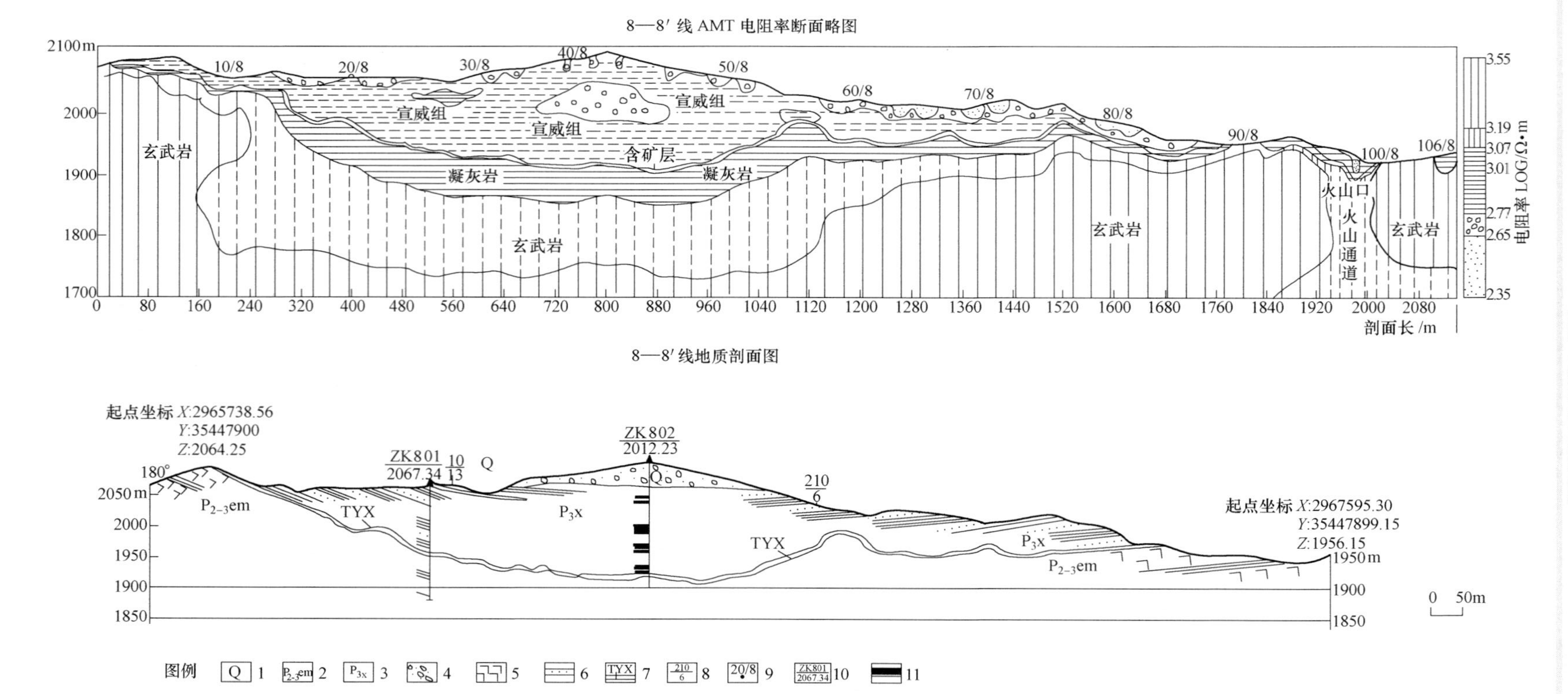

图 2-10　香炉山勘查区 8—8′AMT 物探剖面及综合解释图（据贵州省地矿局 113 地质大队《威宁～水城地区铁矿整装勘查报告》，2012，修编）

1—第四系；2—峨眉山玄武岩组；3—宣威组；4—浮土；5—玄武岩；6—砂岩；7—含铁岩系；8—地层产状；9—物探测点编号；10—钻孔编号；11—泥岩

（3）在剖面160～1330m之间，中阻异常区域推断为凝灰岩层，盖于玄武岩之上，厚度2～60m不等，在向斜核部该岩层变厚。凝灰岩在地表出露处因风化严重表现为低阻。

（4）深部高阻异常区域推断为玄武岩层，地表出现于剖面0～160m、1330～1560m间，因风化作用在地表出露地方其电阻率表现为低阻。

另外，据朱介寿等（2005）对地壳和上地幔面波层析成像进行了细化研究，

认为贵州及其邻区纵向上存在三个面波波速变化较大的界面，较好地反映了地壳至上地幔的三维结构，从而推断出贵州省地壳厚度具有西厚东薄的变化特征，在威宁一带，地壳的厚度为46km，到东部从江一带地壳厚度变为35km。

2.1.4 地球化学背景

2.1.4.1 区域地球化学元素背景

据1:20万水系沉积物地球化学、泛滥平原沉积测量资料、谢学锦编制的《中国西南七十六个元素图集》、冯济舟编制的《贵州省地球化学图集》及何绍麟《贵州地壳表层构造地球化学分区及其意义》等研究结果，研究区内地表高度聚集亲基性火成岩元素、稀土元素和部分亲硫元素。如Au、As、Be、Bi、Cd、Co、Cr、Cu、F、La、Li、Mn、Mo、Nb、Ni、P、Pb、Sb、Sn、Sr、Ti、U、V、W、Y、Zn、Zr及TFe_2O_3、Al_2O_3、CaO、MgO等元素或氧化物地球化学背景明显高于其他地球化学区和贵州省地球化学背景。SiO_2、K_2O、Na_2O背景含量极低。亲基性火成岩类元素组合主要为Ti、V、TFe_2O_3、Nb、Cu、Cr、Ni、Co，次有P、Mn、La、Y、Zr、Au、Al_2O_3等，其相关系数最高，关系十分密切，在贵州占有非常突出的地位。Ag、Pb、Zn、Cd、As、Cu、Pt、Pd等元素的丰度较高，规模大，浓集中心明显，浓度分带清晰，空间相互套合，成群成带分布的特点。其中Fe、RE（稀土元素）、Cu、Pt、Pd异常在空间上与峨眉山玄武岩关系密切，呈面状分布。

据冯济舟编制的《贵州省地球化学图集》，研究区TFe_2O_3主要分布于香炉向斜带和哲觉叠加构造区，异常强度大（图2-11）。在香炉山向斜区，TFe_2O_3的浓集区与其褶皱方向

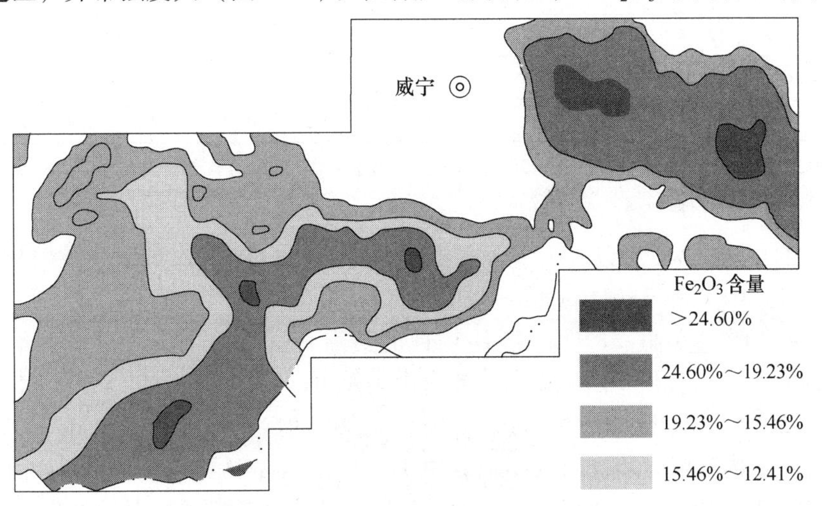

图2-11 研究区TFe_2O_3区域地球化学异常图
（据冯济舟《贵州省地球化学图集》，2012）

一致，主要呈北西向带状展布；哲觉叠加构造区，TFe_2O_3的浓集区与其褶皱方向基本一致，主要呈北东向带状展布；氧化铁的异常下限为15.46%，铁异常的高值区，氧化铁含量大于24.60%。铁异常分布受到峨眉山玄武岩组和宣威组地质分布以及构造形态的制约。

2.1.4.2　岩石地球化学特征

A　主量元素特征

为了解研究区峨眉山玄武岩的化学成分，项目组选取威宁香炉山凉水井剖面（P1）的8件样品送澳室分析检测（广州）有限公司进行主量元素、微量元素和稀土元素分析测试。主量元素采用偏硼酸锂熔融，X荧光光谱仪分析（ME-XRF26），分析结果见表2-1。并将8件样品中主量元素含量的平均值与威宁地区峨眉山玄武岩中的主量元素进行对比（表2-2）。

表2-1　研究区峨眉山玄武岩主量元素含量　（质量分数/%）

样品编号	Al_2O_3	BaO	CaO	SiO_2	TFe_2O_3	K_2O	MgO	MnO	Na_2O	P_2O_5	TiO_2
P1-1H1	17.72	0.02	0.66	49.70	12.81	0.05	2.77	0.08	0.02	0.27	5.85
P1-1H2	16.43	0.02	0.49	43.60	21.62	0.06	2.76	0.07	0.02	0.16	5.64
P1-1H3	11.66	0.01	0.39	30.67	41.61	0.06	1.53	0.10	0.01	0.18	4.24
P1-1H4	15.01	0.02	1.34	49.33	16.30	0.08	3.87	0.11	0.02	0.24	4.89
P1-2H1	12.99	0.10	7.47	47.62	14.65	1.42	4.08	0.19	2.41	0.46	4.50
P1-8H1	14.16	0.05	7.08	45.70	16.55	1.27	3.71	0.17	1.21	0.47	4.64
P1-15H1	20.06	0.12	0.75	33.52	28.01	3.64	1.34	0.17	0.20	0.35	5.37
P1-16H1	22.74	0.05	0.17	31.51	29.70	3.22	0.46	0.07	0.73	0.24	5.70

表2-2　研究区与邻区的峨眉山玄武岩主量元素含量对比　（质量分数/%）

序号	SiO_2	TiO_2	Al_2O_3	TFe_2O_3	FeO	MnO	MgO	CaO	Na_2O	K_2O	P_2O_5	总量	资料来源
1	49.76	3.69	13.03	5.19	9.61	0.22	4.39	7.35	2.28	0.94	0.33	96.79	A
2	48.75	3.8	13.37	5.28	8.6	0.25	4.41	7.49	2.85	0.37	0.4	95.57	B
3	47.12	4.75	13.61	4.91	8.75	0.11	4.58	8.5	2.58	1.4		96.31	C
4	41.56	5.1	16.35	22.7		0.12	2.57	2.29	0.59	1.22	0.3	96.22	D

注：A—1:20万鲁店幅区调报告；B—1:5万白支落幅区调报告；C—1:20万威宁幅区调报告；D—本项取样分析结果（8件样品的平均值）。

通过表2-1和表2-2可以看出本区玄武岩（其中P1-1H1、P1-1H2、P1-1H3为风化的玄武质凝灰岩）中主量元素具有如下特征：

（1）MgO的含量较低，8件样品中MgO的最高含量为4.08%，最低含量为0.46%，平均值为2.57%，而贵州省内峨眉山玄武岩中MgO的平均含量为4.55%（据《贵州省区域地质志》，2012）。表明本区的玄武岩受到一定程度的风化作用，导致MgO流失耗损。

（2）研究区内玄武岩所夹玄武凝灰岩中TFe_2O_3的含量（平均值为22.7%）（表2-2）明显高于邻区玄武岩中TFe_2O_3的含量，表明区内玄武岩中的铁质相对较富集。

（3）TiO_2含量的平均值为5.1%，明显高于区域上玄武岩中的TiO_2含量，属高钛玄武岩。

（4）SiO_2含量的平均值为 41.56%，明显低于区域上玄武岩中的 SiO_2含量，表明风化作用造成 SiO_2流失耗损较为强烈。

B 微量元素特征

采用四酸硝解，质谱光谱仪（ME-MS61）进行测试微量元素，分析结果见表 2-3。

表 2-3 研究区峨眉山微量元素分析结果 (μg/g)

样品编号	Ag	Ga	As	Ba	Be	Bi	Ge	Cd	Co	Cr	Cs	Cu	Sc
P1-1H1	0.04	34.1	1.5	240	1.13	0.08	0.31	0.20	46.0	66	0.78	372	34.8
P1-1H2	0.09	34.2	3.1	180	2.58	0.04	0.31	0.16	56.3	66	3.63	336	29.6
P1-1H3	0.18	30.2	6.7	110	3.68	0.04	1.66	0.25	56.7	49	1.20	186	19.9
P1-1H4	0.15	31.5	2.4	170	1.59	0.04	0.27	0.20	47.1	59	2.26	274	26.7
P1-2H1	0.29	27.8	0.9	870	1.63	0.03	0.30	0.10	40.1	55	1.54	247	25.5
P1-8H1	0.18	28.5	1.2	470	1.89	0.04	0.31	0.08	41.8	52	0.13	261	26.9
P1-15H1	0.22	30.6	0.9	960	3.73	0.07	0.37	0.06	51.9	65	1.68	220	32.8
P1-16H1	0.16	39.8	0.8	470	2.68	0.02	0.36	0.03	28.2	56	0.39	393	40.1
样品编号	Hf	In	Li	Mn	Mo	Nb	Ni	P	Pb	Rb	Re	Sb	Se
P1-1H1	11.9	0.156	28.0	574	1.91	45.7	95.6	1160	6.8	4.3	<0.002	0.15	3
P1-1H2	11.7	0.159	42.6	535	3.44	47.7	120.5	700	7.5	5.1	<0.002	0.68	3
P1-1H3	8.4	0.123	19.0	757	7.05	35.2	87.7	760	7.9	1.4	<0.002	1.50	3
P1-1H4	10.0	0.133	15.9	797	2.22	35.8	64.8	1000	6.3	4.1	<0.002	0.28	4
P1-2H1	10.3	0.130	12.1	1360	1.30	37.7	63.1	2010	5.8	38.6	<0.002	0.15	3
P1-8H1	10.5	0.134	8.0	1240	1.45	43.0	62.1	2100	6.7	49.6	<0.002	0.15	3
P1-15H1	9.6	0.195	10.7	1200	1.39	47.7	55.3	1470	11.3	52.1	<0.002	0.19	3
P1-16H1	9.3	0.211	5.3	529	1.28	51.2	51.6	1020	11.1	54.2	0.002	0.30	3
样品编号	Sn	Sr	Ta	Te	Th	Tl	U	V	W	Zn	Zr		
P1-1H1	4.4	40.2	3.14	0.06	8.9	0.05	8.9	515	0.9	244	450		
P1-1H2	4.3	36.7	3.32	<0.05	8.5	0.05	11.1	534	0.6	332	451		
P1-1H3	3.6	31.7	2.47	0.06	4.0	0.05	8.9	452	0.6	216	293		
P1-1H4	3.5	60.0	2.59	0.05	7.3	0.07	9.3	425	1.3	192	375		
P1-2H1	3.9	618	2.66	0.05	6.9	0.12	1.7	427	0.6	142	374		
P1-8H1	3.8	371	2.89	0.05	7.7	0.10	1.8	437	0.9	158	387		
P1-15H1	3.9	102.5	3.27	0.05	4.3	0.23	1.2	492	0.9	148	353		
P1-16H1	3.9	69.0	3.48	0.05	4.7	0.19	1.3	525	0.6	208	364		

通过表 2-3 中部分微量元素与陨石中微量元素对比，可以看出：

（1）Cr 有明显亏损，研究区玄武岩中 Cr 的平均值为 58.5×10^{-6}，而陨石中 Cr 的含量为 92×10^{-6}（R. L. Rudnick 和 S. Gao）。

（2）Ni 和 Co 明显增高，前者平均含量为 75.09×10^{-6}，后者平均含量 46.01×10^{-6}。而陨石中 Ni 元素和 Co 元素的含量则分别 47×10^{-6}和 17.3×10^{-6}（R. L. Rudnick 和 S. Gao）。

（3）Cu 元素具有明显正异常，在贵州省地矿局区调院（2003）《贵州西部玄武岩特征与铜矿关系研究报告》中提到，威宁、水城钙性玄武岩集中区 5 条剖面玄武质熔岩的 Cu 平均值为 144×10^{-6}。而本次样品分析结果，Cu 平均值为 286×10^{-6}，表明威宁地区玄武岩中的 Cu 元素更为富集。

C　稀土元素特征

稀土元素分析采用硼酸锂熔融，等离子质谱定量法（ME-MS81）进行检测，分析结果见表 2-4。从表 2-4 中，可以看出研究区玄武岩中稀土分布有以下特征：

（1）稀土总量为 275×10^{-6}，其中轻稀土总量为 211.91×10^{-6}，重稀土总量为 63.01×10^{-6}，在重稀土中 Y 的含量为 42.9×10^{-6}。轻稀土/重稀土值为 3.36，表明本区玄武岩为轻稀土富集型。

（2）在轻稀土中，铈（Ce）和镧（La）的平均含量之和为 118.7×10^{-6}，占轻稀土总量的 56%，表明轻稀土中以这两种元素为主。在重稀土中，钇（Y）的含量为 42.9×10^{-6}，占重稀土总量的 68%，表明重稀土中以钇（Y）为主。

表 2-4　研究区峨眉山玄武岩中稀土元素分析结果

样品编号	轻稀土含量							
	La	Ce	Pr	Nd	Sm	Eu	Gd	Tb
P1-1H1	44.1×10^{-6}	79.7×10^{-6}	13.75×10^{-6}	63.0×10^{-6}	14.15×10^{-6}	3.80×10^{-6}	12.60×10^{-6}	1.72×10^{-6}
P1-1H2	27.8×10^{-6}	59.4×10^{-6}	9.62×10^{-6}	41.4×10^{-6}	9.50×10^{-6}	2.89×10^{-6}	9.47×10^{-6}	1.37×10^{-6}
P1-1H3	21.5×10^{-6}	65.2×10^{-6}	7.68×10^{-6}	34.0×10^{-6}	8.05×10^{-6}	2.71×10^{-6}	8.12×10^{-6}	1.19×10^{-6}
P1-1H4	21.9×10^{-6}	53.1×10^{-6}	7.76×10^{-6}	37.2×10^{-6}	8.20×10^{-6}	2.57×10^{-6}	9.04×10^{-6}	1.19×10^{-6}
P1-2H1	44.8×10^{-6}	101.5×10^{-6}	13.20×10^{-6}	57.3×10^{-6}	12.85×10^{-6}	3.68×10^{-6}	11.25×10^{-6}	1.53×10^{-6}
P1-8H1	49.7×10^{-6}	100.5×10^{-6}	14.60×10^{-6}	63.3×10^{-6}	14.05×10^{-6}	3.89×10^{-6}	11.45×10^{-6}	1.68×10^{-6}
P1-15H1	72.3×10^{-6}	166.0×10^{-6}	21.3×10^{-6}	96.3×10^{-6}	21.1×10^{-6}	6.28×10^{-6}	17.55×10^{-6}	2.54×10^{-6}
P1-16H1	10.1×10^{-6}	31.9×10^{-6}	4.49×10^{-6}	26.7×10^{-6}	11.95×10^{-6}	3.89×10^{-6}	12.55×10^{-6}	1.59×10^{-6}
平均值	36.5×10^{-6}	82.2×10^{-6}	11.55×10^{-6}	52.4×10^{-6}	12.48×10^{-6}	3.71×10^{-6}	11.50×10^{-6}	1.60×10^{-6}
稀土总量	211.91×10^{-6}							

样品编号	重稀土含量						
	Dy	Ho	Er	Tm	Yb	Lu	Y
P1-1H1	9.84×10^{-6}	1.86×10^{-6}	5.01×10^{-6}	0.63×10^{-6}	3.75×10^{-6}	0.53×10^{-6}	48.7×10^{-6}
P1-1H2	7.49×10^{-6}	1.53×10^{-6}	3.63×10^{-6}	0.46×10^{-6}	3.02×10^{-6}	0.40×10^{-6}	37.4×10^{-6}
P1-1H3	6.31×10^{-6}	1.31×10^{-6}	3.47×10^{-6}	0.41×10^{-6}	2.29×10^{-6}	0.36×10^{-6}	29.9×10^{-6}
P1-1H4	7.22×10^{-6}	1.53×10^{-6}	4.50×10^{-6}	0.55×10^{-6}	3.39×10^{-6}	0.46×10^{-6}	41.6×10^{-6}
P1-2H1	8.40×10^{-6}	1.57×10^{-6}	4.00×10^{-6}	0.58×10^{-6}	2.94×10^{-6}	0.43×10^{-6}	41.1×10^{-6}
P1-8H1	9.01×10^{-6}	1.72×10^{-6}	4.50×10^{-6}	0.66×10^{-6}	3.56×10^{-6}	0.51×10^{-6}	44.1×10^{-6}
P1-15H1	13.85×10^{-6}	2.61×10^{-6}	7.25×10^{-6}	1.07×10^{-6}	6.11×10^{-6}	0.88×10^{-6}	60.0×10^{-6}
P1-16H1	9.32×10^{-6}	1.68×10^{-6}	4.62×10^{-6}	0.77×10^{-6}	4.33×10^{-6}	0.54×10^{-6}	40.4×10^{-6}
平均值	8.93×10^{-6}	1.73×10^{-6}	4.62×10^{-6}	0.64×10^{-6}	3.67×10^{-6}	0.51×10^{-6}	42.9×10^{-6}
稀土总量	63.01×10^{-6}						

2.2 区域地质特征

2.2.1 地层岩石

研究区内主要出露地层为石炭系、二叠系和三叠系，根据区域地层资料，结合本次调研成果，可划分为13个岩组，自下而上依次为威宁组（$C_{1-2}w$）、大埔组（C_2d）、梁山组（P_2l）、栖霞组（P_2q）、茅口组（P_2m）、峨眉山玄武岩组（$P_{2\text{-}3}em$）、含铁岩系（TYX）、宣威组（P_3x）、龙潭组（P_3l），飞仙关组（T_1f）、嘉陵江组（T_1j）、关岭组（T_2g）、二桥组（T_3e）。由于篇幅所限，本节主要描述含铁岩系及其底、顶板的岩性特征。

2.2.1.1 峨眉山玄武岩组（$P_{2\text{-}3}em$）

峨眉山玄武岩组主要为拉斑玄武岩夹火山碎屑岩和火山碎屑沉积岩，厚度600～750m，与下伏茅口组为平行不整合接触。按岩石组合特征可分为三个岩性段。

（1）峨眉山玄武岩组第一段（$P_{2\text{-}3}em^1$）：主要岩性为玄武质凝灰岩，夹灰黑色、深灰绿色致密块状玄武岩，杏仁状玄武岩。厚120～170m。

（2）峨眉山玄武岩组第二段（$P_{2\text{-}3}em^2$）：主要岩性为灰黑色、深灰暗绿色块状微晶、隐晶玄武岩，顶部夹少量凝灰岩，柱状节理发育。厚350～420m。

（3）峨眉山玄武岩组第三段（$P_{2\text{-}3}em^3$）：下部主要岩性为灰黑色、灰绿色、褐灰色凝灰岩、玄武岩，上部主要为褐红色凝灰岩。厚130～160m。

2.2.1.2 含铁岩系（TYX）

含铁岩系指是峨眉山玄武岩组第三段顶部铁质凝灰岩或块状玄武岩之上至宣威组第一段最底部黏土岩或粉砂质黏土岩（粉砂岩）之下的一套含铁铝质的岩石，它与其下伏和上覆地层均为平行不整合接触，其间夹多层铁铝质古风化壳。据地表地质填图及深部钻孔揭露，该岩系在垂向上总厚度一般3～15m，最厚达50m。一般由三部分组成（图2-12）：

（1）底部为多为褐红、暗红色铁质（含铁质）黏土岩、豆状铁质黏土岩、铁质凝灰质黏土岩、含铁质角砾黏土岩组成，厚为0.5～15m。

（2）中部为灰白-深灰色黏土岩，局部夹薄层泥质粉砂岩、粉砂质泥岩，一般厚0.5～2m，最厚达10m，产植物化石。

（3）上部大部地段为铝土质黏土岩或黏土岩，与宣威组粉砂岩接触呈平行不整合接触，局部为深灰、灰黑色页（泥）岩（仅香炉山区局部出现）。

含铁岩系代表了特定地质时期、特定地质环境的铁铝质古风化壳沉积（堆积）体，并与下伏峨眉山玄武岩组为平行不整合接触。其依据有：

（1）峨眉山玄武岩组顶部的沉凝灰岩曾经遭受到剥蚀削顶作用，国外学者称为去顶作用（unroofing）（England等，1988），导致的巨量高成矿性物质剥蚀。

（2）底部有明显的古风化壳存在，无论是在香炉山的TC11探槽中，还是在马鸡块BT2剖面、哲觉TC481剖面上都有清楚地见到底部的多个古风化壳。

（3）在大部地段，含铁岩系之下直接与紫红色的含铁凝灰质黏土岩接触，但在一些工程内（野外露和钻孔）可见该岩系直接与块状玄武岩接触，表明此接触界面是起伏不

年代地层				岩石地层			层号	层厚/m	岩性柱 1:20	岩性描述	样品	化石	备注
界	系	统	阶	群	组	段	野外						
古生界	二叠系	上统			宣威组 (P_3x)		0–1	0.24		灰白色凝灰质黏土岩，见水平层理			
							0–2	0.15		紫红色黏土岩，发育水平层理，横向厚度有变化			
					含铁岩系 (TYX)		1	0.45		灰白夹紫红色黏土岩，具水平层理。顶部为一层铁质（褐铁矿）结壳，圈层皮壳状构造，厚1～2cm	MBT 2–1H		
							2	0.32		紫红色黏土岩（可能含凝灰质），水平层理发育。产状210°∠10°。	MBT 2–2H	BF6（孢粉）	
							3	0.26		浅灰、灰白色夹黄褐色黏土岩，水平层理十分发育。黄褐色者为铁质结壳的黏土岩	MBT 2–3H	BF5（孢粉）	
							4	0.18		深灰带黑色黏土岩，水平层理不发育	MBT 2–4H	BF4（孢粉）	
							5	0.18		浅灰色凝灰质黏土岩，水平层理不发育	MBT 2–5H	BF3（孢粉）	
							6	0.27		黄褐色含粉砂质黏土岩，具水平层理不发育	MBT 2–6H	BF2（孢粉）	
							7	0.73		暗红、紫红色厚层状铁矿层。具豆粒结构，孔洞发育。以致密块状构造为主，顶面起伏不平	MBT 2–7H	BF1（孢粉）	
							8	1.23		紫红、砖红色块状赤铁矿，以豆粒结构为主，偶夹致密状。皮壳状构造和孔洞非常发育。另见硅质碎屑于矿石中，具有类塑性流动特征	MBT 2–8H		
							9	0.60		紫红、暗红色赤铁矿。致密状、豆粒结构基本同等发育	MBT 2–9H		
					峨眉山玄武岩组 ($P_{2-3}em$)	第三段 ($P_{2-3}em^3$)	10	>3.60		紫红色中厚层状凝灰质黏土岩。发育顺层或切层的铁质结壳，沿节理缝分布。结壳发育处为黄褐色。另见绿泥石条带顺节理分布			

图例　1　2　3　4　5

图2-12　威宁县香炉山矿田马鸡块含铁岩系实测剖面柱状图

1—肾豆状赤铁矿；2—凝灰质黏土岩；3—粉砂质黏土岩；4—黏土岩；5—块状赤铁矿

平的。

（4）宣威组的原始定义（1941 年，谢家荣等命名为宣威煤系；1962 年，盛金章改称为宣威组）认为与其下伏峨眉山玄武岩组之间为平行不整合关系，这几乎没有争议。岩系底界划在碎屑状、豆粒状铁矿层之底部。

本书作者认为，岩系与上覆宣威组也为平行不整合接触。由于含铁岩系与上覆地层的产状基本一致，因此，在单个工程中或在单个露头上不易识别，但通过含矿岩系剖面实测和钻孔岩芯观察，从面上来看，二者的不整合关系是较清楚的。其依据有：

（1）岩系顶部的铝质黏土岩，具豆粒结构，具水平层理或水平层理不清楚，其间夹多个极薄的铁质（褐铁矿化）风化壳，与宣威组的粉砂质黏土岩形成鲜明对照。

（2）香炉山勘查区 ZK802 中见到，铁矿层的直接顶板为浅蓝灰色粉砂岩（岩芯没有丢失），这与其他露头所见情况不一致。大部分工程中，铁矿层的直接顶板为铝质黏土岩，正好表明铁矿层的顶板有沉积缺失。

（3）在香炉山马鸡块 BT2 剖面上，含铁岩系与其顶板紫红色黏土岩之间为明显的斜截关系（附录 3）。

（4）通过含矿岩系的区域对比可知，其顶界是一起伏不平的界面，表明该界面在时间上是跳动的，为典型的平行不整合界面。含矿岩系的顶界可划在其中最上部的那层古风化壳（豆粒状铝质黏土岩）结束处。

2.2.1.3 宣威组（P_3x）

宣威组广泛分布，下部主要为灰、灰黄色粉砂岩夹泥质粉砂岩、泥岩，上部主要为粉砂岩夹深灰色页岩或煤层，植物化石丰富，为湖泊夹河流相沉积。在哲觉勘查区内煤层基本不可采，但在龙场勘查区及炉山勘查区含 1 ~5 层局部可采煤层。

2.2.2 岩浆岩

峨眉山玄武岩组主要包括玄武质熔岩和玄武质火山碎屑岩两大岩石类型，后者又可再分为玄武质火山角砾岩、玄武质砂屑凝灰岩和玄武质火山凝灰岩 3 个亚类。

2.2.2.1 玄武质熔岩

玄武质熔岩是峨眉山玄武岩最主要的岩石成分，岩石外观主要呈黄绿、墨绿、黑灰、黄灰、黄褐等色调，风化程度越高岩石的颜色越偏黄褐色，较新鲜的岩石主要为墨绿色。以致密块状至厚层状为主，第二段中下部发育柱状节理。主要矿物成分为斜长石和辉石，次有玻璃质、磁铁矿、钛铁矿、绿泥石、石英等。

据威宁香炉山凉水井实测剖面（P1）岩矿鉴定结果，岩石主要为拉斑玄武结构（间隐间粒结构），含杏仁状构造。拉斑玄武结构是指在杂乱、不规则状排列的斜长石长条状晶体（斜长石具黏土化现象）所形成的间隙中充填矿物为辉石粒状晶体（辉石具黏土化现象）、磁铁矿粒状晶体（磁铁矿具褐铁矿化现象）和玻璃质（玻璃质具黏土化现象）（附录 3）。

在喷溢层的顶部和底部常发育杏仁状、气孔状构造。杏仁和气孔含量一般为 3%~12%，个别样品达 25%。以圆形和椭圆形居多（附录 3），有时还产出长条状、云朵状、蝌蚪状等复杂形态（附录 3）。杏仁体的直径多小于 5.00mm，个别可达 10.00mm。其中气孔为绿泥石、石英（包含玉髓）充填而转化为复~单质杏仁体。

显微镜下的主要矿物特征如下：

（1）斜长石：板条状，自形。有两种产出形式：

1）呈基底主要矿物成分形式产出，这是主要产出形式，结晶粒度长一般0.10~0.30mm、宽一般0.01~0.05mm。

2）呈斑晶成分形式产出，结晶粒度长一般0.3~2mm、宽一般0.05~0.5mm，含量较少。其含量一般为48%~62%，主要为60%左右。常具黏土化现象。

（2）辉石：柱粒状，他形~半自形。结晶粒度一般0.01~0.05mm。呈基底次要矿物成分形式产出。含量约13%~17%。具黏土化现象。

（3）玻璃质：不显光性特征。呈基底次要矿物成分形式产出。含量一般13%~15%。

（4）磁铁矿：他形~半自形，粒状，结晶粒度多小于0.02mm。具褐铁矿化现象。呈样品基底少量矿物成分形式产出。含量约2%。

（5）绿泥石：自形~半自形，鳞片状，结晶粒度多小于0.10mm。具黏土化现象。呈杏仁体基本充填矿物构成形式产出，含量一般4%~6%，强绿泥石化时其含量可达20%。

（6）石英：包含玉髓。他形~半自形，放射状~柱粒状，结晶粒度多小于0.10mm。呈杏仁体充填矿物构成形式之一，含量一般3%~6%。

2.2.2.2 玄武质火山碎屑岩

A 玄武质火山角砾岩

玄武质火山角砾岩主要发育于峨眉山玄武岩组第三段中下部及顶部，具火山角砾结构（附录3）。岩石基本上由火山碎屑及填隙物等组分构成。

火山碎屑约占岩石总量的80%。分布较为均匀。粒度基本上2.00~64.00mm、以火山角砾最为主见，大小不一，无分选性。组分单一，为玄武质岩屑（具间粒间隐结构、间隐结构）即半塑性~塑性玄武质岩屑（又称塑变玄武质岩屑、玄武质浆屑、玄武质火焰石、玄武质熔岩条带等，具压扁、拉长变形、半定向、内部杏仁体略为发育、冷凝边发育等特点，形态不一，呈透镜状、次圆状、长条状等）。

填隙物约占岩石总量20%。分布较为均匀。成分为绿泥石、石英，对火山碎屑起胶结作用。

B 玄武质砂屑凝灰岩

玄武质砂屑凝灰岩具凝灰结构或岩屑结构（附录3），基本上由火山碎屑及填隙物等组分构成。

火山碎屑约占样品总量85%。分布较为均匀。粒度基本上小于2.00mm、以火山凝灰最为主见，大小不一，无分选性。组分单一，为玄武质岩屑。

填隙物约占样品总量15%。分布较为均匀。成分为钠长石、方解石。对火山碎屑起胶结作用。

C 玄武质火山凝灰岩

岩石具凝灰结构（附录3），基本上由火山碎屑及填隙物等组分构成。火山碎屑约占样品总量93%。分布较为均匀。以粒度小于2.00mm火山凝灰最为主见，粒度2.00~

5.00mm火山角砾个别偶见，大小不一，无分选性。组分单一，为玄武质岩屑。具褐铁矿化、弱黏土化现象。褐铁矿化、弱黏土化作用使其内部结构遭到一定程度的破坏。

填隙物约占样品总量7%，分布较为均匀。成分为黏土矿物，对火山碎屑起胶结作用。

2.2.3 地质构造与地壳演化

研究区长期处于被动大陆边缘的扬子陆块或扬子克拉通西南部，由于所处的大地构造位置的特殊性，其构造变形特征既表现出与典型克拉通地区构造特征的相似性，也反映出深部构造边界、建造组合特征以及构造应力状态等方面的差异而呈现出自身特色。王砚耕（1999）指出，贵州地质构造可分为深层构造和浅层构造两个系统：所谓深层构造是指上地壳以下的中、下地壳的构造；所谓浅层，泛指地壳浅部，即通常所称的上地壳，浅层构造变形最基本的特征是“层、块、带”有序的排列和规律的组合，形成颇具特色的变形图像。初步研究认为，研究区的构造包括深部构造和表层构造两部分。所谓深部构造系指前燕山期的深部断裂或断裂带，此类构造对晚古生代以来裂谷发展、岩浆活动、盆地演化、岩相古地理格局以及表层构造变形均具有明显的控制作用。结合更大区域的沉积建造、古地理变化等特征，认为研究区存在近南北向的小江断裂带、北西向的威宁~紫云断裂带和北东向的寻甸~宣威断裂带（图2-13）。所谓表层构造，主要指在燕山期构造应力场的作

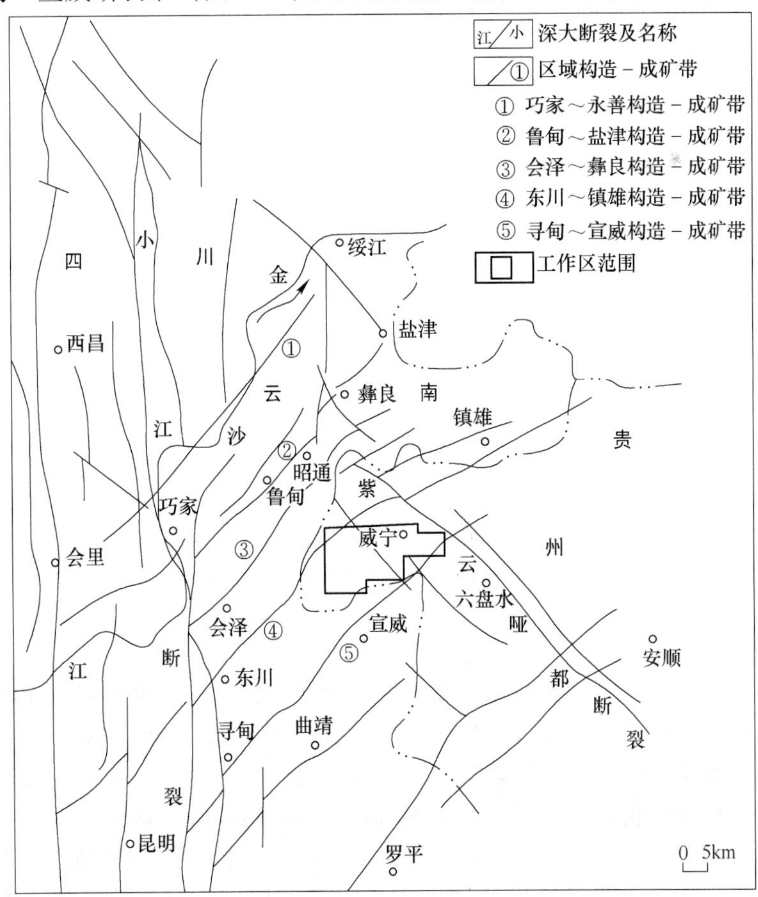

图2-13 威宁~水城地区区域构造纲要图

用下形成的各种构造形迹及其组合特征。据《贵州省区域地质志》（2012）的构造单元分区划分方案，研究区位于羌塘~扬子~华南板块~扬子陆块~黔北隆起区~威宁穹盆构造变形区（四级构造单元）的北西隅。

2.2.3.1　构造变形特征

本区构造变形的主要特征在平面上表现为弱变形块与强变形带相间配置，弱变形块内岩层总体产状较缓，以穹状隆起为特征；而强变形带由紧密的线状褶皱和断层组成褶断带，岩层产状较陡，局部岩层倒转，形成倒转或平卧褶皱。从构造线方位来看，包括近南北向、北西向和北东向3组构造。北西向的构造主要分布于威宁南东地区，以金钟~艾家坪褶断带为代表，带内的褶皱轴迹主要呈北西至北西西向延伸，轴面陡立甚至向北东倒转，与褶皱相伴的逆冲断层发育。北东向的构造主要发育于威宁西侧，以三道河褶断带（哈喇河向斜）为代表，在松山至小海子一带，强大的北东向构造横跨于北西向构造带之上，并阻挡了北西向构造的发展，形成颇具特色的叠加构造。根据变形强度和构造组合特征可概略将研究划为哲觉、威宁和香炉山3个构造分区（图2-14）。

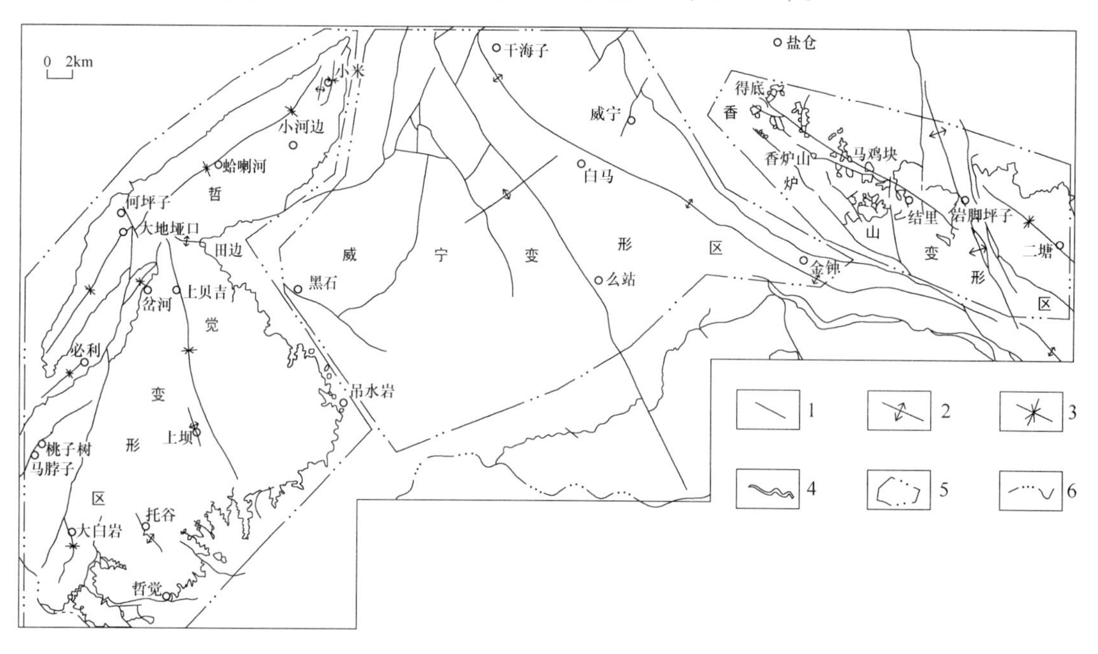

图2-14　研究区构造纲要图

1—断层；2—背斜；3—向斜；4—含铁岩系；5—构造分区界线；6—省界

A　哲觉构造变形区

哲觉构造变形区位于研究区西部，覆盖了哲觉勘查区。它是由一组北东向褶皱和北北西向的褶皱叠加形成的叠加构造区，在平面上呈蘑菇形。北北西向的褶皱总体较宽缓，属直立褶皱类型；而北东向的褶皱较紧闭，轴面均倾向北西，属斜歪褶皱，轴迹呈左阶雁列展布，表明是受到近南北方向直扭应力作用的形成的。初步研究认为，这两组褶皱具有相互限制关系，应属于同期构造应力场作用的结果。必利背斜在岔河北侧向北东倾伏，其枢纽倾伏端与近东西向田边背斜的倾伏端遥相呼应，北北西向的哲觉向斜叠加于其上。同时，哲觉向斜的枢纽也在这一带扬起，向斜消失。取而代之成为哈喇河向斜的南东翼。很显然，哲觉向既叠加在北东向的必利向斜之上，同时又被北东向哈喇河向斜形限制，因此，这两组褶皱基本是同时形成的。但是，在桃子树向斜的中部（马脖子一带）由于其叠加在北西向褶皱之上的而形成鞍状构造，表明北西向的褶皱形成时间要早于北东向的褶皱。

除褶皱之外，变形区还发育了北北西和北东向的两组断层。地层断距多为 100 ~ 400m，规模较大者为大地垭口断层，其余断层的规模均较小。区内褶皱轴迹和含铁岩系常被这两组断层左行或右行切割，表明断层形成时间比褶皱的形成时间晚，是褶皱作用强化和递进变形的结果。

变形区内的主要褶皱包括哲觉复式向斜、哈喇河向斜、必利背斜、桃子树向斜，前者占据变形区中部和南部，影响面积最大，后三者分布于西北部，在平面上其轴迹呈左阶雁列展布。

（1）哲觉复式向斜。哲觉复式向斜主要由哲觉向斜、上坝背斜、托谷背斜和大白岩向斜等次级褶皱组成。哲觉向斜是对区内变形影响最大的褶皱，其轴迹主要呈北北西向，经过上贝吉和上坝东侧，核部最新地层为关岭组，两翼岩层倾角一般为 10° ~ 16°。核部地段岩层变缓，倾角为 6° ~ 12°。断层附近或褶皱转折端岩层产状变陡，倾角多为 20° ~ 30°。含铁岩系主要沿复式向斜的翼部边缘分布。

（2）哈喇河向斜。哈喇河向斜对区内变形的影响也较大，核部保存的最新地层为下侏罗统遂宁组。轴迹呈北东向，从西部结戛一直延伸小米以东，长度大于 30km，该向斜属于区域上三道河向斜的西段。在何坪子附近，其轴迹被大地垭口断层右行切割，平面位移约 400m。两翼岩层倾角 25° ~ 60°，越近核部产状越陡，轴面向北西倾。

（3）必利背斜。必利背斜影响到必利至岔河一带的地层，轴迹呈北东向延伸，中部被大地垭口断层破坏。核部最老地层为中二叠统茅口组（P_2m），翼部地层依次为峨眉山玄武岩组和宣威组。必利一带，南东翼地层的倾角多为 50° ~ 60°，北西翼地层的倾角一般为 40° ~ 50°。北东端于陈家院子附近倾伏，其倾伏端与田边背斜的西部倾伏端遥相呼应。

（4）桃子树向斜。桃子树向斜发育于本区西部，其轴迹呈北东向，核部最新地层为上三叠统二桥组。南东翼岩层较缓，倾角一般为 23° ~ 29°；北西翼岩层较陡，倾角主要在 32° ~ 59°之间。轴面向北西倾。在马脖子一带被北西向褶皱叠加而形成鞍状构造，该北西向褶皱的轴迹延伸方向与托谷背斜首尾相望，似有成因联系。

B　威宁构造变形区

威宁构造变形区位于研究区中部，其影响范围南部延伸至黑石 ~ 金钟一线以北，北部波及干海子至周家营一带，从下石炭统地层分布形态来看，其总体平面形态呈三角形；从上二叠统峨眉山玄武岩分布的形态来看，其平面形态约呈正方形。变形区的北东和南东两端延伸分别卷入北东向三道河褶断带和北西向金钟 ~ 艾家坪褶断构造。

该变形区是由北西向和北东向的两个区域性背斜横跨叠加而形成的穹状构造区，核部位于草海一带，最老地层为下石炭统大塘组第一段（C_1d^1），地层产状较缓，岩层倾角为 10° ~ 30°。从变形强度来看，北北向的褶皱较强，主干褶皱为艾家坪 ~ 金钟背斜；而北东向的褶皱相对较弱，在白马西侧的银石一带，形成近于东西向的构造鼻。另一显著特征是，在变形区北西隅，北西和北东向的两组断裂发育，形成网状断裂系统，将区内地层切割成诸多断块，次级褶皱的恢复较为困难。区内的含铁岩系由于挤压隆升而剥蚀殆尽。

C　香炉山构造变形区

香炉山构造变形区位于研究区东部，最显著的特征是该区主要由北西向和北北西向褶皱组成，构造叠加作用的影响相对较弱，属于区域性威宁～紫云北西向构造带的北西端重要组成部分。其中包括香炉山向斜、岩脚坪子背斜和二塘向斜，三者在平面上呈左阶雁列展布。

（1）香炉山向斜。香炉山向斜轴迹呈北西向延伸，核部最新地层为下三叠统飞仙关组，两翼地层为宣威组和峨眉山玄武岩组。两翼地层倾角多小于20°甚至更缓。由于受多组断裂切割，褶皱的完整性受到破坏，轴迹连续性差。含铁岩系多沿两翼出露，大部地段含矿岩系被第四纪系覆盖。

（2）岩脚坪子背斜。岩脚坪子背斜位于变形区中，轴迹呈北北西向展布。核部地层为茅口组，两翼地层为宣威组和峨眉山玄武岩组。由于受到断层破坏，轴迹的连续性差。

（3）二塘向斜。二塘向斜轴迹呈北西向展布，核部最新地层为下三叠统飞仙关组，两翼地层为峨眉山玄武岩组和龙潭组。翼部岩层的倾角一般为20°～30°。断层附近和褶皱转折端，岩层产状随即变陡，小褶皱复杂。含铁岩系变薄而消失。

2.2.3.2　造山作用与地质发展历史

研究区处于扬子板块内部，地壳结构为大陆地壳，即长英质（花岗质）地壳。区域地质和区域地球物理资料表明，威宁一带地壳厚约为46km，地壳厚度从西向东逐渐减薄，从江附近为35km，具有三层结构，即上地壳、中地壳和下地壳的分层性明显。邻区出露的最老地层震旦系，分布于研究区以西的白支落附近，晚古生代地层是研究区的主体，震旦纪至侏罗纪地层总厚度达10000余米（据1:20万威宁幅地质报告），组成上地壳的主体。研究区的地壳是扬子陆块的有机组成部分，主要造山进程有四堡（武陵）、加里东、印支、燕山和喜山等五次造山运动（表2-5）。地壳表层构造变形强烈，强变形带与弱应变域相间叠置，具有大陆板块内部造山的基本构造特征，燕山造山运动奠定了区域构造的基本轮廓。研究区及其邻域长期处于大陆板块内部，开～合构造是构造变形的基本旋回，构造变形是板内造山作用的结果。晚二叠世的峨眉地幔柱隆起导致大面积玄武岩喷发，以及随后的多次间歇性地壳隆升～风化剥蚀对研究区铁矿的形成具有十分重要的控制作用。

A　造山作用

a　四堡（武陵）造山作用

四堡（武陵）造山作用表现为新元古界下江群/板溪群与下伏梵净山群的角度不整合。不整合面上下的地层（岩层）的构造变形强度、构造线方位、构造样式及变质程度等均有显著区别。该造山作用使杨子陆块和华夏陆块拼贴在一起，从而形成罗迪尼亚（Rodinia）超大陆。

b　加里东造山作用

加里东造山作用表现为上、下古生界之间呈角度不整合或平行不整全接触，在黔东三都、荔波地区，中泥盆统邦寨组与下寒武统三都组呈角度不整合接触；区内则表现为下泥盆统邦寨组与下伏中志留统马龙群呈平行不整合接触。该造山作用反映了罗迪尼亚超大陆经过裂解后又再一次拼贴，形成了我国南方统一的华南大陆，造山类型属于陆～陆碰撞。本次构造运动的底板褶皱仍以近东西向的黔中大背斜为主，并出现北东和北西向的两组大

表 2-5 前新近纪地质历史发展阶段

阶段名称（编号）	地质时代/Ma			造山作用	板块边界	造山类型
喜马拉雅造山	新生代	古近纪		喜山		
印支～燕山造山（Ⅴ）	中生代	（约 65）白垩纪				
		侏罗纪	J_2 J_1	燕山	汇聚	陆/洋 B 型俯冲
		三叠纪	T_3 T_2 T_1	印支		陆块俯冲
海西陆内隆起与凹陷（Ⅳ）隆裂凹陷	晚古生代	（约 250）二叠纪	P_3 P_2 P_1	地幔隆起（峨眉地幔柱）	离散	
		石炭纪	C_2 C_1			
		泥盆纪	D_3 D_2 D_1	加里东	汇聚	陆～陆碰撞
加里东碰撞造山（Ⅲ）	早古生代	（约 416）志留纪	S_2			
Rodinia 超大陆裂解（Ⅱ）		奥陶纪	O_1		离散	
		寒武纪	$\in_4$ $\in_3$ $\in_2$ $\in_1$			
	新元古代	（约 541）震旦纪	Z_2 Z_1			
		南华纪	Nh_3 Nh_2 Nh_1			
Rodinia 超大陆形成（Ⅰ）		前南华纪	（约 740）下江时期（约 820）	武陵	汇聚	陆～陆碰撞—弧～陆碰撞
			梵净山时期（约 870）			

注：据王砚耕，2015，修编。

断裂，这两组断裂的存在对泥盆纪至二叠纪的岩相古地理格局具有重要控制作用。

c 印支造山作用

根据邻区及大区域资料，特别是新近的研究成果认为，该造山运动为印支（越北）陆块向扬子陆块仰冲形成的一次陆内造山作用，其构造方位较为复杂。区内主要表现为印支造山作用远程效应的影响，形成了中三叠统关岭组与上三叠统二桥组之间的平行不整合。

d 燕山造山作用

研究区内无白垩纪地层，但据区域资料，燕山造山进程表现为上白垩统与前下白垩统的角度不整合。本次造山作用影响范围广，强度大，是贵州境内地质构造雏形产生的重要运动，系西太平洋板块向中国大陆板块 B 型俯冲的结果，其构造线方向主要为 NNE。

e 喜山造山作用

研究区北部三道河一带保留有古近系三道河组，该组与其下伏三叠系二桥组、关岭组呈平行不整合接触，反映了区内喜山造山运动较为强烈。该造山作用系印度板块向欧亚板块俯冲的结果，使先期褶皱出现明显的共轴叠加现象，并产生断裂和地震活动。

B 地质发展历史

区内地壳经历的上述五次造山作用，是漫长地质历史时期大陆板块内部水平运动的结果，以此五次造山作用为标志，可将研究区其邻域前古近纪的地质演化历史分为 5 阶段（表 2-5 和图 2-15）。

a Rodinia 超大陆形成阶段（Ⅰ）

本阶段指新元古代梵净山时期（850～820Ma）的汇聚构造背景下先经陆～陆俯冲，

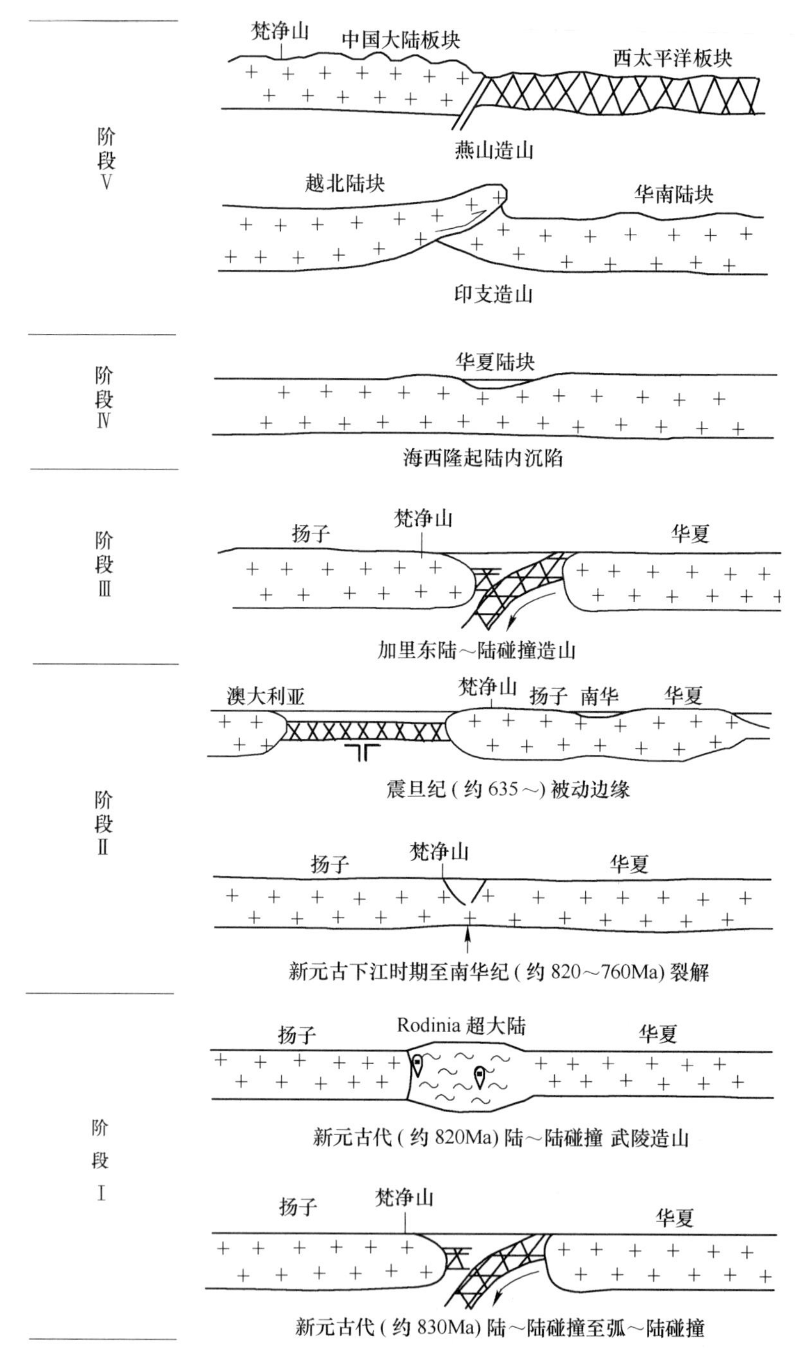

图2-15 区内及邻域前新近纪地质演化略图（据王砚耕，2015，修编）

再由弧~陆碰撞形成 Rodinia 超大陆。

b Rodinia 超大陆裂解阶段（Ⅱ）

本阶段为新元古代下江时期至早古生代早志留世初期，区内处于超大陆的东南部，发生了陆内裂解~裂陷作用，微陆块出现多次升降运动，形成奥陶系与寒武系之间以及下寒武统筇筑寺阶与梅树村阶之间的平行不整合（据1:20万鲁甸幅地质报告）。

c 加里东碰撞造山阶段（Ⅲ）

本阶段为华夏陆块与扬子陆块在早志留世中期以后发生陆~陆碰撞造山，使本区成为华南大陆的组成部分。加里东造山运动不仅造成晚志留世和早泥盆世的部分地层缺失，而且使古海岸线方向由原来的北东向转变成北西向。

d 海西陆内隆起与凹陷阶段（Ⅳ）

在加里东碰撞造山形成华南陆块的基础上，由于构造应力场改变，区内地壳处于造山期后的伸展状态，形成了北西向的威宁海槽，海槽中心位于罗卜夹至威宁一线，海盆内沉积了泥盆纪和石炭纪的碎屑岩与碳酸盐岩组合。古海岸线位于天桥~垭都~兴发一带。早石炭世岩关期，海槽转为北西西向，其中心位于黑土河~大寨~三王庙东侧一线，直至中二叠世梁山时期，北西向的海槽仍然存在。中二叠世茅口晚期，峨眉地幔柱开始活动，深成岩体侵入造成区内处于穹状隆升状态，从而使茅口组晚期地层遭受大面积剥蚀。紧随其后，峨眉山地幔柱进入强烈活动时期，晚二叠世早期大规模大陆拉斑玄武质岩浆喷溢，并在岩浆喷发间歇期遭受剥蚀，出现正常沉积岩夹层，形成多个喷发~沉积旋回，岩石组合表现为由玄武岩夹沉积岩组成的“三明治”结构。晚二叠世晚期（龙潭期或宣威期）本区进入陆表海和陆相沉积阶段。

e 印支~燕山造山阶段（Ⅴ）

中三叠世至白垩纪，研究区受印支~燕山造运动影响，形成北西向、北东向和近南北向的褶皱、断裂组合，叠加构造明显。

3 矿床地球化学特征

3.1 样品描述

本次在贵州西部威宁～赫章地区共采集82件岩矿样品。所采样品按岩性可以分为玄武岩、铁质凝灰质黏土岩、凝灰质黏土岩、铁矿石四种类型。其中玄武岩样品10件，铁质凝灰质黏土岩样品27件，凝灰质黏土岩样品8件，铁矿石样品37件，按25%≤TFe≤30%、30%＜TFe≤40%及TFe＞40%，铁矿石依次可分为低品位铁矿石、中品位铁矿石和高品位铁矿石。

对所采样品均做了主量、微量和稀土元素分析测试。样品分析测试在澳实分析检测广州（有限）公司完成。其中，主量元素分析采用X荧光光谱仪进行测试（XRF26d），精度控制相对偏差（RD）小于5%，准确度控制相对误差（RE）小于2%，分析项目为SiO_2、Al_2O_3、CaO、TFe_2O_3、K_2O、MgO、MnO、Na_2O、P_2O_5、TiO_2共10种氧化物及烧失量LOI。微量元素采用电感耦合等离子体发射光谱和电感耦合等离子体发射质谱进行测试（ME-MS61），精度控制相对偏差（RD）小于10%，准确度控制相对误差（RE）小于10%，包括Ag、Al、As、Ba、Be、Bi、Cd、Ce、Co、Cr、Cs、Cu、Ga、Ge、Hf、In、Li、Mg、Mn、Mo、Nb、Ni、Pb、Rb、Sb、Sc、Sn、Sr、Ta、Th、Tl、U、V、W、Y、Zn、Zr等37种元素。稀土元素分析采用电感耦合等离子体发射质谱进行测试（ME-MS81），精度控制相对偏差（RD）小于10%，准确度控制相对误差（RE）小于10%，分析项目包括La、Ce、Pr、Nd、Sm、Eu、Gd、Tb、Dy、Ho、Er、Tm、Yb、Lu、Y等15种元素。

3.2 主量元素特征

3.2.1 玄武岩主量元素特征

区内玄武岩主量元素特征具有相对高钛、高铁的特征（表3-1）。其化学组成为：SiO_2 38.29%～56.63%，均值46.57%；TiO_2 2.62%～6.74%，均值4.30%；Al_2O_3 12.58%～19.26%，均值15.14%；TFe_2O_3 12.81%～20.44%，均值14.30%；MnO 0.08%～0.93%，均值0.27%；CaO 0.18%～15.10%，均值4.65%；MgO 0.69%～9.45%，均值3.76%；Na_2O 0.02%～5.46%，均值1.93%；K_2O 0.05%～1.66%，均值0.60%；P_2O_5 0.24%～0.67%，均值0.48%。

3.2.2 黏土岩主量元素特征

区内黏土岩主量元素特征具有相对高钛的特征（表3-2）。其化学组成为：SiO_2 40.04%～43.2%，均值42.17%；TiO_2 4.66%～9.24%，均值6.62%；Al_2O_3 31.48%～36.22%，均值34.34%；TFe_2O_3 0.95%～4.57%，均值2.54%；MnO 0.01%～0.05%，均值0.02%；CaO 0.06%～0.56%，均值0.16%；MgO 0.14%～0.46%，均值0.22%；Na_2O

表 3-1 贵州西部地区“香炉山式铁矿”玄武岩主量元素含量及参数特征 (%)

样品号	样品名称	SiO_2	TiO_2	Al_2O_3	TFe_2O_3	MnO	CaO	MgO	Na_2O	K_2O	P_2O_5	LOI	总计
ZTC511-1	气孔状玄武岩	56. 63	4. 36	16. 96	10. 42	0. 24	1. 38	0. 69	0. 67	1. 66	0. 67	5. 45	99. 13
ZTC511-Y1	气孔状玄武岩	38. 29	3. 56	14. 06	10. 33	0. 93	15. 10	0. 74	2. 69	0. 40	0. 50	12. 81	99. 41
P1-8H1	高铁玄武岩	45. 70	4. 64	14. 16	16. 55	0. 17	7. 08	3. 71	1. 21	1. 27	0. 47	4. 69	99. 65
ZK801-8	角砾状玄武岩	51. 18	2. 62	12. 18	13. 40	0. 28	4. 97	3. 78	5. 46	0. 07	0. 62	5. 29	99. 85
ZK801-9	角砾状玄武岩	43. 51	2. 64	13. 49	14. 54	0. 29	5. 38	7. 24	2. 66	0. 92	0. 62	8. 00	99. 29
ZK801-10	角砾状玄武岩	43. 50	3. 21	15. 58	13. 54	0. 30	2. 97	9. 45	4. 09	0. 09	0. 61	6. 48	99. 82
P1-2H1	块状玄武岩	47. 62	4. 50	12. 99	14. 65	0. 19	7. 47	4. 08	2. 41	1. 42	0. 46	3. 29	99. 08
P1-1B2H	强风化玄武岩	40. 28	6. 74	19. 26	20. 44	0. 12	0. 18	1. 31	0. 04	0. 08	0. 30	10. 78	99. 53
P1-1H1	杏仁状玄武岩	49. 70	5. 85	17. 72	12. 81	0. 08	0. 66	2. 77	0. 02	0. 05	0. 27	9. 54	99. 47
P1-1H4	杏仁状玄武岩	49. 33	4. 89	15. 01	16. 30	0. 11	1. 34	3. 87	0. 02	0. 08	0. 24	8. 26	99. 45
范 围		12. 18 ~ 19. 26	2. 62 ~ 6. 74	12. 58 ~ 19. 26	12. 81 ~ 20. 44	0. 08 ~ 0. 93	0. 18 ~ 15. 10	0. 69 ~ 9. 45	0. 02 ~ 5. 46	0. 05 ~ 1. 66	0. 24 ~ 0. 67	3. 29 ~ 12. 81	99. 08 ~ 99. 85
均 值		46. 57	4. 30	15. 14	14. 30	0. 27	4. 65	3. 76	1. 93	0. 60	0. 48	7. 46	99. 47

表 3-2 贵州西部地区“香炉山式铁矿”黏土岩主量元素含量及参数特征 (%)

样品号	样品名称	SiO_2	TiO_2	Al_2O_3	TFe_2O_3	MnO	CaO	MgO	Na_2O	K_2O	P_2O_5	LOI	总计
PM465-8Y-1	灰白色含铝质黏土岩	42. 24	4. 66	34. 54	3. 51	0. 03	0. 18	0. 22	0. 38	2. 26	0. 09	10. 73	98. 84
ZTC511-Y14	灰白色黏土岩	42. 22	7. 58	34. 41	2. 13	0. 01	0. 11	0. 19	0. 07	0. 08	0. 14	12. 76	99. 71
ZTC511-Y16	灰白色黏土岩	42. 95	5. 73	34. 76	2. 98	0. 01	0. 07	0. 18	0. 08	0. 13	0. 08	12. 70	99. 67
MBT2-4H	黑灰色黏土岩	40. 04	9. 24	33. 53	1. 60	0. 04	0. 07	0. 17	0. 09	0. 21	0. 19	13. 62	98. 81
MBT2-5H	灰色黏土岩	42. 82	5. 81	35. 58	2. 17	0. 01	0. 06	0. 14	0. 09	0. 05	0. 14	12. 82	99. 7
MBT2-3H	浅灰白色黏土岩	42. 46	6. 42	34. 18	2. 39	0. 03	0. 07	0. 21	0. 06	0. 54	0. 32	12. 63	99. 32
PM465-9Y-1	浅灰色含铝质黏土岩	43. 20	4. 81	36. 22	0. 95	0. 01	0. 14	0. 18	0. 26	0. 94	0. 04	12. 08	98. 83
JZK0101-H3	紫红色黏土岩	41. 46	8. 67	31. 48	4. 57	0. 05	0. 56	0. 46	0. 26	0. 12	0. 09	11. 64	99. 48
范 围		40. 04 ~ 43. 2	4. 66 ~ 9. 24	31. 48 ~ 36. 22	0. 95 ~ 4. 57	0. 01 ~ 0. 05	0. 06 ~ 0. 56	0. 14 ~ 0. 46	0. 06 ~ 0. 38	0. 05 ~ 2. 26	0. 04 ~ 0. 32	10. 73 ~ 13. 62	98. 81 ~ 99. 71
均 值		42. 17	6. 62	34. 34	2. 54	0. 02	0. 16	0. 22	0. 16	0. 54	0. 14	12. 37	99. 30

0.06%~0.38%，均值0.16%；K_2O 0.05%~2.26%，均值0.54%；P_2O_5 0.04%~0.32%，均值0.14%。

3.2.3　铁质黏土岩主量元素特征

区内铁质黏土岩主量元素特征具有相对高钛、高铁的特征（表3-3）。其化学组成为：SiO_2 33.24%~59.97%，均值42.63%；TiO_2 1.32%~5.92%，均值3.92%；Al_2O_3 14.46%~32.96%，均值22.18%；TFe_2O_3 6.97%~23.54%，均值16.61%；MnO 0.01%~0.81%，均值0.16%；CaO 0.04%~3.59%，均值1.12%；MgO 0.08%~9.78%，均值1.68%；Na_2O 0.02%~6.74%，均值1.38%；K_2O 0.03%~4.56%，均值1.4%；P_2O_5 0.02%~1.82%，均值0.59%。

3.2.4　铁矿石主量元素特征

区内铁矿石主量元素特征具有相对高钛、高铝的特征（表3-4）。其化学组成为：SiO_2 14.07%~33.52%，均值26.31%；TiO_2 2.88%~9.89%，均值5.86%；Al_2O_3 11.66%~25.84%，均值20.77%；TFe_2O_3 25.51%~53.83%，均值35.37%；MnO 0.01%~0.33%，均值0.12%；CaO 0.06%~2.10%，均值0.82%；MgO 0.02%~4.70%，均值0.55%；Na_2O 0.01%~0.73%，均值0.15%；K_2O 0.01%~3.64%，均值0.94%；P_2O_5 0.05%~0.49%，均值0.25%。

总体上，玄武岩、黏土岩、铁质黏土岩以及铁矿石在主量元素相关图（图3-1）上具有很好的相关性，黏土岩、铁质黏土岩以及铁矿石的演化趋势与玄武岩基本一致。各类样品在TFe_2O_3与SiO_2、Al_2O_3的相关图中呈现明显的负相关，与TiO_2呈现明显的正相关；在SiO_2与Al_2O_3的相关图中除铁矿石、玄武岩表现为正相关外，黏土岩与铁质黏土岩表现为负相关。在TFe_2O_3与CaO、MgO、Na_2O、K_2O相关图中整体无明显的线性关系。在单独的铁矿石主量元素图解中，TFe_2O_3与SiO_2、Al_2O_3等负相关更为明显（图3-2），这表明区内铁矿的形成与脱硅、脱铝有着极为密切的联系，或者说区内“香炉山式铁矿”的成矿物源最有可能来自高铁玄武岩的长期淋滤风化作用。

综上，区内玄武岩、黏土岩、铁质黏土岩、铁矿石在主量元素相关图中具有较好的继承演化关系，它们均表现出TFe_2O_3与SiO_2、Al_2O_3的明显的负相关，尤其是铁矿石的负相关性更为明显，不同品位铁矿石（由低至高）表现出的负相关性更为明显。这一方面说明黏土岩、铁质黏土岩、铁矿石的成矿物源可能来自玄武岩的长期风化淋滤；另一方面说明铁矿石的形成为一脱硅、脱铝的成矿过程，这与在野外观察到的古风化壳成矿地质特征一致。

3.3　微量元素特征

3.3.1　玄武岩微量元素特征

在原始地幔标准化蛛网图（图3-3a）上，区内玄武岩呈向右倾斜的起伏曲线。高场强元素（HFSE）和大离子亲石元素（LILE）有较明显的分异，富集Rb（可能是样品属不同矿田，部分样品亏损）、Sr、Ba、U、La等大离子亲石元素，相对亏损Ta、Nb、P、Ti等高场强元素。此外大离子亲石元素Th亏损和高场强元素Hf富集，Ni严重亏损，Cu富集。

表 3-3 贵州西部地区“香炉山式铁矿”铁质黏土岩主量元素含量及参数特征 （%）

样品号	样品名称	SiO_2	TiO_2	Al_2O_3	TFe_2O_3	MnO	CaO	MgO	Na_2O	K_2O	P_2O_5	LOI	总计
PM465-1Y-1	紫红色铁质凝灰岩	35.16	5.86	22.29	23.54	0.03	0.33	0.93	0.10	4.56	0.22	6.02	99.04
PM465-7Y-1	砖红色含铁质黏土岩	34.24	3.81	28.47	18.28	0.04	0.13	0.26	0.30	3.34	0.12	9.73	98.72
MBT2-1H	紫红色黏土岩	38.70	5.52	26.36	16.33	0.10	0.08	0.43	0.10	2.05	0.24	9.36	99.27
MBT2-2H	紫红色黏土岩	36.41	5.21	26.43	19.48	0.07	0.08	0.39	0.07	1.60	0.30	9.24	99.28
MBT2-6H	含粉砂黏土岩	39.77	5.76	32.91	6.97	0.53	0.07	0.14	0.07	0.04	0.27	12.92	99.45
ZK437-H1	暗褐红色铁质黏土岩	39.64	1.37	32.96	12.74	0.02	0.20	0.13	0.15	0.26	0.06	11.71	99.24
ZK437-H2	暗褐红色铁质黏土岩	39.98	1.32	32.75	13.49	0.02	0.22	0.15	0.20	0.68	0.02	11.13	99.96
JZK0101-H1	紫红色铁质黏土岩	47.15	2.94	15.80	18.05	0.37	3.59	1.60	1.96	0.43	0.47	7.40	99.76
JZK0101-H2	紫红色铁质黏土岩	39.54	4.82	21.87	13.33	0.13	0.77	1.21	0.21	0.41	0.14	16.44	98.87
JZK0101-H4	紫红色铁质黏土岩	34.52	5.92	26.18	21.20	0.07	0.68	0.52	0.22	0.09	0.23	9.79	99.42
P1-1H2	凝灰质红色黏土岩	43.60	5.64	16.43	21.62	0.07	0.49	2.76	0.02	0.06	0.16	8.78	99.63
ZK801-0	紫红色黏土岩	52.32	3.48	16.14	14.32	0.17	3.16	1.74	2.68	1.37	0.52	3.69	99.59
ZK801-1	紫红色铁质黏土岩	46.01	3.22	15.78	17.14	0.30	2.53	4.42	4.24	0.69	1.76	3.72	99.81
ZK801-2	紫红色铁质黏土岩	45.68	3.46	15.79	18.38	0.21	2.30	3.41	4.21	1.08	1.53	3.74	99.79
ZK801-3	紫红色铁质黏土岩	45.93	3.37	15.93	17.37	0.24	2.53	3.69	4.39	0.98	1.72	3.65	99.80
ZK801-4	紫红色铁质黏土岩	49.15	3.09	15.53	14.51	0.23	2.61	3.99	5.07	0.58	1.80	3.34	99.90
ZK801-5	紫红色凝灰质黏土岩	48.33	3.42	15.41	15.84	0.20	2.74	3.96	3.80	1.22	1.82	3.91	100.65
ZK801-6	粉砂质铁质岩	50.21	3.17	14.64	16.07	0.17	2.05	3.33	6.74	0.05	1.25	2.21	99.89
ZK801-7	凝灰岩	44.89	3.01	14.47	15.88	0.33	1.62	9.78	1.93	1.06	0.77	6.34	100.08
ZTC511-Y3	灰黄色泥岩	46.16	4.18	17.36	20.49	0.03	1.48	0.90	0.08	3.12	0.60	5.40	99.80
ZTC511-Y2	灰色泥岩	59.97	4.12	15.78	9.42	0.15	1.31	0.58	0.48	1.68	0.60	4.84	98.93
ZTC511-Y4	紫红色铁质黏土岩	37.68	5.59	21.52	23.52	0.02	0.98	0.62	0.14	2.13	0.47	6.67	99.34
ZTC511-Y10	紫红色铁质黏土岩	33.31	3.38	27.31	22.82	0.02	0.04	0.08	0.03	0.03	0.03	11.38	98.43
ZTC511-Y11	紫红色铁质黏土岩	38.41	2.22	32.11	14.45	0.01	0.05	0.09	0.05	0.03	0.04	11.63	99.09
ZTC511-Y15	灰白色铁质黏土岩	35.35	5.49	29.03	14.03	0.81	0.07	0.12	0.04	0.09	0.29	13.22	98.54
ZTC511-Y17	灰白色铁质黏土岩	42.94	3.23	24.04	16.52	0.05	0.04	0.12	0.05	0.21	0.30	11.66	99.16
ZTC511-Y18	灰白色铁质黏土岩	45.83	3.34	25.44	12.81	0.05	0.06	0.14	0.06	0.26	0.31	11.46	99.76
范　围		33.24 ~ 59.97	1.32 ~ 5.92	14.46 ~ 32.96	6.97 ~ 23.54	0.01 ~ 0.81	0.04 ~ 3.59	0.08 ~ 9.78	0.02 ~ 6.74	0.03 ~ 4.56	0.02 ~ 1.82	2.21 ~ 16.44	98.43 ~ 100.65
均　值		42.63	3.92	22.18	16.61	0.16	1.12	1.68	1.38	1.04	0.59	8.13	99.45

表 3-4 贵州西部地区“香炉山式铁矿”矿石主量元素含量及参数特征 （%）

矿石类型	样品号	样品名称	SiO_2	TiO_2	Al_2O_3	TFe_2O_3	MnO	MgO	CaO	Na_2O	K_2O	P_2O_5	LOI	总计
低品位铁矿石	MBT2-1-4H	紫红色豆状铁矿石	30. 82	5. 40	25. 18	27. 21	0. 19	0. 08	0. 05	0. 05	0. 02	0. 42	9. 78	99. 20
	ZK437-H7	紫红色豆状铁矿石	30. 63	5. 74	23. 13	28. 46	0. 07	0. 83	1. 33	0. 47	1. 40	0. 22	7. 09	99. 37
	ZK437-H9	紫红色豆状铁矿石	31. 07	5. 88	23. 16	28. 28	0. 04	0. 56	0. 94	0. 45	2. 81	0. 41	5. 48	99. 21
	ZK437-H11	紫红色豆状铁矿石	31. 53	5. 66	22. 21	27. 26	0. 09	0. 87	2. 04	0. 28	3. 22	0. 36	6. 12	99. 77
	MBT2-1-3H	紫红色豆状铁矿石	30. 55	5. 33	25. 12	27. 71	0. 17	0. 08	0. 06	0. 05	0. 02	0. 36	10. 01	99. 53
	PM465-10Y-1	灰绿色豆状铁矿石	28. 65	4. 54	25. 47	25. 51	0. 10	0. 84	0. 21	0. 16	1. 32	0. 09	12. 11	99. 06
	PM465-2Y-1	紫红色豆状铁矿石	29. 98	5. 87	23. 27	28. 08	0. 06	0. 61	0. 14	0. 16	3. 56	0. 35	7. 60	99. 78
	PM465-3Y-1	紫红色豆状铁矿石	30. 12	6. 08	23. 65	27. 85	0. 04	0. 30	0. 15	0. 30	3. 24	0. 31	7. 40	99. 54
	MBT2-1-1H	紫红色赤铁矿	29. 65	4. 91	25. 84	28. 37	0. 02	0. 06	0. 05	0. 10	0. 02	0. 11	9. 95	99. 15
	JZK0101-H5	紫红色赤铁矿	31. 15	5. 33	23. 50	29. 76	0. 08	0. 24	0. 61	0. 23	0. 08	0. 28	8. 85	100. 11
	ZTC511-Y12	紫红色豆状铁矿石	31. 92	6. 38	23. 12	27. 15	0. 13	0. 10	0. 05	0. 04	0. 03	0. 27	10. 09	99. 35
	P1-15H1	紫红色赤铁矿	33. 52	5. 37	20. 06	28. 01	0. 17	1. 34	0. 75	0. 20	3. 64	0. 35	5. 37	98. 92
	P1-16H1	紫红色赤铁矿	31. 51	5. 70	22. 74	29. 70	0. 07	0. 46	0. 17	0. 73	3. 22	0. 24	5. 42	100. 03
中品位铁矿石	PM465-4Y-1	紫红色赤铁矿	27. 91	6. 14	22. 99	30. 80	0. 09	0. 60	0. 12	0. 18	2. 59	0. 14	8. 47	100. 12
	PM465-4Y-2	紫红色赤铁矿	24. 50	7. 85	21. 34	34. 71	0. 06	0. 76	0. 09	0. 06	0. 66	0. 16	9. 27	99. 57
	PM465-6Y-2	角砾状铁矿	20. 55	7. 40	19. 76	39. 94	0. 12	2. 05	0. 07	0. 04	0. 01	0. 20	10. 10	100. 32
	PM465-6Y-1	紫红色致密铁矿	24. 66	6. 99	22. 55	32. 00	0. 07	1. 36	0. 11	0. 04	0. 02	0. 47	10. 67	98. 94
	ZK437-H3	褐红色豆粒状铁矿	21. 20	5. 90	16. 78	38. 49	0. 33	1. 72	4. 70	0. 10	1. 01	0. 27	8. 64	99. 43
	ZK437-H4	褐红色豆粒状铁矿	24. 67	4. 99	19. 78	35. 94	0. 21	1. 35	2. 87	0. 18	1. 43	0. 22	7. 58	99. 43
	ZTC511-Y5	紫红色赤铁矿	28. 08	4. 03	22. 25	35. 13	0. 03	0. 10	0. 14	0. 04	0. 07	0. 42	8. 41	98. 80

续表 3-4

矿石类型	样品号	样品名称	SiO_2	TiO_2	Al_2O_3	TFe_2O_3	MnO	MgO	CaO	Na_2O	K_2O	P_2O_5	LOI	总计
中品位铁矿石	ZTC511-Y6	紫红色赤铁矿	28.37	5.49	22.79	33.69	0.02	0.09	0.16	0.04	0.04	0.22	8.59	99.55
	PM465-11Y-1	灰绿色铁矿石	24.34	3.21	22.84	33.78	0.16	0.99	0.10	0.08	0.44	0.05	14.14	100.18
	ZK437-H10	紫红色赤铁矿	30.65	5.45	21.90	30.51	0.06	0.85	1.02	0.49	2.86	0.32	4.96	99.18
	ZK437-H8	紫红色赤铁矿	30.02	5.71	23.29	30.10	0.05	0.53	0.67	0.38	1.91	0.28	6.39	99.42
	ZTC511-Y7	紫红色赤铁矿	26.43	5.05	21.51	37.32	0.07	0.09	0.08	0.03	0.03	0.12	8.21	98.98
	ZTC511-Y8	紫红色赤铁矿	28.66	6.22	23.01	32.62	0.01	0.10	0.09	0.04	0.03	0.13	8.70	99.64
高品位铁矿石	PM465-5Y-1	褐红色致密状铁矿	21.19	4.85	19.89	40.40	0.14	2.00	0.08	0.03	0.01	0.40	9.60	98.71
	ZK437-H5	褐红色豆粒状铁矿	20.88	4.12	18.58	44.06	0.23	1.44	1.55	0.10	0.31	0.30	7.07	99.13
	ZK437-H6	褐红色豆粒状铁矿	24.23	4.70	19.47	40.96	0.16	1.48	1.34	0.36	0.68	0.18	6.23	99.85
	XD01H	赤铁矿	22.95	9.56	14.02	43.15	0.33	0.80	0.12	0.03	0.03	0.11	7.07	98.49
	MBT2-9H	赤铁矿	14.18	9.89	13.86	53.83	0.29	1.48	0.03	0.02	0.01	0.29	6.15	100.13
	MBT2-8H	肾豆状赤铁矿	14.07	9.92	13.73	52.03	0.19	0.83	0.03	0.04	0.01	0.49	6.93	98.36
	MBT2-7H	块状赤铁矿	18.19	6.74	17.20	47.90	0.29	2.10	0.02	0.02	0.01	0.09	6.88	99.48
	ZTC511-Y13	紫红色赤铁矿	22.72	2.88	17.48	45.24	0.16	1.44	0.03	0.01	0.01	0.17	9.19	99.42
	ZTC511-Y9	紫红色赤铁矿	21.95	5.57	17.36	46.71	0.06	0.06	0.06	0.03	0.03	0.14	6.82	98.84
	MBT2-1-2H	紫红色赤铁矿	21.45	7.67	17.85	44.49	0.03	0.06	0.05	0.04	0.01	0.24	7.47	99.42
	P1-1H3	黄色铁矿石	30.67	4.24	11.66	41.61	0.10	1.53	0.39	0.01	0.06	0.18	8.66	99.13
范围			14.07 ~ 33.52	2.88 ~ 9.89	11.66 ~ 25.84	25.51 ~ 53.83	0.01 ~ 0.33	0.06 ~ 2.10	0.02 ~ 4.70	0.01 ~ 0.73	0.01 ~ 3.64	0.05 ~ 0.49	4.96 ~ 14.14	98.36 ~ 100.32
均值			26.31	5.86	20.77	35.37	0.12	0.82	0.55	0.15	0.94	0.25	8.15	99.39

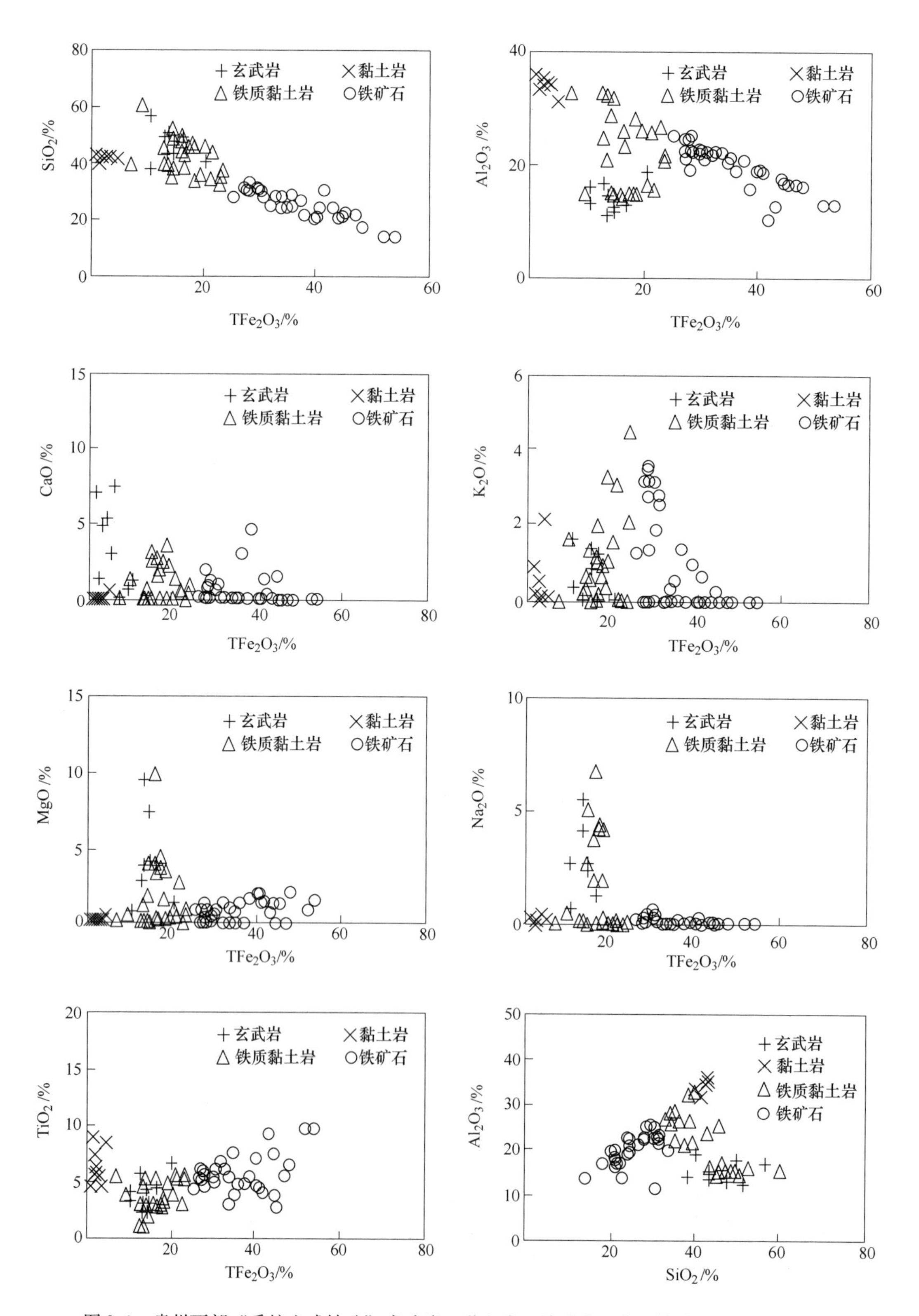

图3-1 贵州西部“香炉山式铁矿”玄武岩、黏土岩、铁质黏土岩、铁矿石主量元素图解

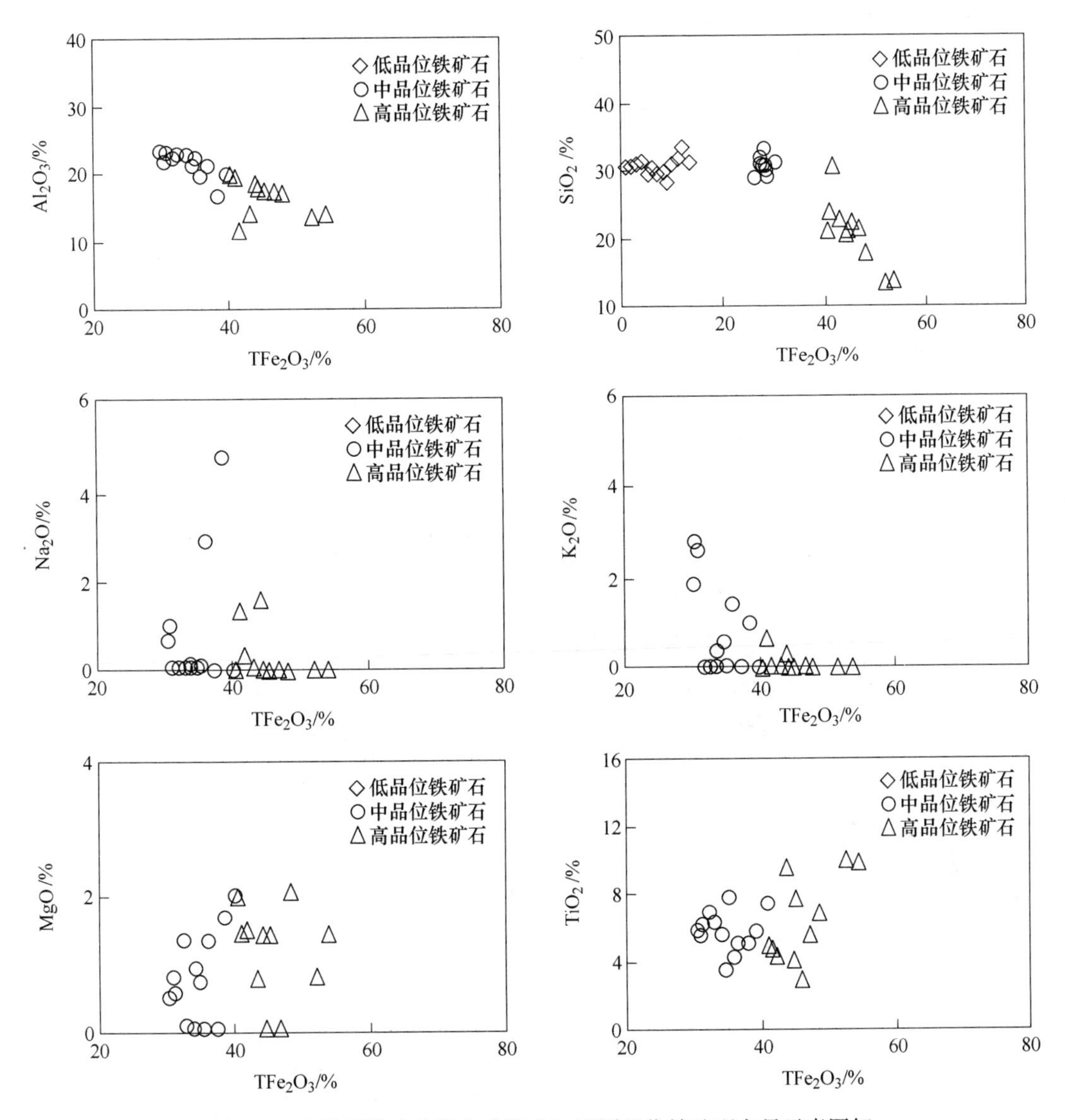

图 3-2 贵州西部“香炉山式铁矿”不同品位铁矿石主量元素图解

3.3.2 黏土岩微量元素特征

在原始地幔标准化蛛网图（图 3-3b）上，区内黏土岩呈向右倾斜的起伏曲线。高场强元素（HFSE）和大离子亲石元素（LILE）有较明显的分异，富集 Rb（可能是样品属不同矿田，部分样品亏损）、Sr、Ba、U、La 等大离子亲石元素，相对亏损 Ta、Nb、P（明显亏损）、Ti 等高场强元素。此外大离子亲石元素 Th 严重亏损和高场强元素 Hf 富集，Ni 严重亏损，Cu 富集。

3.3.3 铁质黏土岩微量元素特征

在原始地幔标准化蛛网图（图 3-3c）上，区内铁质黏土岩呈向右倾斜的起伏曲线。

高场强元素（HFSE）和大离子亲石元素（LILE）有较明显的分异，富集 Rb（可能是样品属不同矿田，部分样品亏损）、Sr、Ba、U、La 等大离子亲石元素，相对亏损 Ta、Nb、P（明显亏损）、Ti 等高场强元素。此外大离子亲石元素 Th 严重亏损和高场强元素 Hf 富集，Ni 严重亏损，Cu 富集。

3.3.4　铁矿石微量元素特征

在原始地幔标准化蛛网图（图 3-3d ~ f）上，区内不同品位铁矿石呈向右倾斜的起伏曲线。高场强元素（HFSE）和大离子亲石元素（LILE）有较明显的分异，富集 Rb（可能是样品属不同矿田，部分样品亏损）、Sr、Ba、U、La 等大离子亲石元素，相对亏损 Ta、Nb、P（明显亏损）、Ti 等高场强元素。此外大离子亲石元素 Th 严重亏损和高场强元素 Hf 富集，Ni 严重亏损，Cu 富集。

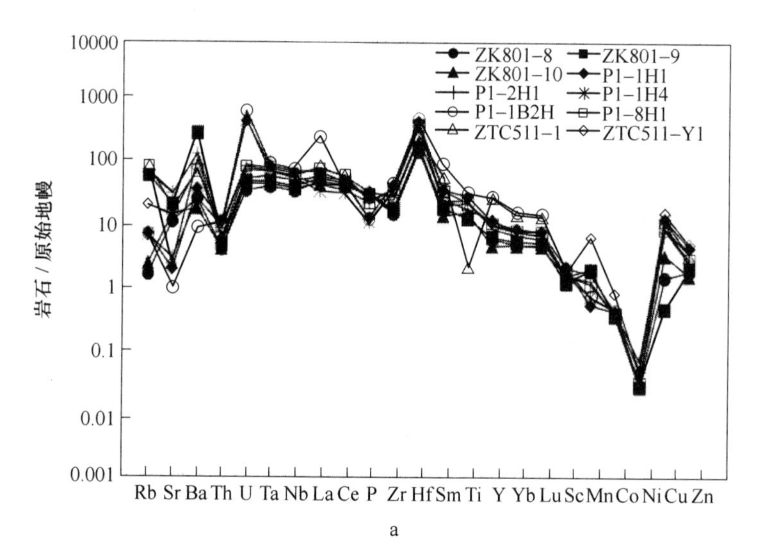

a

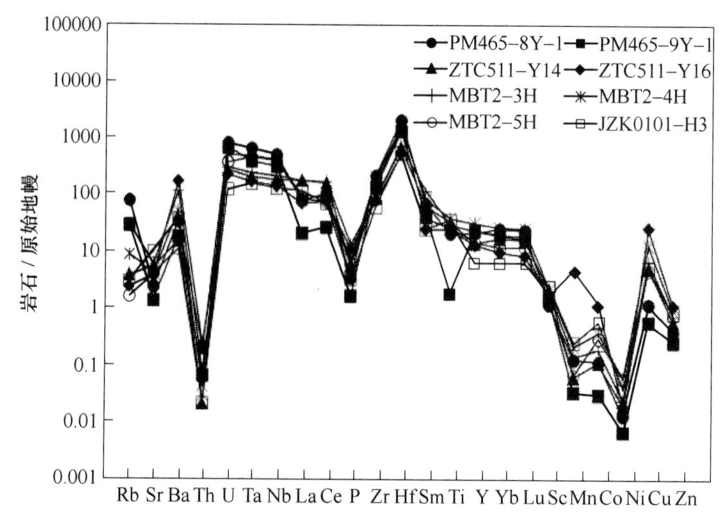

b

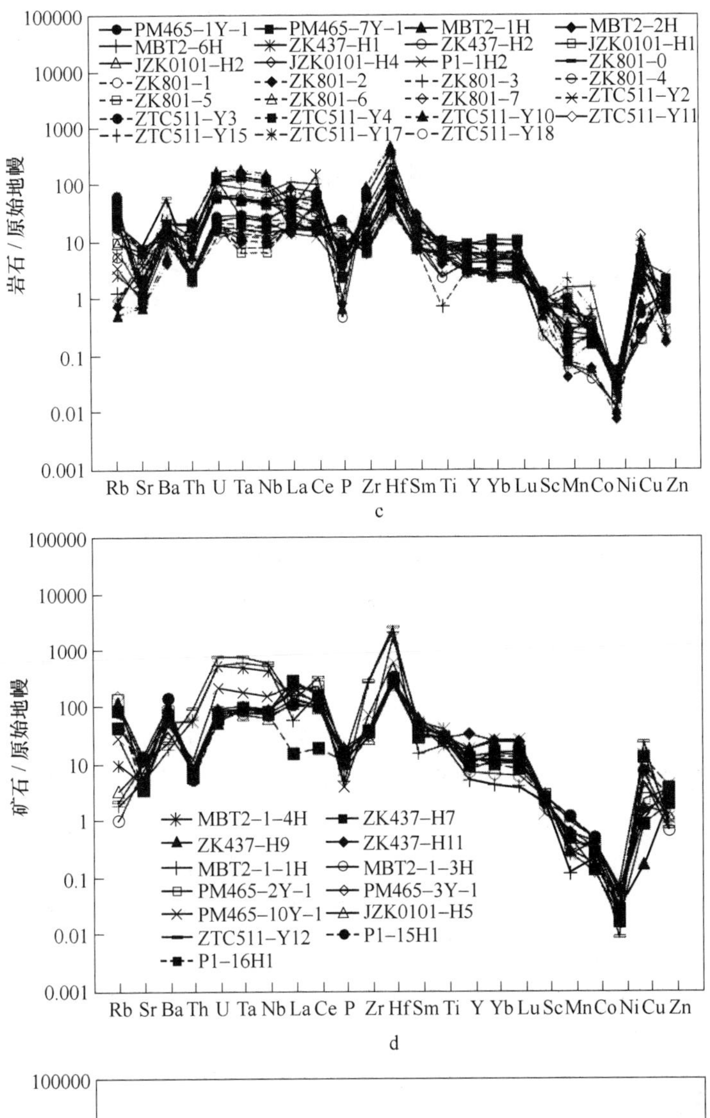

PM465-1Y-1
PM465-7Y-1
MBT2-1H
MBT2-2H
MBT2-6H
ZK437-H1
ZK437-H2
JZK0101-H1
JZK0101-H2
JZK0101-H4
P1-1H2
ZK801-0
ZK801-1
ZK801-2
ZK801-3
ZK801-4
ZK801-5
ZK801-6
ZK801-7
ZTC511-Y2
ZTC511-Y3
ZTC511-Y4
ZTC511-Y10
ZTC511-Y11
ZTC511-Y15
ZTC511-Y17
ZTC511-Y18
岩石 / 原始地幔
100000
10000
1000
100
10
1
0.1
0.01
0.001
Rb Sr Ba Th U Ta Nb La Ce P Zr Hf Sm Ti Y Yb Lu Sc Mn Co Ni Cu Zn
c
矿石 / 原始地幔
100000
10000
1000
100
10
1
0.1
0.01
0.001
MBT2-1-4H
ZK437-H7
ZK437-H9
ZK437-H11
MBT2-1-1H
MBT2-1-3H
PM465-2Y-1
PM465-3Y-1
PM465-10Y-1
JZK0101-H5
ZTC511-Y12
P1-15H1
P1-16H1
Rb Sr Ba Th U Ta Nb La Ce P Zr Hf Sm Ti Y Yb Lu Sc Mn Co Ni Cu Zn
d

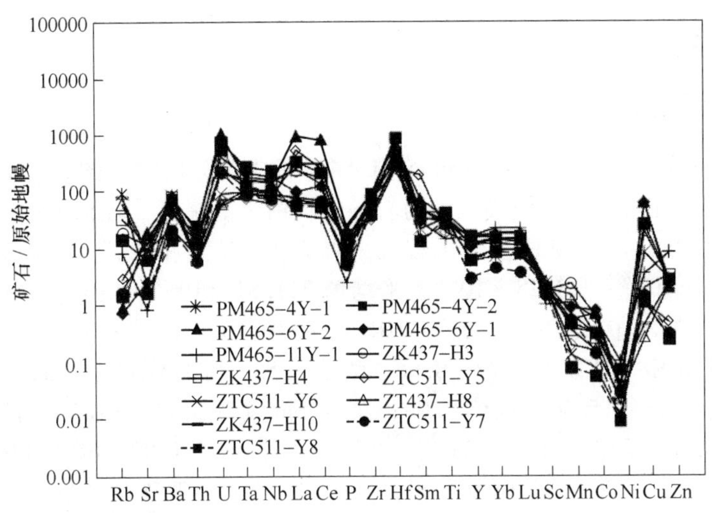

矿石 / 原始地幔
100000
10000
1000
100
10
1
0.1
0.01
0.001
PM465-4Y-1
PM465-4Y-2
PM465-6Y-2
PM465-6Y-1
PM465-11Y-1
ZK437-H3
ZK437-H4
ZTC511-Y5
ZTC511-Y6
ZT437-H8
ZK437-H10
ZTC511-Y7
ZTC511-Y8
Rb Sr Ba Th U Ta Nb La Ce P Zr Hf Sm Ti Y Yb Lu Sc Mn Co Ni Cu Zn
e

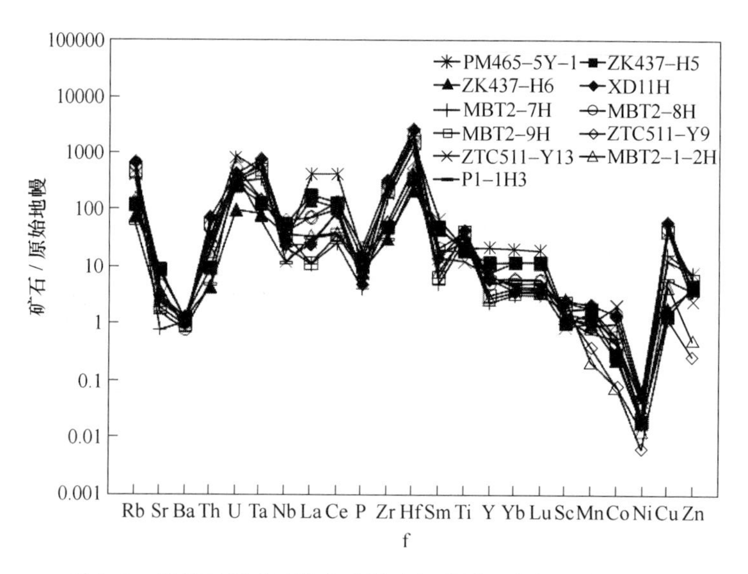

图 3-3　贵州西部“香炉山式铁矿”微量元素标准化蛛网图

（原始地幔数据据 McDonough 和 Sun，1995）

a—玄武岩；b—黏土岩；c—铁质黏土岩；d—低品位铁矿石；

e—中品位铁矿石；f—高品位铁矿石

综上，区内玄武岩、黏土岩、铁质黏土岩、铁矿石具有十分相似的微量元素地球化学特征，其标准化图均为右倾斜的起伏曲线，高场强元素（HFSE）和大离子亲石元素（LILE）有较明显的分异，具有富集 Rb、Sr、Ba、U、La 等大离子亲石元素，相对亏损 Ta、Nb、P（明显亏损）、Ti 等高场强元素，大离子亲石元素 Th 严重亏损和高场强元素 Hf 富集，Ni 严重亏损，Cu 富集等十分相似的特征。所不同的是，在铁矿石中，如 Hf、Cu 等含量更高，明显有一个演化富集的过程。这可能暗示了铁矿石与玄武岩或者黏土岩、铁质黏土岩之间的继承演化特性，也表明铁矿石可能是经历了玄武岩或者黏土岩、铁质黏土岩长期风化淋滤后而高度富集铁等成矿元素而形成。

3.4　稀土元素特征

3.4.1　玄武岩稀土元素特征

由区内 10 件样品球粒陨石（Boynton，1984）稀土配分模式（图 3-4a）可以看出，区内玄武岩具有十分相似的配分模式，均为右倾的轻稀土富集型，轻稀土曲线较陡，重稀土曲线较平缓，其 REE 含量较高且变化较大，以无 Eu 异常和弱的 Ce 负异常为特征。其 ΣREE 为 $181.79\times10^{-6}\sim723.28\times10^{-6}$，平均值 311.81×10^{-6}；LREE 为 $144.86\times10^{-6}\sim285.28\times10^{-6}$，平均值 221.89×10^{-6}；HREE 为 $16.73\times10^{-6}\sim83.88\times10^{-6}$，平均值 36.98×10^{-6}。LREE/HREE 为 3.79 ~ 8.66，均值 8.55，配分模式为相似的 LREE 富集型。其 $(La/Yb)_N$ 为 4.36 ~ 15.36，均值 9.09；$(La/Sm)_N$ 为 1.42 ~ 3.13，均值 2.29；$(Gd/Yb)_N$ 为 2.11 ~ 3.83，均值 2.69。δEu 为 0.85 ~ 1.20，均值 1.00；δCe 为 0.21 ~ 1.10，均值 0.86。表明轻重稀土发生了强烈的分异作用，轻稀土和重稀土各自有一定程度的分异作用。

3.4.2 黏土岩稀土元素特征

由区内黏土岩球粒陨石（Boynton，1984）稀土配分模式（图3-4b）可以看出，区内黏土岩具有十分相似的配分模式，均为右倾的轻稀土富集型，轻稀土曲线较陡，重稀土曲线较平缓，其REE含量较高且变化较大，以中等Eu负异常和弱的Ce正异常为特征。其ΣREE为$414.49\times10^{-6}\sim1188.75\times10^{-6}$，平均值$720.38\times10^{-6}$；LREE为$334.95\times10^{-6}\sim977.15\times10^{-6}$，平均值$565.74\times10^{-6}$；HREE为$22.55\times10^{-6}\sim116.74\times10^{-6}$，平均值$68.15\times10^{-6}$。LREE/HREE为3.14~20.65，均值9.76；配分模式为相似的LREE富集型。其$(La/Yb)_N$为2.59~30.98，均值12.36；$(La/Sm)_N$为1.29~8.05，均值3.64；$(Gd/Yb)_N$为1.61~3.65，均值2.19。δEu为0.44~0.94，均值0.71；δCe为0.74~1.56，均值1.06。表明轻重稀土发生了强烈的分异作用，轻稀土和重稀土各自有一定程度的分异作用。

3.4.3 铁质黏土岩稀土元素特征

由区内铁质黏土岩球粒陨石（Boynton，1984）稀土配分模式（图3-4c），可以看出，区内铁质黏土岩具有十分相似的配分模式，均为右倾的轻稀土富集型，轻稀土曲线较陡，重稀土曲线较平缓，其REE含量较高且变化较大，以中等Eu负异常和弱的Ce正异常为特征。其ΣREE为$215.38\times10^{-6}\sim1378.75\times10^{-6}$，平均值$534.06\times10^{-6}$；LREE为$169.65\times10^{-6}\sim1259.02\times10^{-6}$，平均值$429.31\times10^{-6}$；HREE为$21.11\times10^{-6}\sim91.39\times10^{-6}$，平均值$44.50\times10^{-6}$。LREE/HREE为3.62~35.35，均值9.91；配分模式为相似的LREE富集型。其$(La/Yb)_N$为4.96~26.22，均值9.60；$(La/Sm)_N$为1.28~7.48，均值3.16；$(Gd/Yb)_N$为1.55~3.94，均值2.24。δEu为0.43~1.26，均值0.87；δCe为0.53~5.72，均值1.48。表明轻重稀土发生了强烈的分异作用，轻稀土和重稀土各自有一定程度的分异作用。

3.4.4 铁矿石稀土元素特征

由区内不同品位铁矿石球粒陨石（Boynton，1984）稀土配分模式（图3-4d~f）。可以看出，区内铁矿石具有十分相似的配分模式，均为右倾的轻稀土富集型，轻稀土曲线

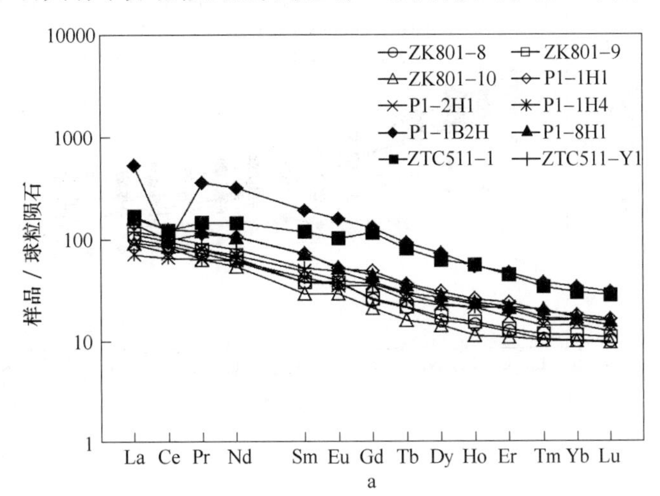

a

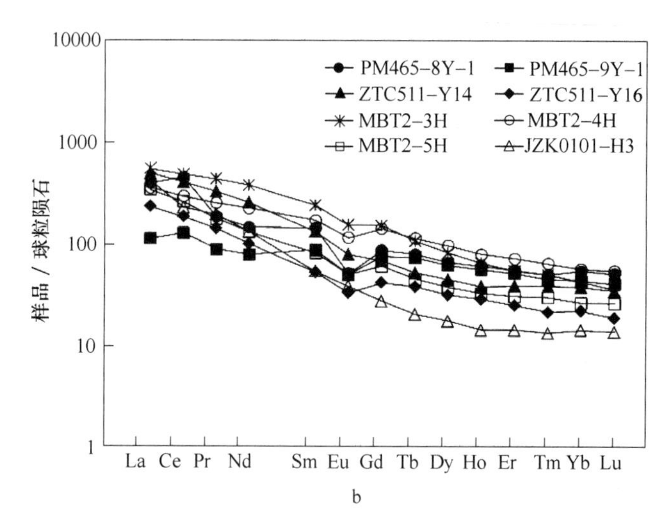
10000
1000
100
10
1
样品 / 球粒陨石
PM465-8Y-1
PM465-9Y-1
ZTC511-Y14
ZTC511-Y16
MBT2-3H
MBT2-4H
MBT2-5H
JZK0101-H3
La Ce Pr Nd Sm Eu Gd Tb Dy Ho Er Tm Yb Lu

b

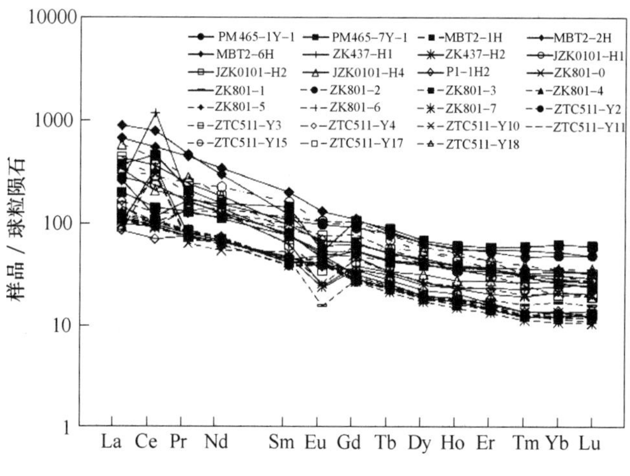
10000
1000
100
10
1
样品 / 球粒陨石
PM465-1Y-1
PM465-7Y-1
MBT2-1H
MBT2-2H
MBT2-6H
ZK437-H1
ZK437-H2
JZK0101-H1
JZK0101-H2
JZK0101-H4
P1-1H2
ZK801-0
ZK801-1
ZK801-2
ZK801-3
ZK801-4
ZK801-5
ZK801-6
ZK801-7
ZTC511-Y2
ZTC511-Y3
ZTC511-Y4
ZTC511-Y10
ZTC511-Y11
ZTC511-Y15
ZTC511-Y17
ZTC511-Y18
La Ce Pr Nd Sm Eu Gd Tb Dy Ho Er Tm Yb Lu

c

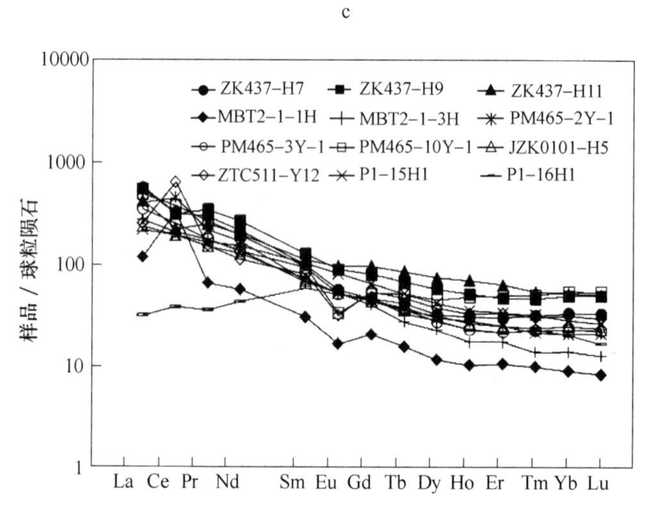
10000
1000
100
10
1
样品 / 球粒陨石
ZK437-H7
ZK437-H9
ZK437-H11
MBT2-1-1H
MBT2-1-3H
PM465-2Y-1
PM465-3Y-1
PM465-10Y-1
JZK0101-H5
ZTC511-Y12
P1-15H1
P1-16H1
La Ce Pr Nd Sm Eu Gd Tb Dy Ho Er Tm Yb Lu

d

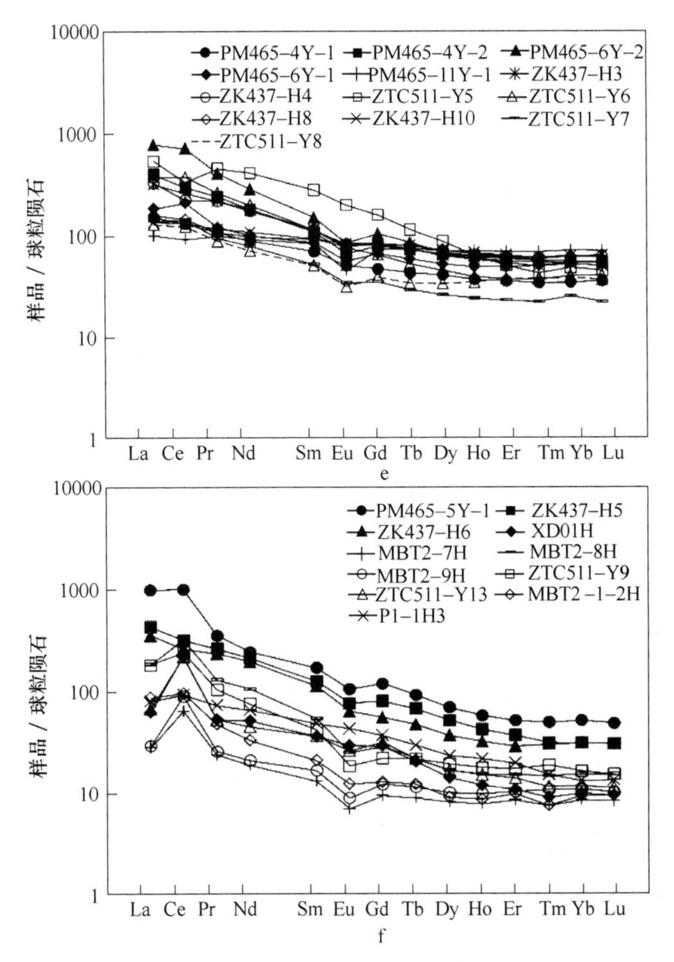

图 3-4 贵州西部“香炉山式铁矿”稀土元素配分模式图
（球粒陨石数据据 Boynton，1984）
a—玄武岩；b—黏土岩；c—铁质黏土岩；d—低品位铁矿石；
e—中品位铁矿石；f—高品位铁矿石

较陡，重稀土曲线较平缓，其 REE 含量较高且变化较大，以中等 Eu 负异常和弱～较强的 Ce 正异常为特征。

低品位矿石 ΣREE 为 $164.83\times10^{-6}\sim867.14\times10^{-6}$，平均值 611.67×10^{-6}；LREE 为 $89.03\times10^{-6}\sim761.15\times10^{-6}$，平均值 507.30×10^{-6}；HREE 为 $15.33\times10^{-6}\sim89.18\times10^{-6}$，均值 46.26×10^{-6}。LREE/HREE 为 2.51～24.44，均值 12.29；$(La/Yb)_N$ 为 1.57～20.92，均值 12.21；$(La/Sm)_N$ 为 2.21～5.47，均值 4.18；$(Gd/Yb)_N$ 为 0.96～3.01，均值为 2.01。δEu 为 0.46～0.98，均值 0.80；δCe 为 0.66～3.22，均值 1.37。

中品位矿石 ΣREE 为 $203.30\times10^{-6}\sim1502.79\times10^{-6}$，均值 697.20×10^{-6}；LREE 为 $160.24\times10^{-6}\sim1376.25\times10^{-6}$，均值 610.16×10^{-6}；HREE 为 $11.67\times10^{-6}\sim79.64\times10^{-6}$，均值 41.67×10^{-6}。LREE/HREE 为 4.14～41.41，均值 14.41；$(La/Yb)_N$ 为 1.71～54.88，均值 18.48；$(La/Sm)_N$ 为 1.39～13.82，均值 4.96；$(Gd/Yb)_N$ 为 1.01～6.62，均值 2.04。δEu 为 0.42～0.91，均值 0.68；δCe 为 0.53～1.63，均值 1.07。表明轻重稀土

发生了强烈的分异作用，轻稀土和重稀土各自有一定程度的分异作用。

高品位矿石 ΣREE 为 $85.51\times10^{-6}\sim1412.63\times10^{-6}$，均值 393.75×10^{-6}；LREE 为 $66.80\times10^{-6}\sim1237.30\times10^{-6}$，均值 334.64×10^{-6}；HREE 为 $9.93\times10^{-6}\sim74.83\times10^{-6}$，均值 26.25×10^{-6}。LREE/HREE 为 5.93～19.35，均值 11.97；$(La/Yb)_N$为 2.76～20.67，均值 9.73；$(La/Sm)_N$为 1.72～6.25，均值 3.21；$(Gd/Yb)_N$为 1.11～2.86，均值 2.03。δEu 为 0.57～0.90，均值 0.73；δCe 为 0.89～3.95，均值 2.12。表明区内矿石轻重稀土发生了强烈的分异作用，轻稀土和重稀土各发生了较强的分异作用。

同时，不同品位矿石中，以中品位矿石 ΣREE 最高，高品位矿石最低，低品位矿石次之；Eu 异常无明显差异，均为中等偏高负异常；Ce 异常差异明显，主要为高品位矿石明显比中低品位矿石发育 Ce 的正异常，这可能反映了高品位矿石经历了更深程度的风化淋滤作用，这是由于 Ce 是变价元素，在风化剖面中容易被氧化成难溶的 Ce^{4+}，并以 CeO_2的形式存在于剖面中。因为 CeO_2比较抗酸分解，剖面中以 CeO_2形式存在的 Ce 是比较稳定。因此随着风化程度加深，Ce 的正异常就更加明显。

综上，区内不同岩、矿样品具有十分相似的稀土元素配分模式，均为右倾的轻稀土富集型，轻稀土曲线较陡，重稀土曲线较平缓，其 ΣREE 含量较高且变化较大，重稀土发生了强烈的分异作用，轻稀土和重稀土各自有一定程度的分异作用，以 Eu 弱～中等负异常和弱的 Ce 负异常至正异常为特征。由玄武岩→黏土岩→铁质黏土岩→铁矿石，其 ΣREE 均值由低→最高→较高→高演化，Eu 异常变化不明显，Ce 异常由弱的负异常演变为较高的正异常。这说明，玄武岩、黏土岩、铁质黏土岩、铁矿石之间具有一定的演化继承性，或者暗示铁矿石的成矿物源可能来自玄武岩或者黏土岩、铁质黏土岩；同时 Ce 的异常演化特征（负～正）表明，铁矿石的形成与氧化作用（风化淋滤作用）关系密切，暗示铁矿石的形成可能经历了长期的风化淋滤作用。

4 矿床地质特征及典型实例

4.1 地质特征及矿田划分

4.1.1 地质特征

区内“香炉山式铁矿”赋存于峨眉山玄武岩组第三段（$P_{2\text{-}3}em^3$）与宣威组（P_3x）间古风化壳不整合面中（图4-1）。铁矿石矿物主要为豆状、角砾状赤铁矿，其间富含大量凝灰质、黏土质火山碎屑物质。矿层以发育一套紫（暗）红色铁质、凝灰质富含白色高岭石团斑的黏土岩为主要特征，该含矿层在区内俗称“含铁岩系”，其与上下地层均为假整合接触。因此，作者研究认为“香炉山式铁矿”是指“以层状、似层状产于峨眉山玄武岩组顶部与宣威组底部之间的古风化壳不整合面中的豆状、角砾状赤铁矿或褐铁矿层”。

矿层下伏地层为峨眉山玄武岩组第3段（$P_{2\text{-}3}em^3$）灰绿色、深灰色杏仁状玄武岩（气孔发育）或紫红色沉凝灰质黏土岩，在“含铁岩系”与峨眉山玄武岩组第3段接触位置，玄武岩风化严重，结构松散，岩石为灰黄色；上覆地层为宣威组（P_3x）灰绿色、灰白色含凝灰质粉砂质黏土岩，岩石中植物化石丰富，可见星点状细粒黄铁矿。

含矿层（含铁岩系）在空间上展布相对稳定，一般厚度3～15m，最厚45m。其中铁矿层厚为0.30～6.37m，一般0.60～2.00m，呈似层状或层状产出。一般由上中下三部分组成：

（1）上部局部为深灰、灰黑色页（泥）岩（仅香炉山研究区局部出现），大部分区域为铝土质黏土岩或黏土岩直接与宣威组粉砂岩平行不整合接触，哲觉地区局部含1～2层厚0.2～0.5m的铁矿层，常伴有植物化石。该层主要以稀土、铌、钪富集为主要特征。

（2）中部为灰白-深灰、红褐色黏土岩，局部夹薄层泥质粉砂岩、粉砂质泥岩，一般厚度0.5～2m，最厚可达10m，岩石普遍含豆粒，气孔较发育，白色斑点（高岭石）发育。普遍见1～2层厚0.5～2m的豆状赤铁矿层。该层是区内主要的铁矿（化）体及稀土矿化层产出层位。

（3）下部多由褐红、暗红色铁质（含铁质）黏土岩、豆粒状铁质黏土岩、铁质凝灰质黏土岩、含铁质角砾黏土岩组成，普遍见星点状、团块状白色斑点（高岭石），其厚0.5～15m不等，该层局部铁矿可达工业品位，野外肉眼不易区分识别该层铁矿体。

据贵州地矿局113地质大队资料（2014年）及本次研究，含铁岩系厚度在区内由南南西往北北东方向（哲觉理可，TC533-3厚8.57m→哲觉舍居乐，TC487-1厚6.51m→舍居乐黑石头，TC409-1厚4.99m→龙场，LBT5厚1.58m→香炉山结里，XBT7厚1.08m→二塘，EZK0601厚0.22m）渐次变薄，相应铁、稀土矿化层厚度亦渐次变薄（哲觉理可，TC533-3厚1.79m→哲觉舍居乐，TC487-1厚1.75m→舍居乐黑石头，TC409-1厚0.95m→龙场，LBT5厚0.40m→香炉山结里，XBT7厚0.35m→二塘，EZK0601厚0m），直至尖灭。

区内共发现2层铁矿层，分别为Ⅰ、Ⅱ铁矿层（图4-2），其中Ⅰ矿层位于Ⅱ矿层之

年代地层			岩石地层			地层代号	层厚/m	柱状图 1:20000	岩性描述	矿产
界	系	统	群	组	段					
中生界	三叠系	上统		二桥组		T_3e	67~155		黄灰、浅灰色厚层至块状细粒岩屑石英砂岩	
		中统		关岭组	第二段	T_2g^2	130~285		上部为浅灰、灰褐色中厚层细晶、中晶白云岩，下部为浅灰色厚层至块状粗晶、中晶白云岩	
					第一段	T_2g^1	111~250		上部为灰色中层微晶灰岩；中部为灰白色泥晶、微晶灰岩；下部为深灰色泥（页）岩，青灰色中薄层泥质灰岩	
		下统		嘉陵江组	第二段	T_1j^2	150~230		上部为紫红色泥岩夹灰白色钙质粉砂岩条带；中部为紫红色中薄层粉砂岩与紫红色泥岩、粉砂岩呈不等厚互层；下部为紫红色泥岩，泥质粉砂岩	
					第一段	T_1j^1	55~220		灰白色中薄层泥晶灰岩，微晶灰岩	
				飞仙关组	第二段	T_1f^2	255~420		上部为紫红色泥（页）岩； 中部为紫红色厚层至块状粉砂岩；下部为紫红色泥岩、粉砂质泥岩	
					第一段	T_1f^1	28~50		灰绿色粉砂岩夹泥岩	铜
晚古生界	二叠系	上统		宣威组		P_3x	155~205		灰黄色粉砂岩夹泥质粉砂岩、泥岩	煤
		中上统		含铁岩系		TYX	10~45		顶部局部为深灰、灰黑色泥（页）岩（仅香炉山局部出现），一般为铝土质黏土岩或黏土岩。与宣威组平行不整合接触。 中部为灰白－深灰色黏土岩，一般厚 0.5～2m，最厚10m，常见植物化石，该层主要富集铁、稀土。 底部多为褐红、暗红色铁质（含铁质）凝灰质黏土岩，豆鲕状铁质黏土岩，含铁质角砾黏土岩，厚 0.5～15m不等，该层主要富集铁、稀土	铁、铜、稀土、铌、钪
				峨眉山玄武岩组	第三段	$P_{2-3}em^3$	25~150		灰黑色凝灰岩、玄武岩，上部为褐红色凝灰岩	铜
					第二段	$P_{2-3}em^2$	170~410		灰黑色、灰绿色块状微晶玄武岩，顶部夹少量凝灰岩，柱状节理发育	铜
					第一段	$P_{2-3}em^1$	67~344		玄武质凝灰岩，灰黑色致密块状玄武岩，杏仁状玄武岩	铜
		中统		茅口组		P_2m	113~233		灰白色厚层至块状微晶灰岩，生物碎屑灰岩	
				栖霞组		P_2q	65~190		深灰色厚层至块状微晶灰岩，生物碎屑灰岩	
				梁山组		P_2l	30~200		黄灰色、浅灰色细砂岩、粉砂岩，与下伏地层为平行不整合接触	
	石炭系	上统		威宁组		$C_{1-2}w$	280~440		上部灰、深灰色厚层至块状泥晶生物屑灰岩及生物屑泥晶灰岩；下部灰、浅灰色厚层至块状泥晶生物屑灰岩、生物屑泥晶灰岩	
				大埔组		$C_{1-2}d$	121~160		灰白色厚层至块状白云岩，与下伏地层为平行不整合接触	铅锌银
	泥盆系	上统		望城坡组		D_3w	180~258		深灰色灰岩、泥灰岩、白云质灰岩	铅锌银
		中统		独山组		D_2d	155~180		深灰色灰岩、白云层、泥灰岩，与下伏地层为平行不整合接触	铅锌银
早古生界	寒武系	下统		清虚洞组		$\in_1q$	190~251		白云岩、白云质灰岩、灰岩、灰质白云岩夹深灰色泥岩，与下伏地层为平行不整合接触	
晚元古界	寒武系—震旦系	上统		灯影组		$Z\in dy$	144~270		浅灰色厚层白云岩，中上部夹砂岩及页岩	

图 4-1　“香炉山式铁矿”赋矿地层综合柱状图（据贵州地矿局 113 地质大队资料修编）

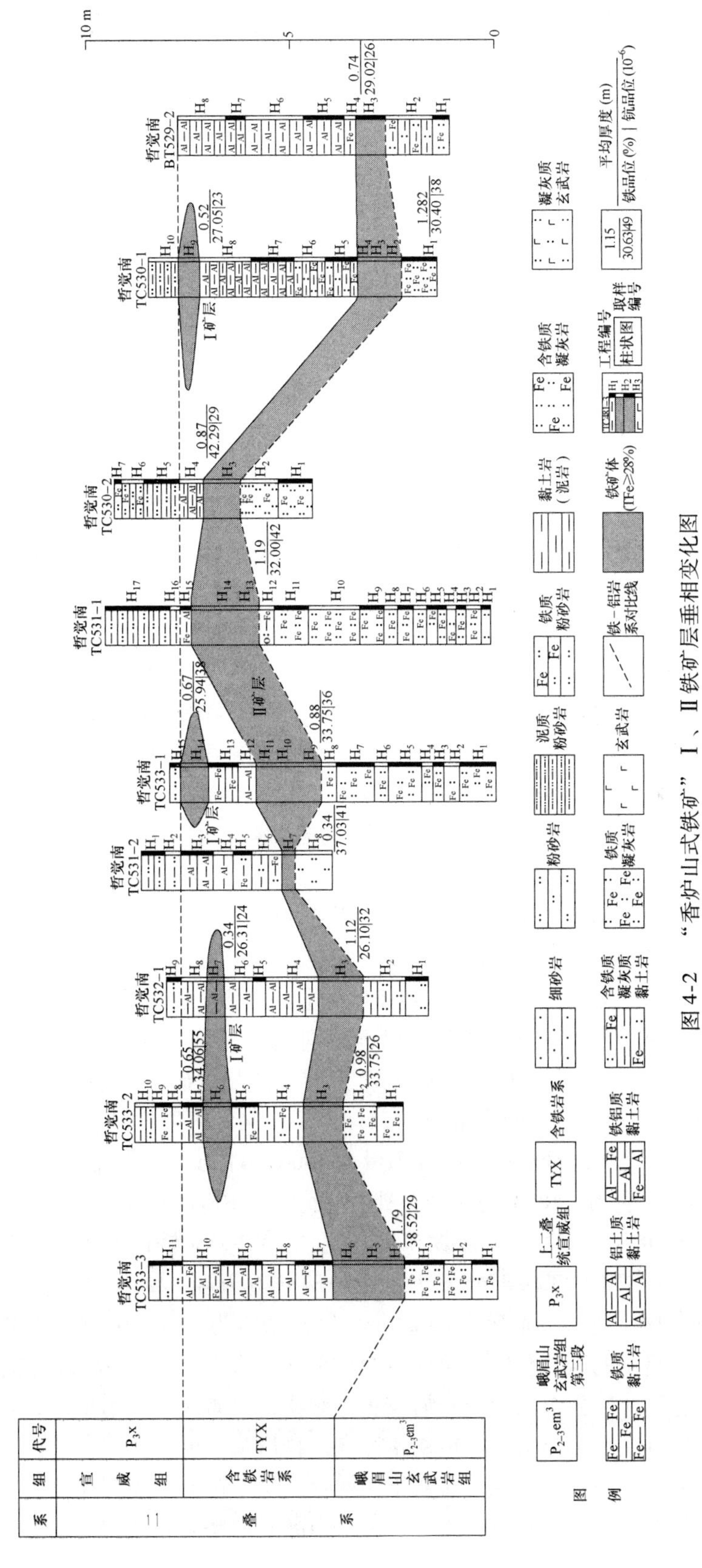

图 4-2 “香炉山式铁矿” Ⅰ、Ⅱ铁矿层垂相变化图

（据贵州省地矿局 113 地质大队资料修编）

上，距Ⅱ矿层一般1.15～4.2m，主要呈似层状赋存于二叠系上统宣威组底部与含铁岩系顶部接触带的灰色、深灰色薄至中层凝灰质、粉砂质黏土岩中，矿体规模小，连续性差，且厚度极不稳定，在走向、倾向上常尖灭，一般走向长几十至几百米，倾向上延深一般几十米至100m，矿石品位较低，TFe含量一般15%～20%，局部可达29.68%～38.38%，矿体厚度极不稳定，厚0.2～1.2m之间。由于该层矿体厚度薄、品位低，前人未估算铁矿石资源量。

Ⅱ铁矿层为本区主要矿层，其主要呈似层状、层状赋存于含铁岩系中下部，含铁岩系主要为褐红、暗红色铁质（含铁质）黏土岩、肾豆状铁质黏土岩、铁质凝灰质黏土岩、含铁质角砾黏土岩，矿层比较连续，厚度一般为0.55～2.51m，平均1.89m；厚度最厚7.93m（ZK517-1），品位最高达45%。全区平均品位25.05%～35.96%，平均28.23%。在走向、倾向上虽然变化也较大，但总体稳定，走向长一般910～7700m，平均约3300m，倾向上延深一般285～3020m，平均约900m。

Ⅰ、Ⅱ铁矿层在研究区内易于识别，其主要识别标志为：

（1）空间上，Ⅰ矿层位于含铁岩系顶部，Ⅱ铁矿层位于含铁岩系中下部，且Ⅰ铁矿层位于Ⅱ铁矿层之上，两层矿体之间有一定的距离。

（2）含矿岩性上，Ⅰ铁矿层主要产于灰色、深灰色薄至中层凝灰质、粉砂质黏土岩中，Ⅱ铁矿层主要产于褐红、暗红色铁质（含铁质）黏土岩、豆粒状铁质黏土岩、铁质凝灰质黏土岩、含铁质角砾黏土岩中，两者在颜色、岩性上有较大区别。

（3）矿体厚度、品位在倾向、走向的延伸上，Ⅰ铁矿层厚度变化大且薄、品位低，多达不到工业要求，在倾向、走向延深（长）小、变化大、常尖灭；Ⅱ铁矿层矿层厚度大较稳定，品位富，大部分达到工业要求，倾向、走向延深（长）大，变化虽较大但比较连续。

研究区内经贵州省地矿局113地质大队整装勘查工作，新圈定铁矿体26个，矿体赋存标高+1440～+2620m，新增（332+333+334?）铁矿资源量49417.20万吨（其中工业矿石（TFe≥28%）铁矿资源量为26245.31万吨、低品位矿石（25%≤TFe<28%）铁矿资源量为23171.89万吨），其中333及以上级别铁矿资源量为12606.76万吨（其中工业矿石（TFe≥28%）铁矿资源量为11237.87万吨，低品位矿石（25%≤TFe<28%）铁矿资源量为1368.89万吨），占总资源量的25.15%；334?级别铁矿资源量为36810.44万吨（其中工业矿石（TFe≥28%）铁矿资源量为15007.44万吨，低品位矿石（25%≤TFe<28%）铁矿资源量为21803万吨）。伴生稀土矿REO为30.69万吨、钪金属量17498.08t。加上研究区内前期在二塘铁矿区查明的1381.26t铁矿资源量，研究区内总计探明铁矿石资源量（332+333+334?）为49417.338126万吨。

区内铁矿石矿物在浅部（垂深0～40.5m）以褐铁矿为主（针铁矿、纤铁矿、水针铁矿、水纤铁矿和更富水的氢氧化铁胶凝体以及硅的氢氧化物、泥质物质的混合物），深部以赤铁矿为主；脉石矿物主要为火山碎屑及黏土矿物，碎屑成分较为单一，基本上为玄武质岩屑，黏土矿物则主要为呈火山碎屑次生蚀变矿物形式产出。

矿石结构主要有火山角砾结构、凝灰结构两种，矿石构造主要为豆粒状（主要由赤铁矿、绿泥石、金红石、锐钛矿和石英组成，并由隐晶质赤铁矿胶结）、块状、层状构造。

4.1.2 矿田划分依据及划分研究

4.1.2.1 成矿区带的地质内涵

朱裕生等（2007）在总结陈毓川等（1999）前人研究工作的基础上，对我国成矿区带的概念、划分原则等进行了系统的研究和阐述。

成矿区（带）是成矿单元的地质体，它的内部结构应该是地质构造单元加区域成矿作用（矿床及其空间分布），其地质含义是很明确的，各序次的成矿区（带）所处的地质构造位置及赋存的矿产不同，其地质内涵又有较大差异。

Ⅰ——成矿域：与全球性的巨型构造相对应，在地壳历史演化过程中，经历过与区域成矿作用相对应的几个大地构造-岩浆旋回，一个与构造-岩浆相对应的区域成矿旋回的特定矿床类型组合与另几个与区域成矿旋回特定矿床类型组合叠加在同一空间和经过多次壳幔物质交换形成的成矿单元。

Ⅱ——成矿省：受大地构造旋回控制，与大地构造的一级单元或跨越不同大地构造单元的地区、出现过一个或几个与区域成矿作用相对应的大地构造-岩浆旋回，省内出现几个构造-岩浆旋回特定的矿化类型组合一体的成矿单元，在地质历史-演化过程中，成矿物质的富集受地壳物质不均匀性的控制，矿床富集在大地构造单元的特定部位，或与特定的地质体有成因联系。

Ⅲ——成矿区（带）：是在成矿省范围内划分的次一级成矿单元，在统一的成矿地质环境的控制下，发育着一个构造-岩浆成矿旋回为主，其他区域成矿旋回为辅的特定矿床类型组合的成矿单元，产出的空间位置在成矿时代、成因类型上具有明显的成矿专属性。

Ⅳ——成矿亚带（或亚区）：受同一构造-岩浆旋回控制的、矿床成因上有联系的、一类或几类矿床组合一体的成矿富集区，有时也叫矿田分布区。

Ⅴ——矿田：受有利成矿地质因素中同类成矿因素控制，在相似地质环境支配下，赋存有某几个矿种、某类或某几类、成因相似或空间上密切联系、分布集中的一组矿床分布区，一般称矿田。

本次涉及工作为第Ⅴ类成矿区（带）即矿田级别的划分工作。

4.1.2.2 矿田划分的基本原则

据朱裕生等（2007）的研究成果，本次矿田划分工作主要遵循以下原则：

（1）区域矿产空间分布的集中性和区域成矿作用的统一性原则。每一成矿旋回的发生、发展和演化过程造就的区域成矿作用、矿床空间分布、成矿作用强度限定在相似区域成矿地质背景控制的成矿地质环境的范围内，这就是圈定成矿区（带）边界的地质科学依据。

（2）逐级圈定的原则。圈定成矿区（带）的实际操作过程中先圈出成矿域，其后依次圈定成矿省、成矿区（带）、成矿亚区（带）和矿田。本次工作在前人工作基础上，直接圈定矿田。

（3）成矿区（带）与矿床成矿系列的对应关系原则。矿床成矿系列的四个“一”，即：一定的地质历史发展阶段（相当于一个成矿旋回）内、所形成的一定的地质构造单元内（特定的成矿地质构造环境，一般相当三级地质构造单元）、与一定的地质成矿作用有关、在特定的地质构造部位的形成一组具有成因联系的矿床。

4.1.2.3　矿田的划分结果

根据上述划分原则以及控矿构造特征和矿体分布、保存情况不同，本次共划分了哲觉矿田、香炉山矿田和哈拉河矿田三个矿田（图 4-3），即将东南部受香炉山构造变形区控制的矿床分布区划为香炉山矿田，将西南部哲觉构造变形区内受近南北向哲觉复式向斜控制的铁矿床分布区和受北东向哈喇河向斜控制的矿化集中区分别划分为哲觉矿田和哈喇河矿田。

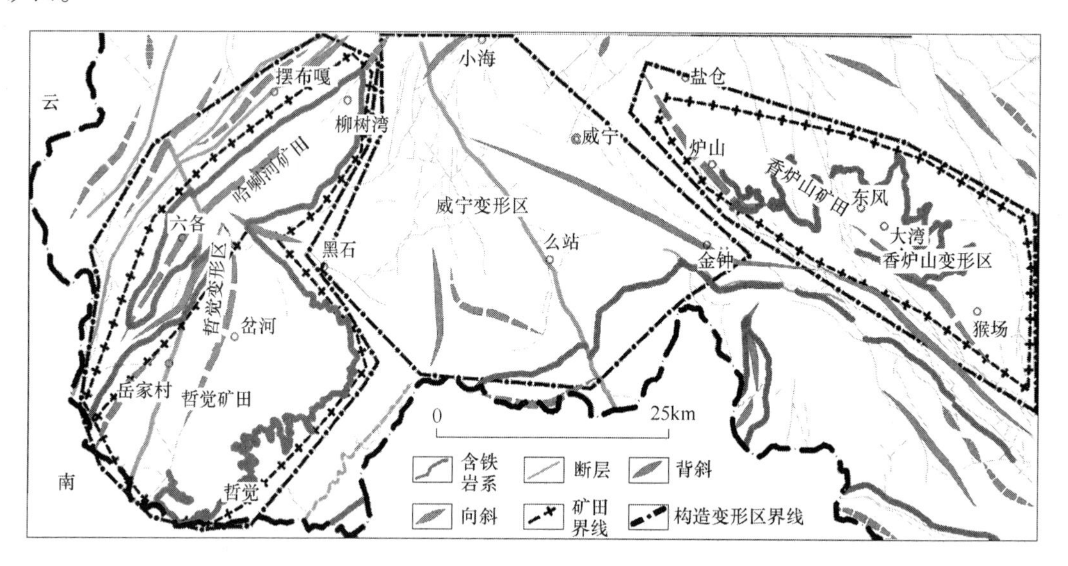

图 4-3　贵州西部威宁～赫章地区“香炉山式铁矿”矿田划分图

香炉山矿田的范围受香炉山构造变形区控制，考虑矿床主要赋存于香炉山构造变形区内，因此矿田面积要比构造变形区范围小（矿层往向斜核部倾）。含铁岩系沿香炉山向斜两翼分布，而且受到北西向和北北西向断裂的切割，以及构造抬升剥蚀影响，含铁岩系呈多个孤立块体出现，矿层的连续性相对较差。矿田南段（二塘向斜控制区）矿层减薄消失，几乎不存在工业矿体。

4.2　香炉山矿田地质特征

4.2.1　香炉山矿田概况

香炉山矿田位于研究区的东面，矿田面积为 490km²，沿炉山～大湾一线呈北西向展布（图 4-4）。区内出露地层主要为晚古生界和中生界地层，以发育一套碳酸盐岩、基性喷发岩（相伴侵入岩、火山碎屑岩）及陆源碎屑岩组合为特色。区内构造变形强烈，主要以发育近北西向的褶皱（向斜）和北西向、近南北向的断层为主要特征构造。区内火成岩主要为峨眉山玄武岩及与其同期侵入的同源辉绿岩体（脉）。玄武岩为区内风化壳中多矿种（铁、铜、稀土、锐钛矿等）次生富集成矿作用的母岩。峨眉山玄武岩组第三段顶部与宣威组底部之间古风化壳不整合面为区内铁矿层的产出层位。

据贵州地矿局 113 地质大队《贵州省威宁～水城地区铁多金属矿整装勘查》成果，矿

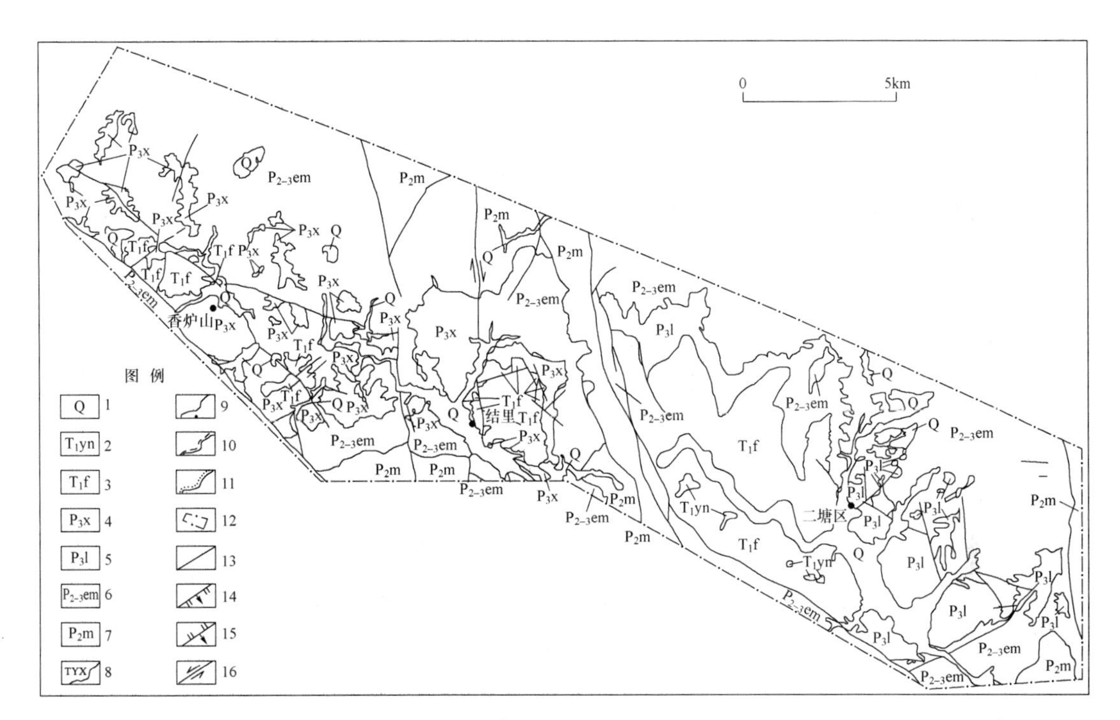

图 4-4 香炉山矿田地质简图（据贵州地矿局 113 地质大队资料修编）

1—第四系；2—永宁镇组；3—飞仙关组；4—宣威组；5—龙潭组；6—峨眉山玄武岩组；7—茅口组；
8—含铁岩系露头；9—地质界线；10—平行不整合；11—角度不整合；12—研究区范围；
13—断裂；14—正断层；15—逆断层；16—平移断层

田内含铁岩系厚度较大，主要在 2 ~ 9m 间变化，一般在 5m 左右。岩性主要为褐红-褐黑色铁质黏土岩、浅灰-灰白色铝土质黏土岩、浅黑色碳质黏土岩。区内见有 6 处铁矿床，如香炉山、赖子河、小海杜块等，已探明铁矿体一般长数百米至 2000 余米，延伸数百米，厚一般 1 ~ 2m，矿石品位一般在 30% 以下。目前已探明 6 个矿体，其铁矿石 332 资源量为 178 万吨，333 资源量为 840 万吨，334？资源量为 346 万吨，累计探明 332 + 333 + 334？资源量为 1364 万吨。

4.2.2 香炉山典型矿床特征

据贵州地矿局 113 地质大队《贵州省威宁 ~ 水城地区铁多金属矿整装勘查》成果和本次调研，研究区内出露地层有震旦系灯影组（$Z\in dy$），寒武系清虚洞组（$\in_1 q$），泥盆系独山组（D_2d）、望城坡组（D_3w），石炭系大埔组（$C_{1\text{-}2}d$）、威宁组（$C_{1\text{-}2}w$），二叠系梁山组（P_2l）、栖霞组（P_2q）、茅口组（P_2m）、峨眉山玄武岩组（$P_{2\text{-}3}em$）、含铁岩系（古风化壳不整合面中 Fe-Al 岩系）、宣威组（P_3x）、龙潭组（P_3l），三叠系飞仙关组（T_1f）、嘉陵江组（$T_{1\text{-}2}j$）、关岭组（T_2g）、二桥组（T_3e）及第四系（Q）。峨眉山玄武岩组第三段顶部与宣威组底部之间古风化壳不整合面为区内铁矿层的产出层位。

研究区位于扬子陆块黔北隆起区威宁穹盆构造变形区的北西隅，区内构造变形强烈，以发育近北西向的香炉山向斜和近北西向延伸的二塘向斜和北西向二塘沟 ~ 白泥田北西向断层（F_1）、蔡家院子 ~ 学田上北西向断层（F_4）、浸水 ~ 管家沟断层（F_6）、小河边断层

(F_7)、陈家院子~刘家院子断层(F_8),近南北向的孔家坪子~七龙海子断层(F_5)为主要特征。

区内火成岩主要为峨眉山玄武岩及与其同期侵入的同源辉绿岩体(脉)。区内玄武岩风化后含铁矿物的分解使得铁在后期次生富集作用下经水解、搬运、富集成矿,玄武岩为区内风化壳中多矿种(铁、铜、稀土、锐钛矿等)次生富集成矿作用的母岩(成矿物质来源)。

在香炉山研究区二塘、结里、溪街、香炉山一带,含铁岩系多为残坡积层分布,厚度2~9m,含铁岩系在地表出露规模小、不连续,多被后期断裂错断或被三叠系地层飞仙关组所覆盖,岩性主要为褐红-褐黑色铁质黏土岩、浅灰-灰白色铝土质黏土岩、浅黑色碳质黏土岩。其中含铁岩系底部为一层褐红色、紫红色含铁质凝灰岩,局部变为豆鲕状低品位铁矿,TFe 含量 14%~24.5%,厚度 1.0~3.0m。

4.2.2.1　地层岩性

香炉山研究区内出露地层有二叠系梁山组(P_2l)、栖霞组(P_2q)、茅口组(P_2m)、峨眉山玄武岩组($P_{2\text{-}3}em$)、含铁岩系(古风化壳不整合面中 Fe-Al 岩系)、宣威组(P_3x)、龙潭组(P_3l),三叠系飞仙关组(T_1f)及第四系(Q)。现将区内出露的地层由老至新叙述如下。

A　二叠系

二叠系地层在研究区分布最广,出露厚度大,主要出露有梁山组(P_2l)、栖霞组(P_2q)、茅口组(P_2m)、峨眉山玄武岩组($P_{2\text{-}3}em$)、宣威组(P_3x)。峨眉山玄武岩组($P_{2\text{-}3}em$)与宣威组(P_3x)底部间的古风化壳不整合面为区内铁矿体(层)的赋矿层位。现将其由老到新列述如下:

梁山组:研究区梁山组主要分布于摆布嘎、白支落、恰西一带,黑石头、岔河等地有零星出露,出露面积不大,出露厚度一般数十米,主要出露岩性为黄灰色、浅灰色细砂岩、粉砂岩夹页岩,上部页岩为主夹粉砂岩及煤层,有的地方可见铝质岩、铁质岩条带透镜体。与下伏地层石炭系平行不整合接触。

栖霞组:研究区栖霞组主要分布在摆布嘎、白支落、恰西一带,主要出露岩性为深灰色厚层块状微晶灰岩、含生物碎屑灰岩及少量砂屑灰岩,偶见燧石团块。有的地段灰岩含硫化氢(敲开可闻到臭鸡蛋味)。与下伏梁山组为整合接触。

茅口组:研究区茅口组主要分布在花山、恰西一带及岔河、中坝等地区。主要出露岩性为灰白色厚层块状微晶灰岩、生物碎屑灰岩及含生物碎屑灰岩,顶部为深灰色厚层块状生物碎屑灰岩。与下伏栖霞组为整合接触。

峨眉山玄武岩组:峨眉山玄武岩组是研究区出露最完整、厚度大且与成矿关系最密切的地层之一。按岩性组合特征可分为三段。出露最大厚度1249m,与下伏茅口组为平行不整合接触。厚度676.99m。由上至下主要岩性特征如下:

(1)峨眉山玄武岩组第三段($P_{2\text{-}3}em^3$):第三段下部主要岩性为灰黑色、灰绿色、褐灰色凝灰岩、玄武岩,气孔及杏仁体发育,上部为褐红色凝灰岩,常见斑点状白色高岭土。厚125m。

(2)峨眉山玄武岩组第二段($P_{2\text{-}3}em^2$):第二段主要岩性为灰黑色、深灰暗绿色块状微晶、隐晶玄武岩，顶部夹少量凝灰岩，柱状节理特别发育。厚435.93m。

(3) 峨眉山玄武岩组第一段（$P_{2-3}em^1$）：第一段主要岩性为玄武质凝灰岩，灰黑色、深灰绿色致密块状玄武岩，杏仁状玄武岩，气孔较发育。厚162.43m。

(4) 含铁岩系（TYX）：含铁岩系为介于峨眉山玄武岩组（$P_{2-3}em$）与宣威组（P_3x）间的一层古风化壳，为一套褐红色凝灰质、玄武质角砾黏土岩，其详细特征见4.2.2.2节。

(5) 宣威组：研究区宣威组广泛分布，其下部主要出露灰、灰黄色粉砂岩夹泥质粉砂岩、泥岩，其上部主要岩性为粉砂岩夹深灰色页岩或煤层。研究区含1~5层可采煤层。

B 三叠系下统飞仙关组

研究区飞仙关组按岩性组合特征分为上下两段。下段（T_1f^1）主要分布在长海子~香炉山一带，主要岩性为灰绿色粉砂岩夹泥岩、粉砂质泥岩组成，其顶部常见2~3层含铜灰绿色粉砂岩；上段（T_1f^2）主要分布在长海子~香炉山、后山营~核桃坪、岔河等地，主要出露岩性底部与一段之间常有一过渡岩段，岩性由紫红色页岩夹数层灰绿色、紫灰色粉砂岩组成；下部为紫红色泥岩、粉砂质泥岩夹紫红色、灰紫色粉砂岩；中部紫红色厚层块状粉砂岩夹极少量泥岩；上部位紫红色泥（页）岩夹粉砂岩条带。该组总厚度305.88m。与下伏宣威组为平行不整合接触。

C 第四系

研究区第四系零星分布在河谷两岸，主要是冲积、沉积砂、砾石堆积。

4.2.2.2 含铁岩系

A 含铁岩系地质特征

在香炉山研究区二塘、结里、溪街、香炉山一带，含铁岩系多为残坡积层分布，厚度2~9m（图4-5），含铁岩系在地表出露规模小、不连续，多被后期断裂错断或被三叠系地层飞仙关组所覆盖，岩性主要为褐红-褐黑色铁质黏土岩、浅灰-灰白色铝土质黏土岩、浅黑色碳质黏土岩。其中含铁岩系底部为一层褐红色、紫红色含铁质凝灰岩，局部变为豆粒状低品位铁矿，TFe含量14%~24.5%，厚度1.0~3.0m。

含铁岩系可分为底部、中部和顶部三段。底部为褐红-褐黑色豆粒状铁矿层，该层不稳定，厚度变化较大，一般厚0.3~1.67m，局部变薄或缺失，其下部颜色多为褐红色，上部略显灰绿或青灰色，TFe含量一般为32.58%~41.75%，TiO_2含量一般为8.77%~11.18%。中部为灰、浅灰-灰白色铝土质黏土岩，局部夹黄绿色铁质黏土岩，厚0.5~2m，TiO_2含量5%~11%，一般REO 0.012%~0.374%，该层中局部见黄铜矿，其中ZK801钻孔资料显示Cu含量一般为0.108%~1.17%，在中部与顶部接触附近可见一层厚约0.2~0.3m的含大量豆粒的黑褐色赤铁矿。顶部为灰色、灰白色、浅黑色黏土岩，厚度0.5~2m，稀土元素在该层中较富集，稀土总含量为0.012%~0.285%，在顶部与中部接触附近一般可见一层厚约2~5mm的铁质壳层。

B 空间展布特征及其矿化富集规律

经野外地质调查和综合贵州地矿局113地质大队资料，对含铁岩系进行对比研究发现，从研究区NW往SE方向（松林→蔡家院子→和尚田→核桃坪→陈家院子→二塘→沙

地层代号	取样编号	真厚度/m	柱状图（1:200）	地质描述
P_3x				深灰色、暗绿色细砂岩，含少量黑色、灰绿色泥质条带和炭质薄膜，局部可见黄铁矿颗粒；中部夹 0.20m 灰黑色粉砂岩及灰白色泥质条带
	H_1	1.41		暗红色粉砂质泥岩，夹暗灰绿色网脉状泥质条带，含少量凝灰质，深灰色泥岩，局部见植物化石碎片
	H_2	0.32		
	H_3	0.43		深红色粉砂岩，局部见黄铁矿颗粒呈星散状分布
含铁岩系（TYX）	H_4	0.28		深灰至暗灰绿色薄层状黏土岩
	H_5	0.10		深灰色薄层状黏土岩，含少量凝灰质
	H_6	0.75		深灰色薄层状黏土岩，中部见 0.5cm 煤线和黄铁矿颗粒
	H_7	1.79		灰绿色硬质黏土岩，含少量绿泥石和凝灰质
	H_8	0.53		深灰色薄层黏土岩，岩层面见黄铁矿薄膜，网脉状自然铜
	H_9	0.46		暗红色火山角砾赤铁矿，见暗绿色网状砂质条带，零星见黄铁矿及自然铜
	H_{10}	0.96		暗红色凝灰质赤铁矿，局部见绿泥石，零星见黄铁矿呈星点状分布
$P_{2-3}em^3$	H_{11}	1.30		暗红色铁质凝灰岩，含凝灰质及灰白色斑点
	H_{12}	1.21		暗红色凝灰质赤铁矿，局部黏土化
				暗红色凝灰岩，夹灰黄色泥质条带，见铁质侵染，夹大量灰黄色、灰绿色斑点，绿泥石化；中下部含少量灰白色脉状铝土质斑点

图 4-5 香炉山铁矿床含铁岩系垂向地质特征
（据贵州省地矿局 113 地质大队资料修编）

飞益），含铁岩系的分布特征及其矿化富集规律如下：

（1）含铁岩系主要分布在香炉山向斜和二塘向斜内，在两个向斜的 NE 翼含铁岩系在地表出露较好且较连续，尤以二塘向斜最好，在 SW 翼大部被三叠系飞仙关组地层所覆盖，且由 NW 往 SE 方向含铁岩系有逐渐变薄甚至缺失（尖灭）现象。

（2）在研究区二塘向斜内，含铁岩系变薄或缺失，目前区内最厚为 0. 59m。区内含铁岩系中铁矿石品位很低（TFe 6. 57%~10. 06%），厚度亦薄（0. 15 ~0. 59m），均达不到工业要求。含铁岩系 NE 在陈家院子~小寨之间连续，往 SW 泥抹嘎~沙飞益一线被断层错断，连续性较差。

4. 2. 2. 3 构造

研究区位于扬子陆块黔北隆起区威宁穹盆构造变形区的南东隅，区内构造变形强烈，以发育近北西向的褶皱（向斜）和北西向、近南北向的断层为主要特征。

A 褶皱

香炉山研究区主要发育有近北西向的香炉山向斜和近北西向延伸的二塘向斜。

香炉山向斜：香炉山向斜分布在研究区北部香炉山地区，轴迹呈近北西向延伸，长约 15km。两翼宽约 5km，向斜北东翼地层产状变化不大，地层倾向 170° ~240°，倾角 5° ~14°，一般 8°，南西翼地层受断层破坏，产状变化较大，地层产状总体倾向 340° ~10°，倾角 7° ~40°。核部主要由上二叠统宣威组地层组成。

二塘向斜：二塘向斜位于香炉山研究区北东部，距水城西北约 20km，轴迹呈近北西向延伸，长约 25km。该向斜为一平行于威水大背斜的短轴向斜。向斜轴部为飞仙关组页岩，嘉陵江组灰岩只见局部残留。向斜轴为北西10°~70°，该向斜断裂以正断层为主，逆断层不发育。一般均为高角度断层，向斜西南翼断裂线大致平行于地层走向，东北翼斜交走向为多。

B 断裂

香炉山研究区内主要发育有北西向和近南北向的断层，主要断层是二塘沟~白泥田北西向断层（F_1）、周家坡-施家营东西向断层（F_2）、小海都块北东向断层（F_3）、蔡家院子~学田上北西向断层（F_4）、孔家坪子~七龙海子近南北向断层（F_5）、浸水-管家沟北西向断层（F_6）、小河边北西向断层（F_7）、陈家院子~刘家院子北西向断层（F_8）。

二塘沟~白泥田北西向断层（F_1）：南起二塘沟，经龙家沟至月亮山延出研究区，至炉山梁子进入研究区，经上院子至白泥田交于F_2断层上，区内全长近5000m，走向310°~10°，倾向40°~100°，倾角58°，为一正断层。上盘为二叠系宣威组（P_3x），岩性主要为灰绿色砂页岩及泥质粉砂岩、泥岩；下盘为二叠系峨眉山玄武岩组第三段（$P_{2\text{-}3}em^3$）紫红色凝灰岩。

周家坡~施家营东西向断层（F_2）：位于研究区北部，东起周家坡，西至施家营，长约2000m，走向北东-南西，断层产状45°~60°∠55°~62°，为一正断层。上盘为二叠系宣威组（P_3x），岩性主要为灰绿色砂页岩及泥质粉砂岩、泥岩；下盘为二叠系峨眉山玄武岩组第三段（$P_{2\text{-}3}em^3$）紫红色凝灰岩。

小海都块北东向断层（F_3）：位于研究区北部，小海都块西北，长约2000m，走向近东西向，断层走向200°~210°，倾向110°~120°，倾角65°，为一逆断层。上盘为二叠系宣威组（P_3x），岩性主要为灰绿色砂页岩及泥质粉砂岩、泥岩；下盘为二叠系峨眉山玄武岩组第三段（$P_{2\text{-}3}em^3$）紫红色凝灰岩。

蔡家院子~学田上北西向断层（F_4）：位于研究区中部，东起学田上，经大海子至蔡家院子延出研究区，区内全长约3000m，为一正断层。倾向205°，倾角63°；上盘地层为二叠系宣威组（P_3x）深灰、灰绿色凝灰质黏土岩和鲕粒黏土岩，下盘地层为二叠系峨眉山玄武岩组第三段（$P_{2\text{-}3}em^3$）暗绿色玄武岩夹火山角砾岩、凝灰岩。

孔家坪子~七龙海子近南北向断层（F_5）：区内南起孔家坪子，经白岩沟、卯家湾滩至七龙海子，区内全长约5000m，断层走向近南北西，断层倾向和倾角不明，西盘为三叠系宣威组（P_3x）深灰、灰绿色泥质粉砂岩、粉砂质泥岩、泥岩；东盘为二叠系峨眉山玄武岩组第三段（$P_{2\text{-}3}em^3$）暗绿色玄武岩、凝灰岩。

浸水-管家沟北西向断层（F_6）：位于研究区西南部，北西端延出研究区，区内全长2000m，走向310°~330°，倾向220°~240°，倾角55°~60°；为一逆断层。上盘为二叠系茅口组（P_2m）浅灰至深灰色厚层块状灰岩，下盘为二叠系峨眉山玄武岩组第二段（$P_{2\text{-}3}em^2$）暗绿色玄武岩、玄武质熔岩。

小河边北西向正断层（F_7）：位于研究区秋木沟矿段北部小河边一带，长约800m，断层产状190°∠44°，上盘地层为二叠系宣威组（P_3x），岩性主要为灰绿色砂页岩及泥质粉砂岩、泥岩；下盘地层为二叠系峨眉山玄武岩组第三段（$P_{2\text{-}3}em^3$）紫红色凝灰岩。

陈家院子~刘家院子北西向正断层（F_8）：位于研究区秋木沟矿段中部陈家院子~刘家院子一带，长约1500m，断层产状：55°∠45°，上盘地层为二叠系宣威组（P_3x），岩性主要为灰绿色砂页岩及泥质粉砂岩、泥岩；下盘地层为二叠系峨眉山玄武岩组第三段（$P_{2-3}em^3$）紫红色凝灰岩。

4.2.2.4　*岩浆岩*

区内火成岩主要为峨眉山玄武岩及与其同期侵入的同源辉绿岩体（脉），岩体主要分布在金钟～草海一带。其主要特征见2.2.2节。需要指出的是，区内玄武岩风化后含铁矿物的分解使得铁在后期次生富集作用下经水解、搬运、淋滤富集成矿，玄武岩作为区内风化壳中多矿种（铁、铜、稀土、锐钛矿等）次生富集成矿作用的母岩（成矿物质来源）应引起重视。

4.2.2.5　*矿体地质*

区内的铁多金属矿体主要赋存于峨眉山玄武岩组第三段凝灰岩与宣威组底部之间古风化壳不整合面的含铁岩系中，含铁岩系主要分布在由峨眉山玄武岩、宣威组（P_3x）组成的向斜中，区内共发现铁矿（化）层两层，一般呈似层状或透镜状平行于地层产出（图4-2）。

（1）在香炉山向斜内，蔡家院子地区仅少数工程见到矿（化）层，其中在XZK0202中见到厚1.48m的矿化体（TFe 25.51%），在XBT6中见到厚1.67m的工业矿体（TFe 40.43%），XBT5中见到厚1.06m的工业矿体（TFe 29.06%）。值得一提的是在JTC7中含铁岩系底部峨眉山玄武岩3段顶部附近见一层厚1.05m的矿化体（TFe 25.40%）（在四川盐源县平川烂纸厂铁矿区内峨眉山玄武岩一段中部见厚3～6m，TFe 29%～39%，长数百米至近5km长磁铁矿层，其矿床规模已达中型），该层铁矿是否为磁铁矿，或在区内玄武岩相近层位是否有类似磁铁矿体存在值得进一步开展工作。

（2）在二塘向斜内，区内含铁岩系中均未见到矿化体。仅在P_3x底部EBT4（厚0.55m，TFe 27.90%）、EBT13（厚0.61m，TFe 26.62%）、EBT10（厚0.22m，TFe 28.31%）、EBT12（厚0.46m，TFe 28.00%）等少数工程中见到达不到可采要求的矿化体。

根据矿体的空间分布情况和连续性，简述香炉山Ⅱ矿层Ⅰ号矿体特征如下：

香炉山Ⅰ号矿体：位于香炉山勘查区秋木沟一带，呈不规则长方形，盖层为铁铝质黏土岩，底板为铁质凝灰岩，矿体呈层状、似层状产出，连续性较好，产状与地层产状一致（图4-6），为340°～10°∠5°～15°，矿体长2600m，宽1500m，矿体赋存标高+1920.20～+2090.60m。矿体厚度为0.44～4.88m，平均厚1.46m；矿石品位（TFe）含量20.64%～34.52%，平均品位31.97%。

矿体位于香炉山向斜南西翼向斜轴部过渡地带，呈单斜构造产出，但其北西部的小河边北西向断层（F_7）和陈家院子-刘家院子北西向断层（F_8）两条小型正断层。对矿体的连续性有一定的破坏。

4.2.2.6　*岩石矿石特征*

矿物成分主要由火山碎屑、黏土矿物、石英、褐铁矿等组成。

A　*矿石矿物*

根据岩矿鉴定结果，该区矿石矿物浅部（垂深0～40.5m）以褐铁矿为主，且随着采样深度的不断加深，褐铁矿含量逐渐减少，深部主要为赤铁矿，并偶见星点状微粒黄铁矿。

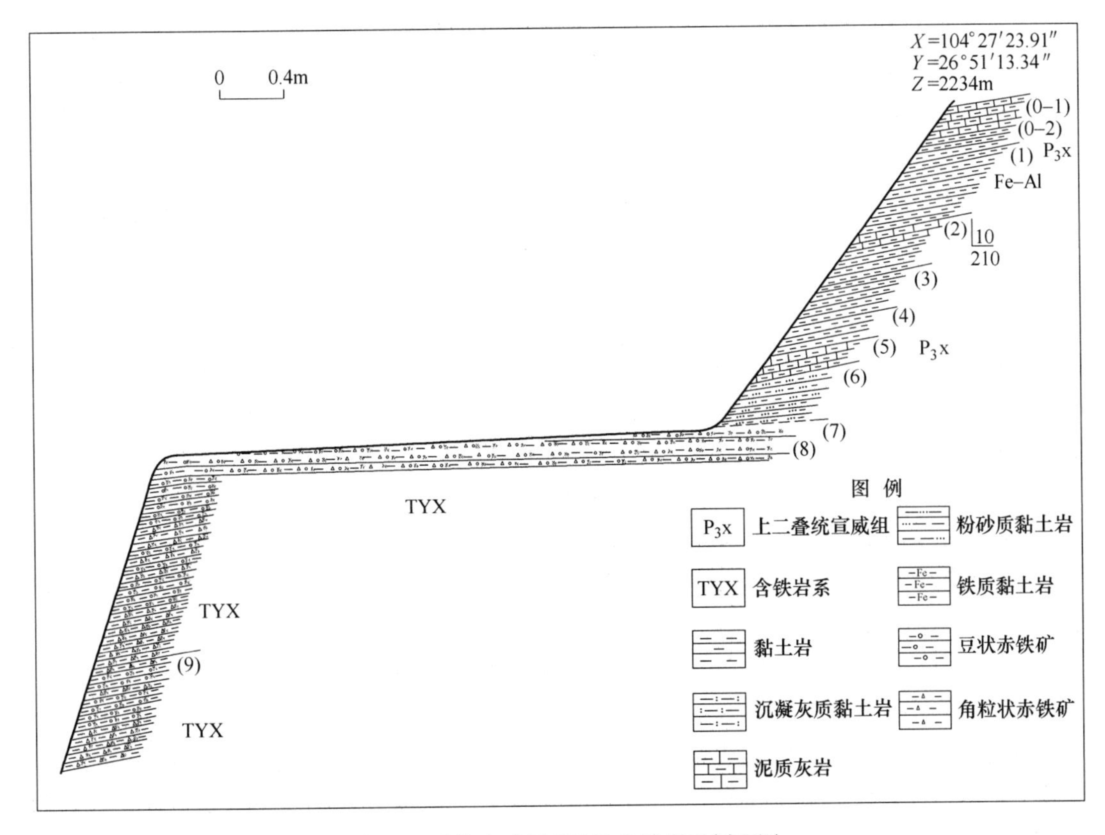

图4-6 香炉山矿区MBT2含铁岩系剖面图

褐铁矿含量小于1%，为样品微量矿物成分。结晶粒度小于0.03mm，微~泥晶级，半自形，粒状晶体，零星分布。在样品中的赋存形式仅见一种，呈碎屑、填隙物微量矿物构成形式产出。

B 脉石矿物

脉石矿物主要为火山碎屑及黏土矿物。火山碎屑为次棱角状、次圆状，圆度中等。碎屑成分较为单一，基本上为玄武质岩屑。黏土矿物则主要为呈火山碎屑次生蚀变矿物形式产出。

火山碎屑：火山碎屑是主要矿物成分，其含量在87%~96%。具褐铁矿化、弱黏土化现象。在样品中的赋存形式仅见一种，呈样品基底基本矿物构成形式产出。

黏土矿物：黏土矿物以填隙物形式存在，含量在3%~12%。呈自形~半自形，鳞片状，结晶粒度多小于0.004mm。在样品中的赋存形式仅见一种：呈火山碎屑基本充填矿物构成形式产出。

石英：石英含量为4%~7%。呈半自形~他形，柱状，结晶粒度多小于1.00mm。在样品中的赋存形式仅见一种：呈火山碎屑基本充填矿物构成形式产出。其中，部分样品火山碎屑物中见石英脉，穿插于火山碎屑之间或相互穿插。说明有后期热液作用，其形成期次较多且形成时间晚于火山碎屑。

C 矿石结构构造

矿石结构主要有火山角砾结构、凝灰结构两种。

火山角砾结构：基本上由火山碎屑和填隙物两种组分构成，火山碎屑占矿物组分的60%，其中赤铁矿占55%，黏土质占5%；呈圆形、椭圆形、不规则状，粒度1.2～10mm不等，多在2mm以上，为角砾级火山碎屑；火山碎屑基本上赤铁矿化，赤铁矿为细小片状，粒度小于0.03mm，有黏土质混杂其中；填隙物占矿物组分的40%，其中黏土质占30%，褐铁矿占10%；为氧化铁质、黏土质，由火山灰黏土化、褐铁矿化而成，对火山碎屑起胶结作用。黏土质主要为显微纤维状高岭石、蒙脱石。褐铁矿为细小鳞片状。

凝灰结构：火山碎屑特征粒度小于2.00mm，为凝灰级火山碎屑；碎屑成分为由玻屑和岩屑蚀变形成的褐铁矿及黏土质，多呈圆形、椭圆形，或为塑性变形的不规则拉长状；黏土矿物如高岭石、水云母呈鳞片状、纤维状。胶结物为非晶质褐铁矿、细小粉末状、鳞片状黏土质。氧化铁质或呈无定形胶状、细分散状褐铁矿分散于火山碎屑及胶结物中，或呈不规则团块分布。

矿石主要有层状构造、蚀变构造、块状构造等。

层状构造：因火山碎屑的堆集速度和粒度不同而显示出层状构造。

蚀变构造：由于后期的风化蚀变作用产生了不同程度的褐铁矿化、黏土矿化，它们以集合体呈层状产出。

块状构造：矿石结构致密，为单一的块状褐铁矿石或赤铁矿石。

D　矿层底板玄武岩矿物特征

斜长石：板条状，自形。结晶粒度长一般0.10～0.30mm、宽一般0.01～0.05mm。具强黏土化现象。在样品中赋存形式仅有一种，呈样品基底主要矿物成分形式产出。含量约为48%。

辉石：柱粒状，他形～半自形。结晶粒度一般0.01～0.05mm。具强黏土化现象。在样品中赋存形式仅有一种，呈样品基底次要矿物成分形式产出。含量约为10%。

玻璃质：不显光性特征。具强黏土化现象。在样品中赋存形式仅有一种，呈样品基底次要矿物成分形式产出。含量约为15%。

磁铁矿：他形～半自形，粒状，结晶粒度多小于0.02mm。具强褐铁矿化现象。在样品中赋存形式仅有一种，呈样品基底少量矿物成分形式产出。含量约为2%。

绿泥石：自形～半自形，鳞片状，结晶粒度多小于1.00mm。具强黏土化现象。在样品中的赋存形式仅见一种，呈杏仁体主要充填矿物构成形式产出。含量约为20%（附录3）。

石英：包含玉髓。他形～半自形，放射状～柱粒状，结晶粒度多小于1.00mm。在样品中的赋存形式仅见一种，呈杏仁体次要充填矿物构成形式产出。含量约为5%（附录3）。

E　矿石类型和品级

铁钛等元素主要发育于含铁岩系底部铁矿层内，本次研究选取有一定代表性的铁矿石样品，在运用化学分析、岩矿鉴定等常规方法的基础上，重点结合电子探针微区分析、X射线衍射等技术手段，对研究区多金属低品位铁矿物质组成进行了较为详细的研究，通过大量的工作，基本查清了研究区内矿石性质、铁的分布以及赋存形式，同时对其他有价元素如钛也做了相应的研究。

（1）通过分析，矿石中平均含铁量为25%～31%，但区域内的不同地层中存在较大差异。铁在浅部以褐铁矿为主（附录3），深部则多为赤铁矿（附录3），仅有微量的铁存在于钛铁矿（附录3）、铬铁矿（附录3）等含铁的其他氧化物或硫化物中。

（2）褐铁矿的存在形式主要有两种（附录3）：一种呈细分散状与黏土矿物混杂以胶结物形式存在，或呈不定形胶状混染火山碎屑，主要分布在铁矿化相对较弱的凝灰岩以及其他火山碎屑岩中；另一种为主要存在形式，以大小不等的团块状、豆状等形式存在。通过研究发现，几乎所有的褐铁矿中均含有金属钛，这种现象说明，原岩中可能含有较多的含钛矿物（如钛铁矿等），或者为后期褐铁矿化不彻底而保留的原岩残留物，也可能是混杂于褐铁矿中的黏土矿物中所含的钛（附录3）。

（3）矿石中各种矿物之间嵌布关系复杂，褐铁矿与黏土矿物之间常常混杂出现，褐铁矿分布不均，团块大小差异大以及富含钛等特征表明，有价元素铁、钛等仅通过物理选矿很难达到有用矿物的富集。

（4）经过扫描电镜（附录3）及电子探针原位微区测试发现：

1）主要矿物都以赤铁矿及水化物褐铁矿为主，赤铁矿、褐铁矿及钛铁矿与黏土矿物均匀混杂分布以集合态产出，而褐铁矿与黏土矿物之间也常常混杂出现。其中赤铁矿和褐铁矿以相互混杂小球粒团块的形式存在。矿石中赤铁矿、褐铁矿球粒的嵌布粒度主要集中在10～30μm，约占铁矿物总量的90%，其余颗粒较大的约占5%。锐钛矿颗粒细小，嵌布粒度主要集中在2～6μm，含量约占76%，粒度细小，多为自形～半自形四方形、长方形晶体，粒度较大的可达6μm以上，含量约占25%。

2）赤铁矿常含Ti、Al、Mn、Ca、Mg及少量的Cu。其中所测的多个点面中赤铁矿中都含有钛，常见钛铁矿的微细包裹体与赤铁矿混杂分布，也见于含铁质黏土矿物、含硅质钛矿物集合体形式产出；矿石中赤铁矿主要形态为浑圆状、椭圆状等，该类型赤铁矿铁的相对含量约为50%，Si、Al相对含量偏低，为4%左右。赤铁矿中普遍含有约3%～6%（相对含量）的钛矿物。

3）见赤铁矿贝壳结构，显示赤铁矿为同生沉积形成（附录3），也表明铁矿成因上为豆粒状、角砾状赤铁矿风化而形成。

综上，脉石矿物高岭土、黏土等为土状分布，与矿石矿物胶结到一起；含钛的独立矿物钛铁矿和金红石在矿石中分布较少且粒度细小，不易解离和分选。而在褐铁矿甚至黏土中钛的分布却较为常见，因此，矿石中的钛需通过多种选冶手段才能达到综合利用的目的。区内铁矿石按自然类型和结构特征可分为豆粒状褐铁矿矿石、碎屑状赤铁矿矿石两种；按炼铁用铁矿石工业类型划分为碱性铁矿石。由于矿区内铁矿石除少量可直接入炉外，TFe品位大多为25%～35%，SiO_2含量较高，一般都要做选矿处理，属低品位需选铁矿石类型。

（5）为了解矿石及岩石的矿物组成，本次选取岩矿样品进行了XRD粉晶衍射分析，结果表明，岩/矿石主要由赤铁矿+高岭石+斜长石+锐钛矿+石英+方解石+非晶质矿物组成（图4-7、图4-8）。

为了解矿石及岩石的矿物组成，选取27件岩矿样品进行了扫描电子显微镜（SEM）分析，其中结构照片90张，能谱分析4件样（25个点）。结果表明，岩石/矿石主要由O、Fe元素组成（赤铁矿），其次为Si、Al、Ti。O含量40.80%～18.13%，平均35.40%；Fe含量68.64%～32.36%，平均45.77%；Si含量11.99%～0.43%，平均6.13%；Al含量11.96%～1.61%，平均6.86%；Ti含量16.43%～1.80%，平均5.84%（表4-1）。

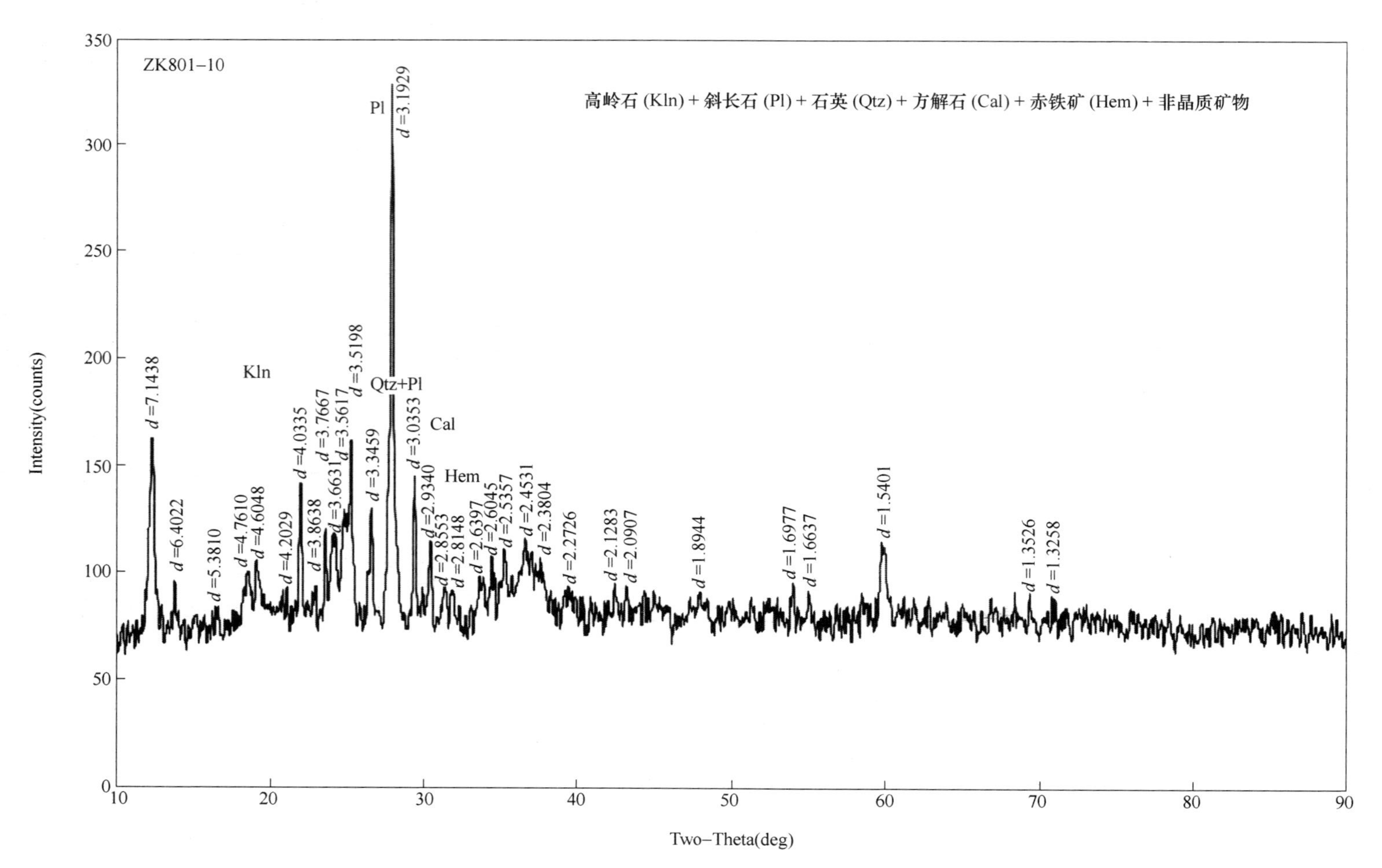

图 4-7 贵州西部“香炉山式铁矿”铁矿石 XRD 粉晶衍射图（一）

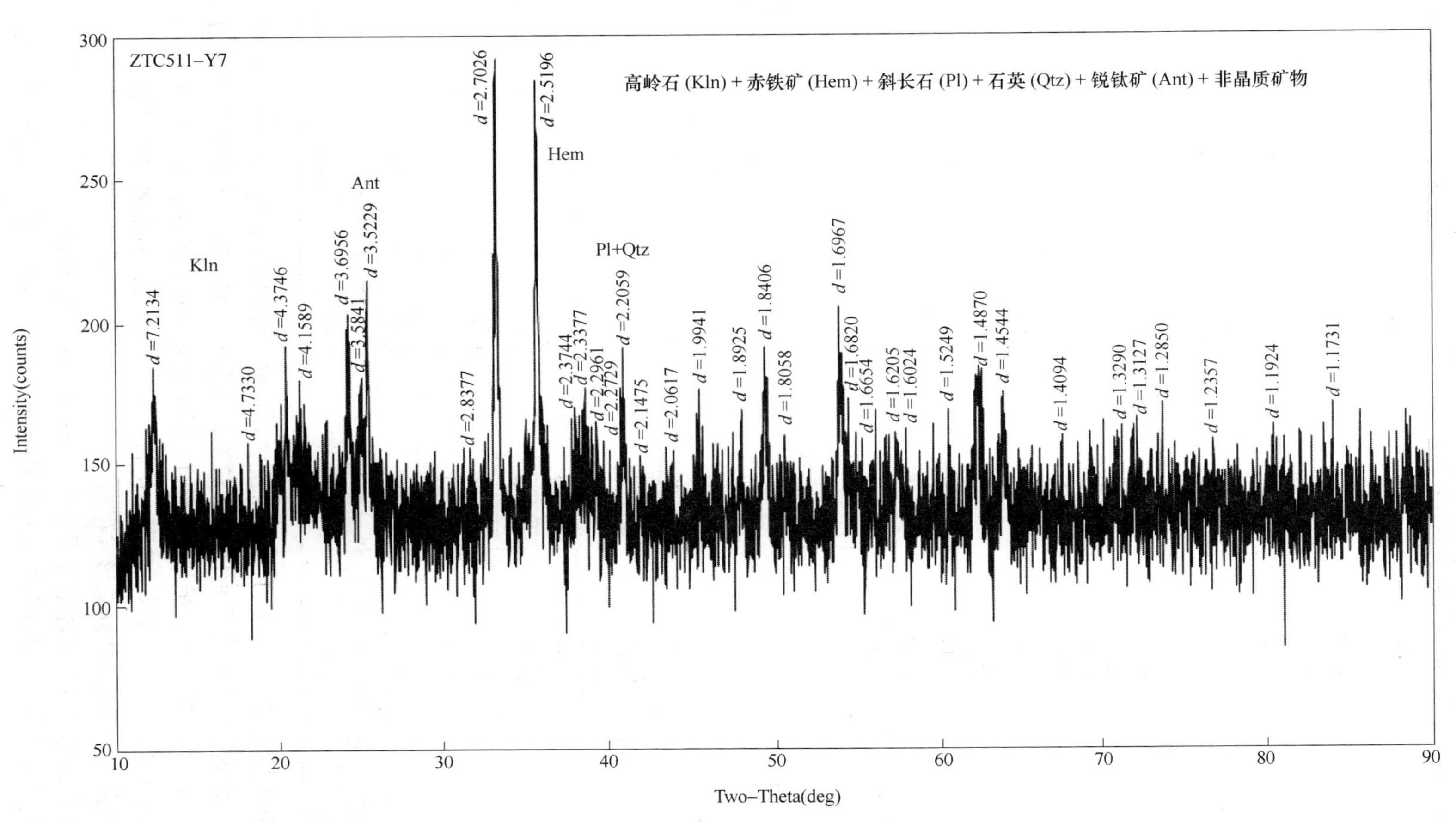

图 4-8 贵州西部“香炉山式铁矿”铁矿石 XRD 粉晶衍射图（二）

表 4-1　贵州西部香炉山铁矿床矿石扫描电镜能谱分析结果　（质量分数/%）

样号＼元素	OK	FeK	SiK	TiK	AlK
MBT2-7B-1-1	39.08	38.53	7.29	7.18	7.92
	37.35	43.00	8.03	3.25	8.37
	28.89	62.49	1.91	3.16	3.54
	38.57	37.79	8.85	4.79	10.00
	35.05	49.59	1.35	10.86	3.15
	39.60	35.10	10.35	4.16	10.78
	33.82	48.41	6.10	4.98	6.69
MBT2-7B-2-1	37.74	46.33	1.31	11.41	3.21
	36.45	44.08	6.98	4.87	7.61
	34.99	46.13	7.01	3.71	8.15
	34.61	47.81	5.36	5.91	6.31
	37.18	42.75	7.34	4.71	8.02
MBT2-7B-3-1	36.29	43.28	8.55	2.82	9.06
	35.17	43.91	9.17	1.80	9.95
	18.13	68.64	1.28	10.29	1.67
	33.15	48.38	0.43	16.43	1.61
	40.80	32.36	11.99	2.89	11.96
	36.14	39.86	8.11	7.27	8.62
MBT2-7B-4-1	33.32	56.88	3.89	1.93	3.98
	38.50	37.17	6.98	9.87	7.48
	32.46	55.89	2.51	6.24	2.90
	37.76	38.26	9.99	3.32	10.68
	36.38	51.52	2.54	6.58	2.99
	35.11	43.03	8.48	4.13	9.24
	38.41	43.03	7.38	3.54	7.63
变化范围	40.80~18.13	68.64~32.36	11.99~0.43	16.43~1.80	11.96~1.61
平均值	35.40	45.77	6.13	5.84	6.86

扫描电镜分析表明，矿石主要由赤铁矿、石英、含铝矿物（高岭石?）及含钛矿物（锐钛矿?）组成，O、Fe 含量占比约为 82%，其余 Si、Al、Ti 三者含量占比约为 18%。可以看出，Si、Al、Ti 三者含量与矿石中 Fe 的含量成反比，即 Si、Al、Ti 含量越高，矿石中 Fe 的含量越低，反之亦然。矿石中矿物组成虽较复杂，但主要以铁矿物为主，其他矿物可能以独立矿物或类质同象形式存在。

各样品扫描电子显微镜能谱分析结果如图 4-9 ~ 图 4-12 所示。

（6）电子探针分析，香炉山矿区分析样品 6 件，测试 48 个点。对香炉山研究区内样品中胶结物、铁的分布以及赋存形式，同时对其他有价元素如钛也做了相应的研究。

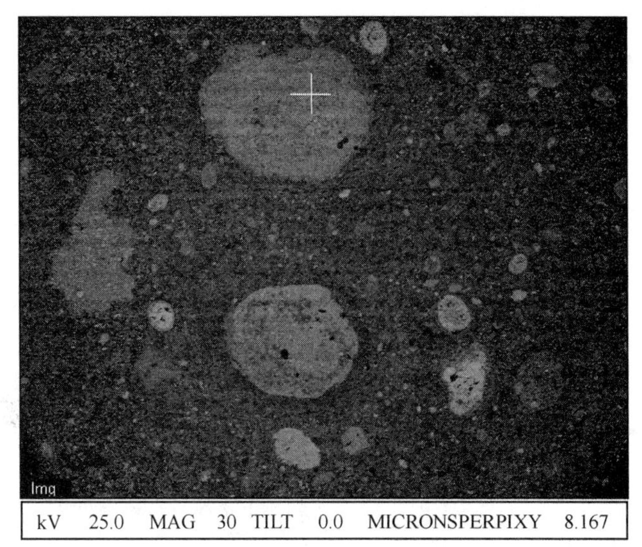

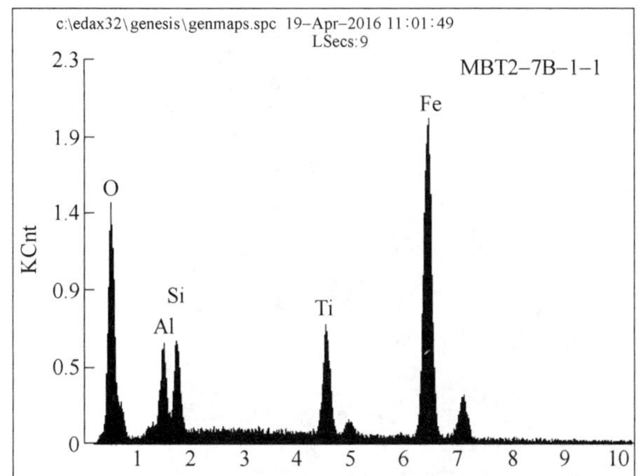

Element	Wt%	At%
OK	39.08	63.69
AlK	7.92	7.65
SiK	7.29	6.77
TiK	7.18	3.91
FeK	38.53	17.99

图 4-9 MBT2-7B-1-1 扫描电镜能谱分析结果

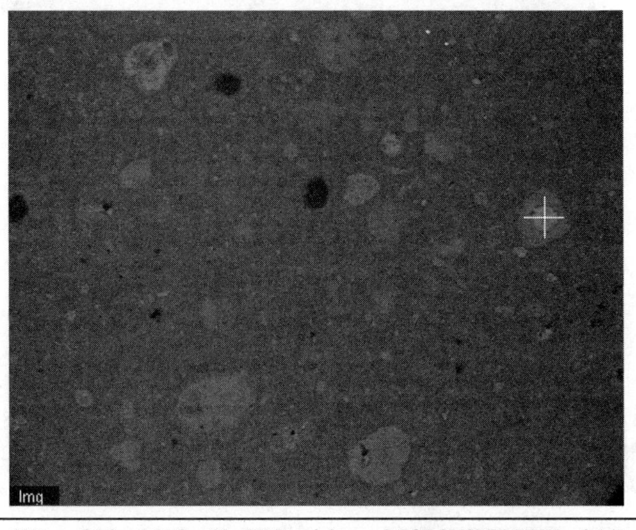

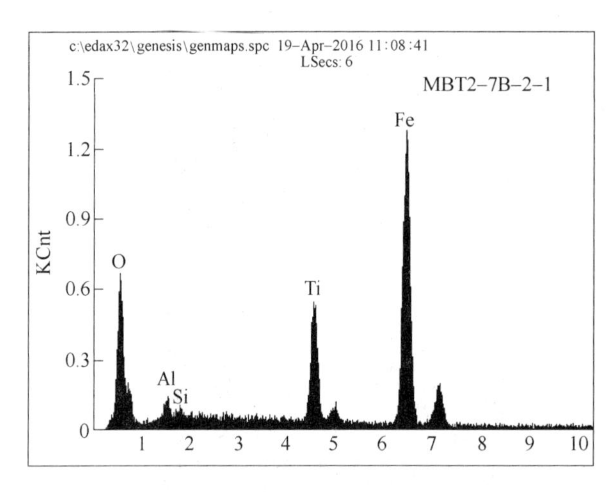

Element	Wt%	At%
OK	37.74	65.67
AlK	3.21	3.31
SiK	1.31	1.30
TiK	11.41	6.63
FeK	46.33	23.09

图 4-10 MBT2-7B-2-1 扫描电镜能谱分析结果

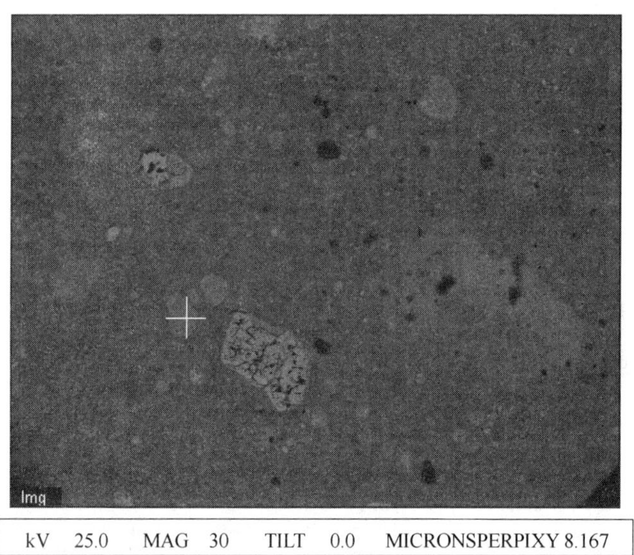

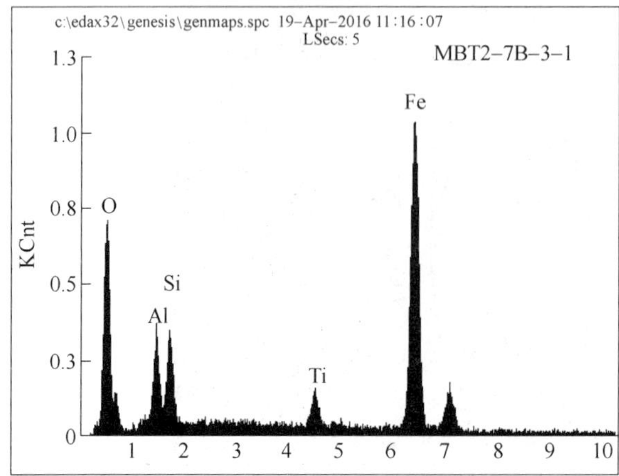

Element	Wt%	At%
OK	36.29	60.61
AlK	9.06	8.97
SiK	8.55	8.14
TiK	2.82	1.58
FeK	43.28	20.71

图 4-11 MBT2-7B-3-1 扫描电镜能谱分析结果

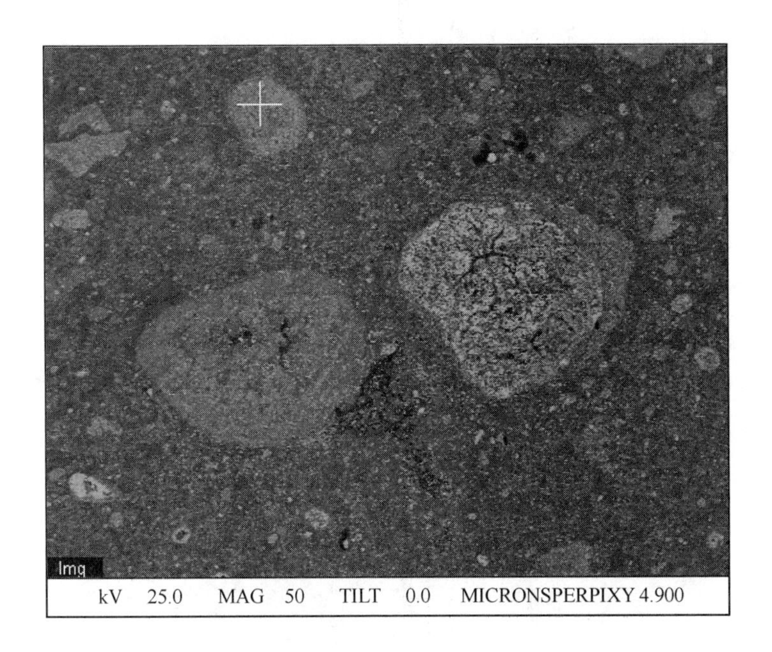

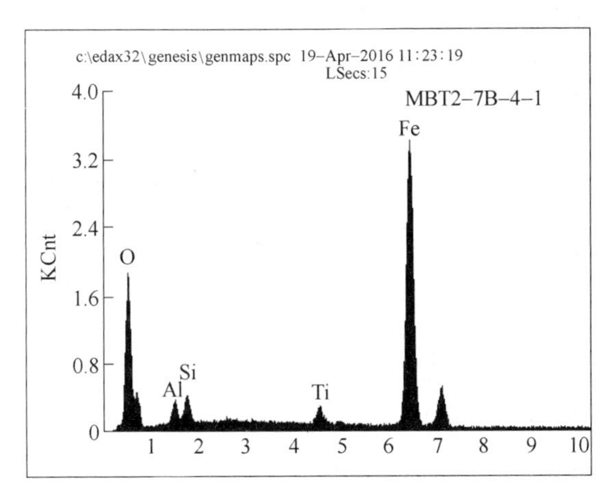

Element	Wt%	At%
OK	33.32	60.77
AlK	3.98	4.31
SiK	3.89	4.04
TiK	1.93	1.17
FeK	56.88	29.72

图 4-12 MBT2-7B-4-1 扫描电镜能谱分析结果

1）主要矿物以赤铁矿及水化物褐铁矿为主，赤铁矿、褐铁矿与火山碎屑及少量黏土矿物均匀混杂分布以集合态产出，而褐铁矿与火山碎屑、黏土矿物之间也常常混杂出现。其中赤铁矿和褐铁矿以相互混杂小球粒团块的形式存在。依次从豆状铁质颗粒到胶结物分别打点测试显示，氧化铁的含量依次降低，黏土矿物、凝灰物质含量依次升高，样品中氧化铁含量最高可达 85.5%。

2）赤铁矿、褐铁矿的存在形式主要有两种，一种呈细分散状与黏土矿物混杂以胶结物形式存在，或呈不定形胶状混染火山碎屑，主要分布在铁矿化相对较弱的凝灰岩以及黏土矿物中；另一种为主要存在形式，以大小不等的豆状形式存在。通过研究发现，几乎所有的赤铁矿、褐铁矿中均含有金属钛，这种现象说明，原岩中可能含有较多的含钛矿物（如钛铁矿等），或者是后期褐铁矿化不彻底而保留的原岩残留物，也可能是混杂于褐铁矿中的黏土矿物中所含的钛（图 4-13 ~ 图 4-15）。

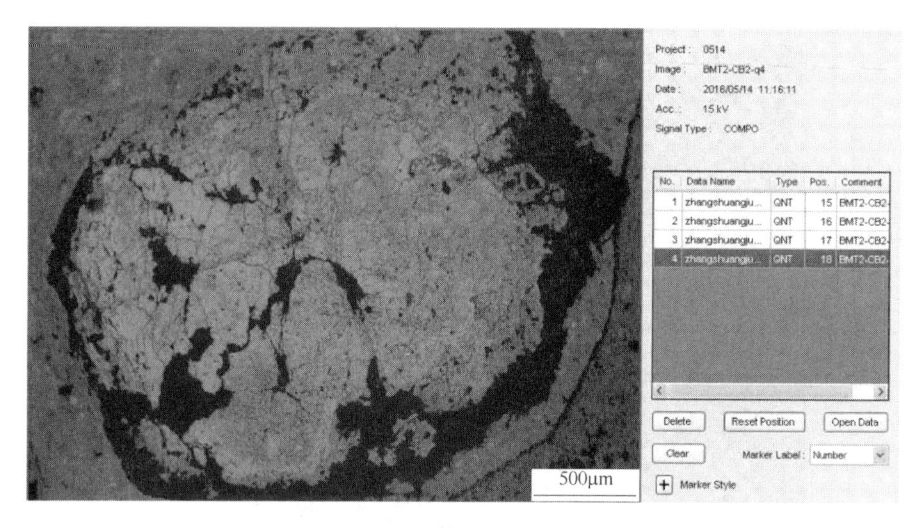

图 4-13 MBT2-CB2 电子探针点位图

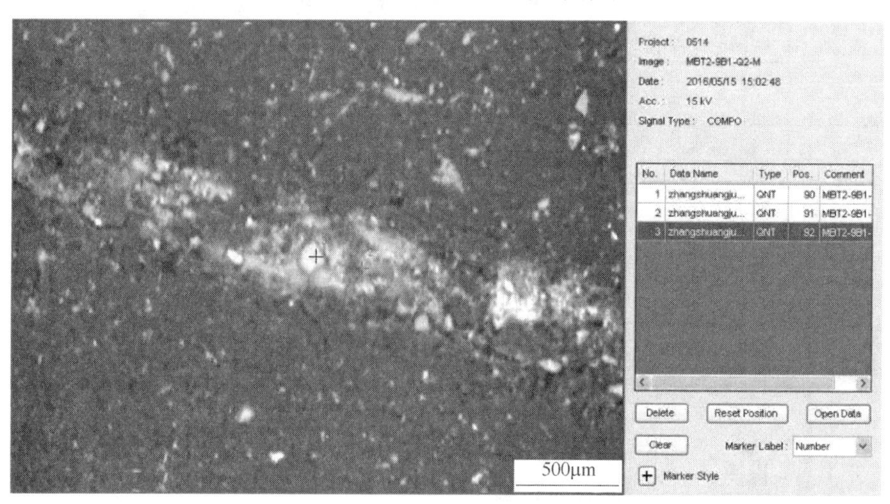

图 4-14 MBT2-9B1 电子探针点位图（一）

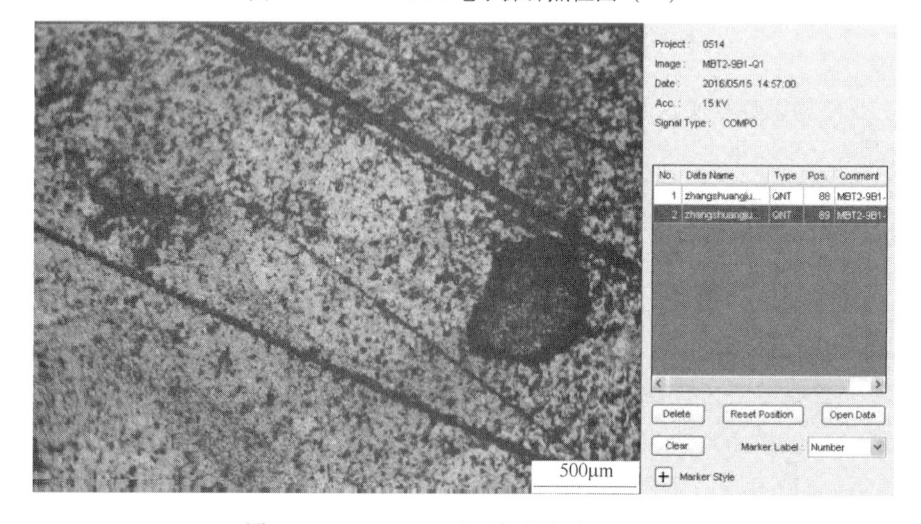

图 4-15 MBT2-9B1 电子探针点位图（二）

3）赤铁矿、褐铁矿常含 Ti、Al、Ca、Mg 及少量的 P、Ga、Zn、Cr、V。其中所测的多个点中赤铁矿、褐铁矿中都含有钛。

4）分别对样品 MBT2-CB4、MBT2-CB5 开展了面扫描分析。分析结果显示，MBT2-CB4 中铁主要集中在豆状铁质颗粒中；钛主要集中分布在铁质颗粒胶结物（火山碎屑、黏土矿物）中（图 4-16）（附录 3）。MBT2-CB5 中显示铁主要集中在豆状铁质颗粒中，此外，在胶结物中也有一定含量；钛零星分布在铁质颗粒胶结物（火山碎屑、黏土矿物）及铁质豆粒裂缝中；二氧化硅集中分布在铁质豆粒胶结物中（图 4-17）（附录 3）。

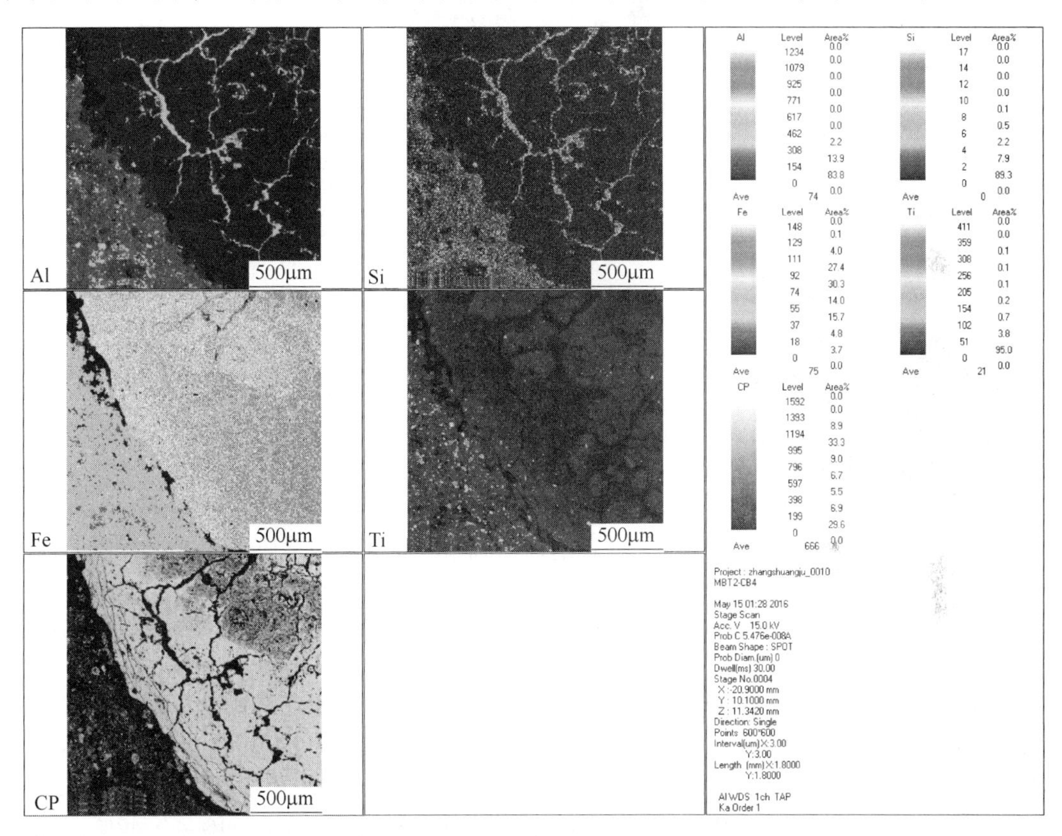

图 4-16 MBT2-CB4 面扫描图像

4.2.3 香炉山矿床地球化学特征

共计分析测试了 12 件铁矿石样品，按边界品位 25% ≤TFe≤30%（略高于工业品位 28%）、30% <TFe≤40% 及 TFe >40%，区内铁矿石可以分为低品位铁矿石和高品位铁矿石两类。低品位铁矿石和高品位铁矿石各有 6 件样品。

4.2.3.1 *矿石化学成分*

12 件铁矿石样品中，Al_2O_3 11.66%～25.84%，均值 19.23%；BaO 0.01%～0.25%，均值 0.05%；CaO 0.02%～0.75%，均值 0.19%；TFe_2O_3 27.21%～53.83%，均值 37.81%；K_2O 0.01%～3.64%，均值 0.59%；MgO 0.06%～2.10%，均值 0.76%；MnO 0.02%～0.33%，均值 0.16%；Na_2O 0.01%～0.73%，均值 0.13%；P_2O_5 0.11%～

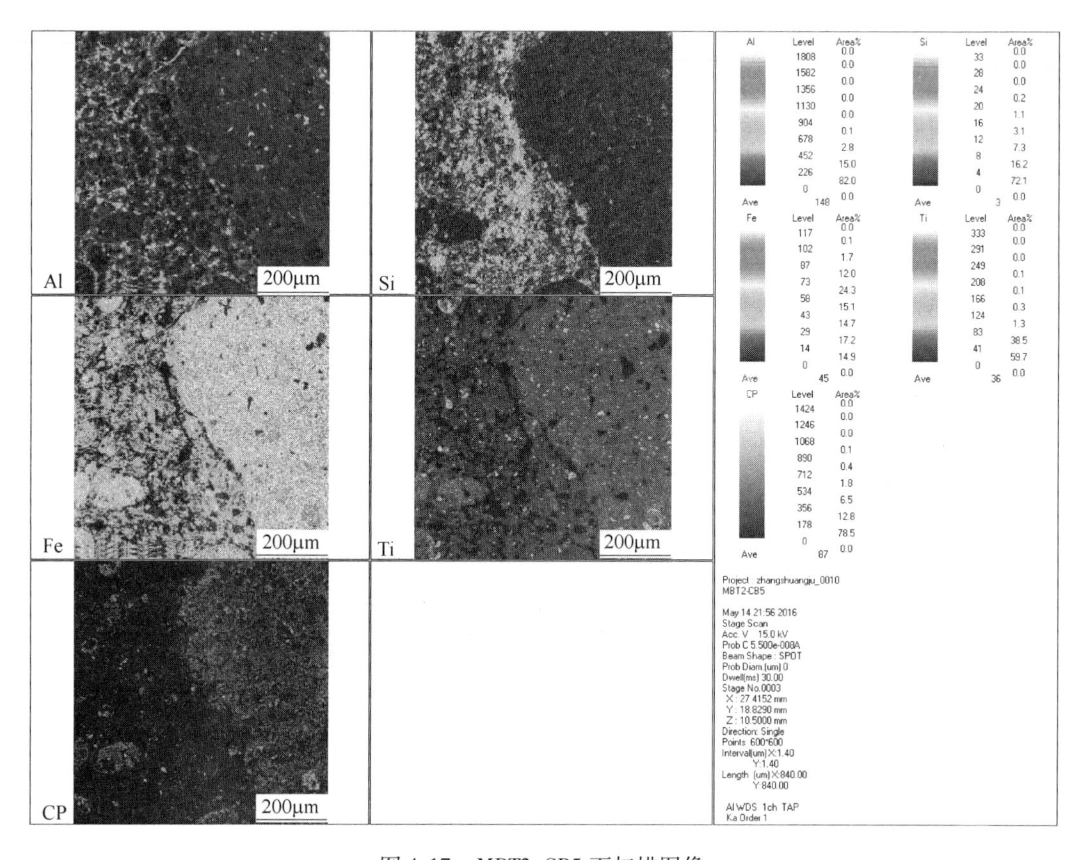

图 4-17　MBT2-CB5 面扫描图像

0.42%，均值 0.26%；SiO_2 14.07%~33.52%，均值 25.73%；TiO_2 4.91%~5.7%，均值 5.34%；烧失量（LOI）5.37%~10.01%，均值 7.71%（表 4-2）。

低品位铁矿石 Al_2O_3 20.06%~25.84%，均值 23.74%；BaO 0.01%~0.12%，均值 0.05%；CaO 0.05%~0.75%，均值 0.28%；TFe_2O_3 27.21%~29.76%，均值 28.46%；K_2O 0.02%~3.64%，均值 1.17%；MgO 0.06%~1.34%，均值 0.38%；MnO 0.02%~0.19%，均值 0.12%；Na_2O 0.05%~0.73%，均值 0.23%；P_2O_5 0.09%~0.49%，均值 0.29%；SiO_2 29.65%~33.52%，均值 31.20%；TiO_2 4.24%~9.89%，均值 6.67%；烧失量（LOI）5.42%~10.01%，均值 8.23%。

高品位铁矿石 Al_2O_3 11.66%~17.85%，均值 14.72%；BaO 0.01%~0.25%，均值 0.06%；CaO 0.02%~0.12%，均值 0.11%；TFe_2O_3 41.61%~53.83%，均值 47.17%；K_2O 0.01%~0.06%，均值 0.02%；MgO 0.06%~1.53%，均值 1.13%；MnO 0.03%~0.33%，均值 0.21%；Na_2O 0.01%~0.04%，均值 0.03%；P_2O_5 0.09%~0.49%，均值 0.23%；SiO_2 14.07%~30.67%，均值 20.25%；TiO_2 4.24%~9.89%，均值 8.00%；烧失量（LOI）6.15%~8.66%，均值 7.19%。

可以看出，低品位铁矿石和高品位铁矿石在化学成分组成上有较大的差异。低品位铁矿石具有高 Al_2O_3 含量（均值 23.74%），高 CaO 含量（均值 0.28%），高 K_2O 含量（均值 1.17%），高 Na_2O 含量（均值 0.23%），低 MgO 含量（均值 0.38%），低 MnO 含量（均值 0.12%），高 SiO_2 含量（均值 31.20%），相对较低 TiO_2 含量（均值 6.67%）。

表 4-2 贵州西部香炉山地区铁矿床矿石化学成分组成

类型	样品号	Al_2O_3	BaO	CaO	TFe_2O_3	K_2O	MgO	MnO	Na_2O	P_2O_5	SiO_2	TiO_2	LOI	总计
低品位铁矿石	MBT2-1-4H	25.18	0.03	0.05	27.21	0.02	0.08	0.19	0.05	0.42	30.82	5.40	9.78	99.26
	MBT2-1-3H	25.12	0.03	0.06	27.71	0.02	0.08	0.17	0.05	0.36	30.55	5.33	10.01	99.53
	MBT2-1-1H	25.84	0.01	0.05	28.37	0.02	0.06	0.02	0.10	0.11	29.65	4.91	9.95	99.15
	JZK0101-H5	23.50	0.05	0.61	29.76	0.08	0.24	0.08	0.23	0.28	31.15	5.33	8.85	100.22
	P1-15H1	20.06	0.12	0.75	28.01	3.64	1.34	0.17	0.20	0.35	33.52	5.37	5.37	98.92
	P1-16H1	22.74	0.05	0.17	29.70	3.22	0.46	0.07	0.73	0.24	31.51	5.70	5.42	100.03
	平均值	23.74	0.05	0.28	28.46	1.17	0.38	0.12	0.23	0.29	31.20	5.34	8.23	99.52
	变化范围	20.06 ~ 25.84	0.01 ~ 0.12	0.05 ~ 0.75	27.21 ~ 29.76	0.02 ~ 3.64	0.06 ~ 1.34	0.02 ~ 0.19	0.05 ~ 0.73	0.11 ~ 0.42	29.65 ~ 33.52	4.91 ~ 5.7	5.42 ~ 10.01	98.92 ~ 100.22
高品位铁矿石	XD01H	14.02	0.25	0.12	43.15	0.03	0.80	0.33	0.03	0.11	22.95	9.56	7.07	98.49
	MBT2-9H	13.86	0.03	0.03	53.83	0.01	1.48	0.29	0.02	0.29	14.18	9.89	6.15	100.13
	MBT2-8H	13.73	0.02	0.03	52.03	0.01	0.83	0.19	0.04	0.49	14.07	9.92	6.93	98.36
	MBT2-7H	17.20	0.01	0.02	47.90	0.01	2.10	0.29	0.02	0.09	18.19	6.74	6.88	99.48
	MBT2-1-2H	17.85	0.01	0.05	44.49	0.01	0.06	0.03	0.04	0.24	21.45	7.67	7.47	99.42
	P1-1H3	11.66	0.01	0.39	41.61	0.06	1.53	0.10	0.01	0.18	30.67	4.24	8.66	99.13
	平均值	14.72	0.06	0.11	47.17	0.02	1.13	0.21	0.03	0.23	20.25	8.00	7.19	99.17
	变化范围	11.66 ~ 17.85	0.01 ~ 0.25	0.02 ~ 0.12	41.61 ~ 53.83	0.01 ~ 0.06	0.06 ~ 1.53	0.03 ~ 0.33	0.01 ~ 0.04	0.09 ~ 0.49	14.07 ~ 30.67	4.24 ~ 9.89	6.15 ~ 8.66	99.13 ~ 100.13
平均值		19.23	0.05	0.19	37.81	0.59	0.76	0.16	0.13	0.26	25.73	6.67	7.71	99.34
变化范围		11.66 ~ 25.84	0.01 ~ 0.25	0.02 ~ 0.75	27.21 ~ 53.83	0.01 ~ 3.64	0.06 ~ 2.1	0.02 ~ 0.33	0.01 ~ 0.73	0.09 ~ 0.49	14.07 ~ 33.52	4.24 ~ 9.89	5.37 ~ 10.01	98.36 ~ 100.22

与之相反，高品位铁矿石具有与之相差较大的化学成分组成。即具低 Al_2O_3 含量（均值14.72%），低 CaO 含量（均值0.11%），低 K_2O 含量（均值0.02%），低 Na_2O 含量（均值0.03%），高 MgO 含量（均值1.13%），高 MnO 含量（均值0.21%），低 SiO_2 含量（均值20.25%），相对较高 TiO_2 含量（均值8.00%）。

即矿石质量与 SiO_2 含量、Al_2O_3 含量成负相关，与 TiO_2 含量成正相关（图4-18）。这也充分说明，矿石的形成为脱硅、脱铝的过程，同时由于 TiO_2 形成的矿物稳定，不易迁移，因此与铁矿石同步富集。

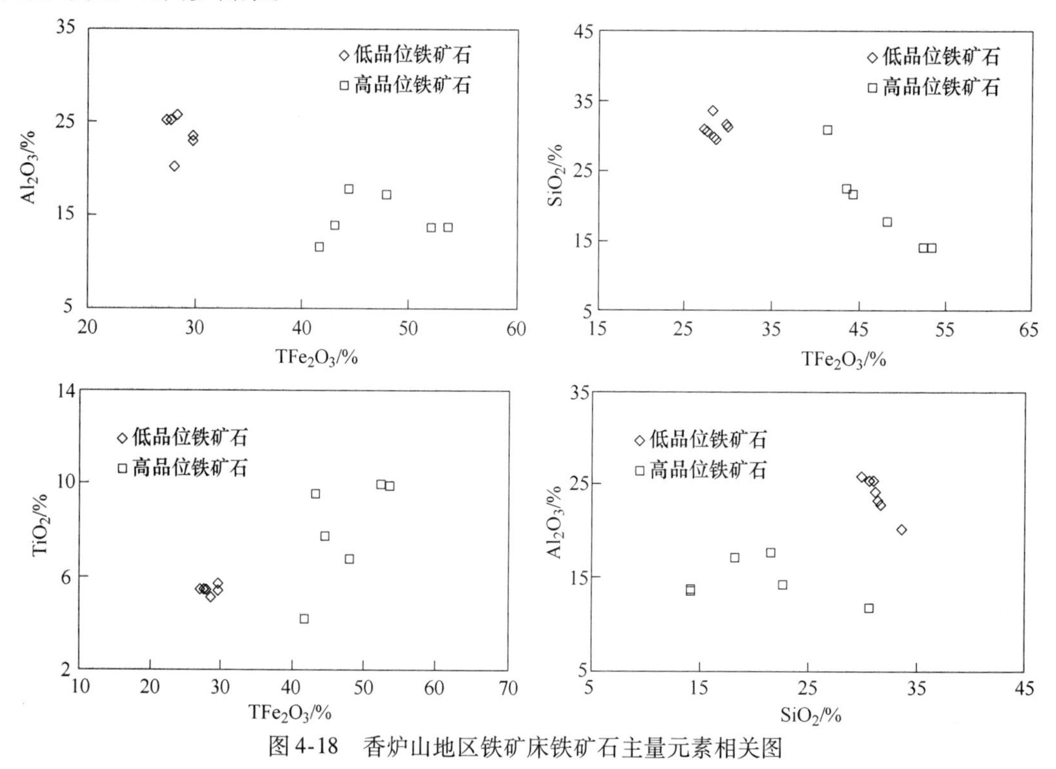

图4-18　香炉山地区铁矿床铁矿石主量元素相关图

4.2.3.2　*矿石微量元素*

与中国上陆壳（黎彤，1994）相比，矿石中高度富集 Ag、Se、Te、In、Mo，富集系数（=矿石元素含量/中国上陆壳）一般在100~500之间，富集的元素有 Cd、Cu、Nb，富集系数一般在20~40之间，较富集的元素有 Cr、Bi、Co、Ga、Hf、Mn、Ni、Sb、Te、Sn、Ta、V、Zn、Zr、Cu、Ga、Nb、Sc、P、Sr、V、Zn、Zr 等。无论是低品位铁矿石或高品位铁矿石均具类似的元素富集规律，主要差异为高品位铁矿石，其富集系数普遍比低品位铁矿石富集系数更高。

矿石中 Cu、Nb、Sc 可达综合利用要求（《矿产资源工业要求手册》，2010），113 地质大队在原整装勘查中把 Nb 作为铁矿床中伴生矿产来看待（$Nb_2O_5 \geq 0.05\%$），而如果作为风化壳型（褐钇铌矿或铌铁矿）矿床（在 XD01H、MBT2-7H、MBT2-8H、MBT2-9H、MBT2-1-1H 工程中 Nb_2O_5 含量0.031%~0.062%，平均0.048%），则已达最低工业品位要求（Nb_2O_5 含量0.016%~0.02%），且铌的工业价值远远大于铁矿的价值，本书作者认为区内铁矿床类型产于风化壳内，该层内矿床应作为风化壳型矿床对待，因此区内含铁岩系内铌矿化应引起重视。从微量元素蛛网图（图4-19）可以看出，虽然各样品元素含量差异较大，但其配分模式相似，区内矿石存在明显的 Hf、Ta、U、Rb、Ti、Cu 正异常和 Sr、

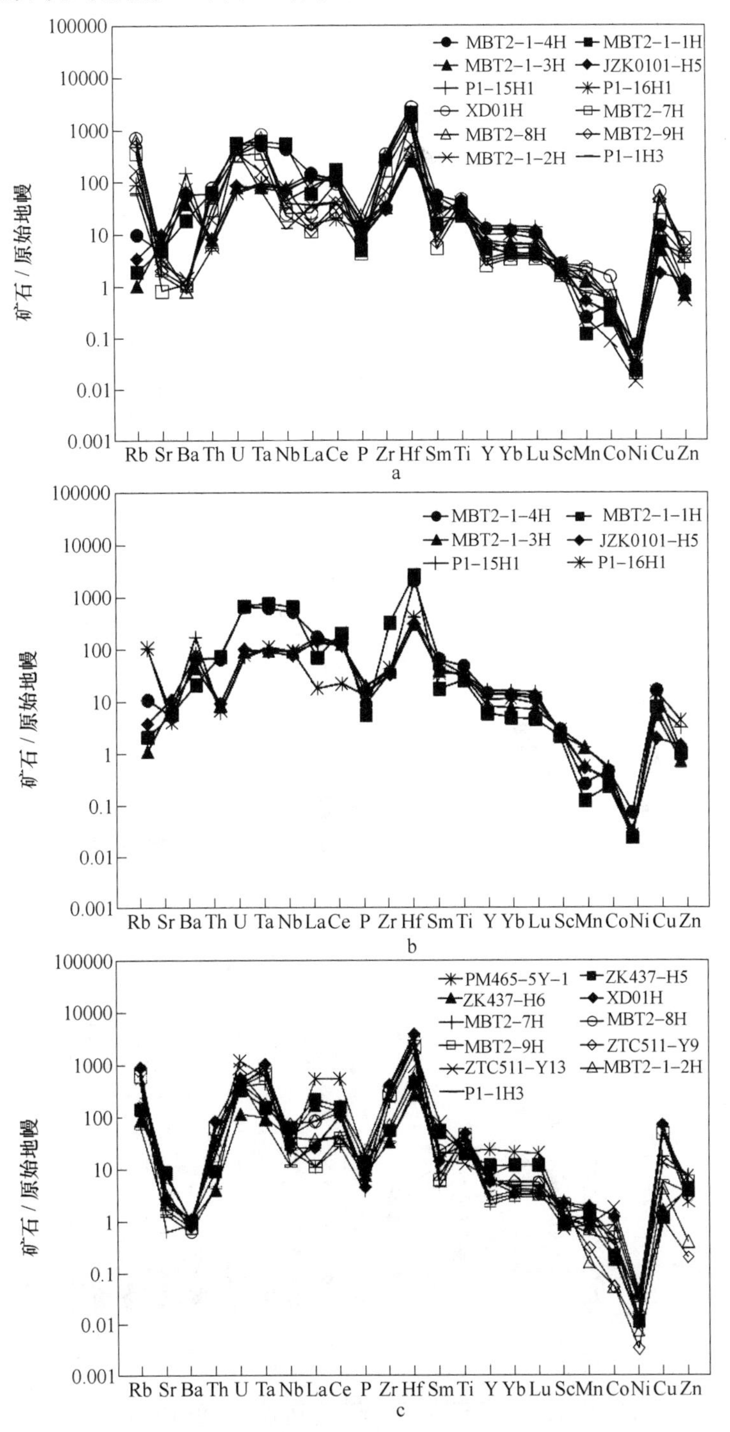

图4-19 香炉山地区铁矿床铁矿石微量元素配分图
（原始地幔数据据 McDonough 和 Sun，1995）
a—所有矿石样品；b—低品位铁矿石；c—高品位铁矿石

P、Ni 负异常。与低品位铁矿石相比，高品位铁矿石存在更为明显的 Ba、Ni 负异常和 Hf、Cu 正异常。

4.2.3.3　*矿石稀土元素*

区内 12 件样品铁矿石以及低品位铁矿石和高品位铁矿石的球粒陨石（Boynton, 1984）稀土配分模式如图 4-20 所示。可以看出，区内不同品位矿石具有十分相似的配分

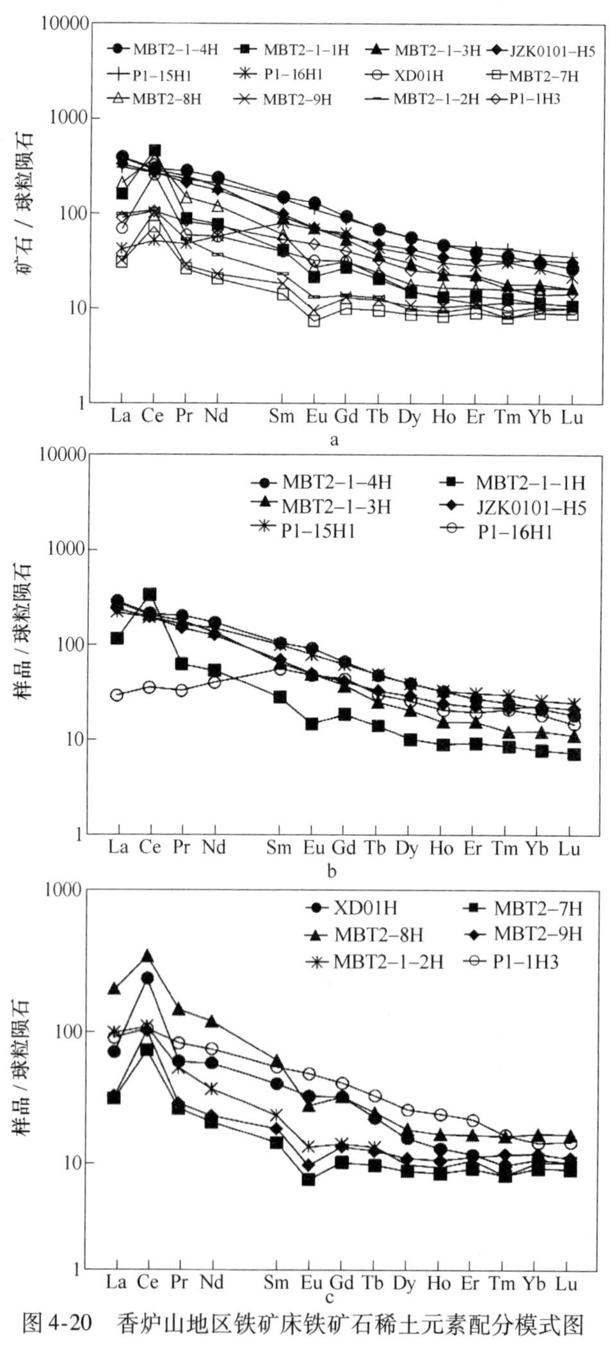

图 4-20　香炉山地区铁矿床铁矿石稀土元素配分模式图
（球粒陨石数据据 Boynton，1984）
a—所有矿石样品；b—低品位铁矿石；c—高品位铁矿石

模式。所有矿石样品 REE 含量较高且变化较大，其 ΣREE（包含 Y，下同）为 $85.51 \times 10^{-6} \sim 546.82 \times 10^{-6}$，平均值 310.11×10^{-6}；LREE 为 $66.80 \times 10^{-6} \sim 441.86 \times 10^{-6}$，平均值 253.29×10^{-6}；HREE（不包含 Y，下同）为 $8.31 \times 10^{-6} \sim 51.86 \times 10^{-6}$，平均值 25.54×10^{-6}。LREE/HREE 为 2.51～24.44，均值 11.14；配分模式为相似的 LREE 富集型。其 $(La/Yb)_N$ 为 1.58～21.08，均值 9.09；$(La/Sm)_N$ 为 0.55～4.36，均值为 2.73；$(Gd/Yb)_N$ 为 1.11～3.01，均值为 2.18。δEu 为 0.59～1.07，均值 0.83；δCe 为 0.88～3.97，均值 1.94。表明轻重稀土发生了强烈的分异作用，而轻稀土和重稀土分异作用不明显。相比较而言，区内低品位铁矿石 ΣREE 更高，其含量比高品位铁矿石高 1 倍左右，同时其轻重稀土分异也更强烈。以弱的负 Eu 异常和弱的 Ce 正异常为特征，而高品位铁矿石以 Eu 负异常和高的 Ce 正异常为显著特征。

这是由于 Ce 是变价元素，在风化剖面中容易被氧化成难溶的 Ce^{4+}，并以 CeO_2 的形式存在于剖面中。因为 CeO_2 比较抗酸分解，剖面中以 CeO_2 形式存在的 Ce 比较稳定。因此，随着风化程度加深，Ce 的正异常就更加明显。

4.3 哲觉矿田地质特征

4.3.1 哲觉矿田概况

矿田位于研究区的西部，总面积为 $802km^2$（其中哲觉矿田、哈喇河矿田分别为 $470km^2$、$332km^2$），它们均沿柳树湾～岔河～哲觉一线呈北东向展布（图 4-21），其中以哲觉矿田内产出的铁矿床最为典型。区内构造变形强烈，以发育近北东向的褶皱（向斜）和北东向、近南北向的断层为主要特征构造。区内火成岩主要为峨眉山玄武岩及与其同期侵入的同源辉绿岩体（脉）。玄武岩为区内风化壳中多矿种（铁、铜、稀土、锐钛矿等）次生富集成矿作用的母岩。峨眉山玄武岩组第三段顶部与宣威组底部之间古风化壳不整合面为区内铁矿层的产出层位。矿田内含铁岩系厚度较大，主要在 7～15m 间变化，一般在 10m 左右。岩性主要为褐红-褐黑色铁质黏土岩、浅灰-灰白色铝土质黏土岩。

据贵州地矿局 113 地质大队《贵州省威宁～水城地区铁多金属矿整装勘查》成果，区内见有 23 处铁矿床，如：哲觉、黑石头、翟家田、马家口、鱼泡、对面坡、新房子沟、小桥坪子、黄家沟、苏家拐拐等，区内已探明铁矿体一般长数百米至几千米，延伸数百米至 2000m，厚一般 1～2m，矿石品位一般在 30% 左右。目前已探明 20 个矿体，累计探明 333＋334? 资源量为 48000 万吨。

4.3.2 哲觉矿床典型特征

研究区位于扬子陆块黔北隆起区威宁穹盆构造变形区的南西隅，区内构造变形强烈，以发育近哲觉～小米地区发育的北东向哲觉向斜及其次级背向斜构造和北北东向岔河断层（F_1）和瓦竹断层（F_2），北东向恰西断层（F_3）、三家寨断层（F_4）和簸箕湾断层（F_5），北西向断层黑石头断层（F_6）、官寨断层（F_7）和长梁子断层（F_8）为主要特征。

区内火成岩主要为峨眉山玄武岩及与其同期侵入的同源辉绿岩体（脉）。区内玄武岩风化后含铁矿物的分解使得铁在后期次生富集作用下经水解、搬运、富集成矿，玄武岩为区内风化壳中多矿种（铁、铜、稀土、锐钛矿等）次生富集成矿作用的母岩（成矿物质

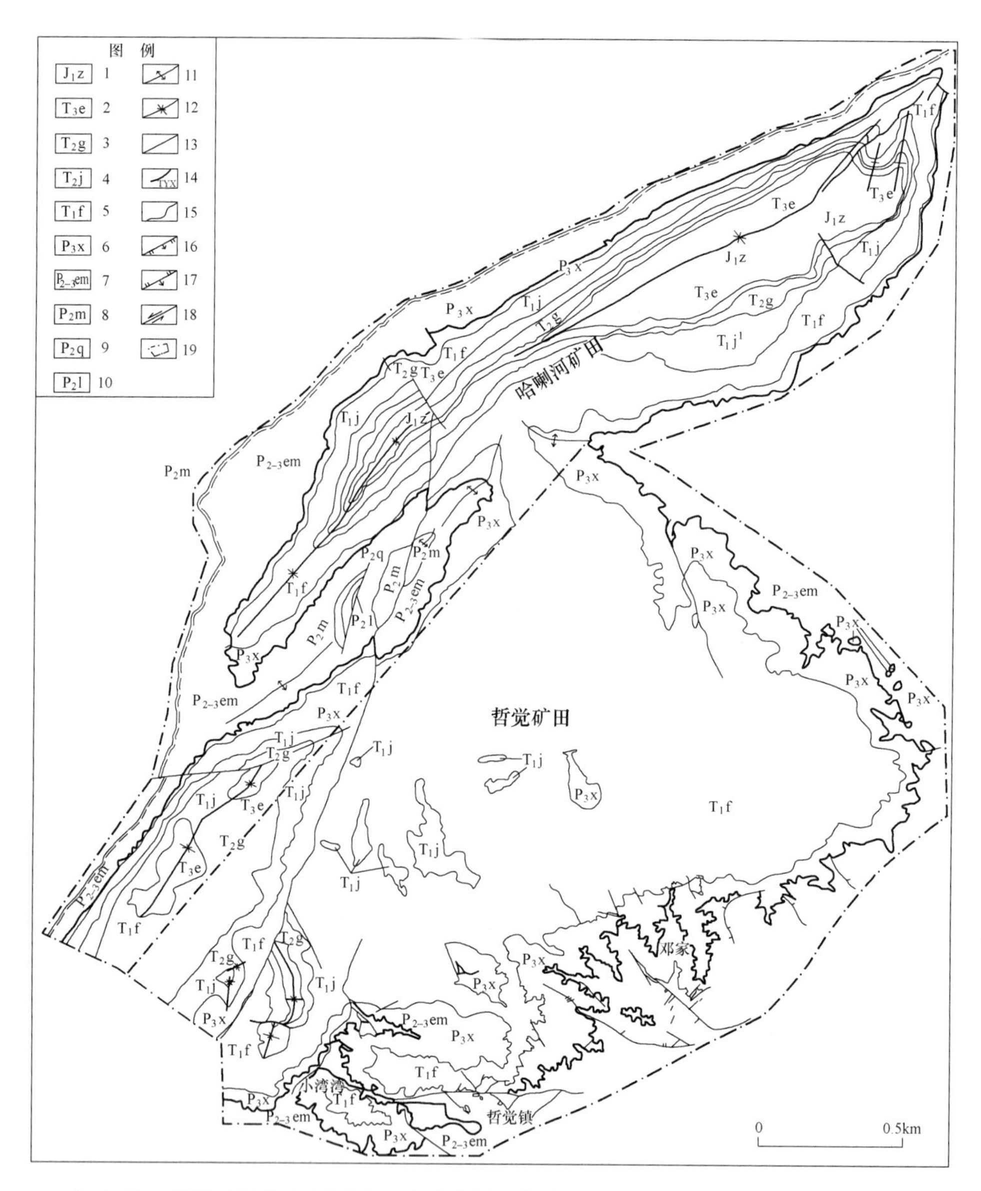

图 4-21　哲觉矿田及哈喇河矿田地质略图（据贵州地矿局 113 地质大队资料修编）

1—侏罗系自流井组；2—二桥组；3—关岭组；4—嘉陵江组；5—飞仙关组；6—宣威组；7—峨眉山玄武岩组；8—茅口组；9—栖霞组；10—梁山组；11—背斜轴；12—向斜轴；13—断裂；14—含铁岩系露头；15—地质界线；16—正断层；17—逆断层；18—平移断层；19—矿田范围

来源）。

区内含铁岩系主要在哲觉、黑石头、哈喇河一带出露，主要分布于哲觉向斜及其内部的次级向斜中，含铁岩系在区内哲觉向斜两翼出露完整，在核部为三叠系地层飞仙关组覆盖，含铁岩系局部虽被断层错断，但其连续性仍然较好。其厚度较大，主要在 7 ~ 15m 间变化，一般在 10m 左右。岩性主要为褐红-褐黑色铁质黏土岩、浅灰-灰白色铝土质黏土岩。

4.3.2.1 地层岩性

研究区内出露地层有二叠系梁山组（P_2l）、栖霞组（P_2q）、茅口组（P_2m）、峨眉山玄武岩组（$P_{2\text{-}3}em$）、含铁岩系、宣威组（P_3x）、梁山组（P_2l），三叠系飞仙关组（T_1f）、嘉陵江组（$T_{1\text{-}2}j$）。峨眉山玄武岩组第三段顶部与宣威组底部之间古风化壳不整合面为区内铁矿层的产出层位。现由老至新叙述如下。

A 二叠系

二叠系地层在区内分布最广，出露厚度大，主要出露有梁山组（P_2l）、栖霞组(P_2q)、茅口组（P_2m）、峨眉山玄武岩组($P_{2\text{-}3}em$)、宣威组（P_3x）。峨眉山玄武岩组（$P_{2\text{-}3}em$）与宣威组（P_3x）底部间的古风化壳不整合面为区内铁矿体（层）的赋矿层位。现将其由老到新列述如下：

梁山组：研究区梁山组主要分布于摆布嘎、白支落、恰西一带，黑石头等地有零星出露，出露面积不大，出露厚度一般数十米，主要出露岩性为黄灰色、浅灰色细砂岩、粉砂岩夹页岩，上部页岩为主夹粉砂岩及煤层，有的地方可见铝质岩、铁质岩条带透镜体。与下伏地层石炭系平行不整合接触。

栖霞组：研究区栖霞组主要分布在摆布嘎、白支落、恰西一带，主要出露岩性为深灰色厚层块状微晶灰岩、含生物碎屑灰岩及少量砂屑灰岩，偶见燧石团块。有的地段灰岩含硫化氢（敲开具臭鸡蛋味）。与下伏梁山组为整合接触。

茅口组：研究区茅口组主要分布在摆布嘎、花山、恰西一带及黑石头等地区。主要出露岩性为灰白色厚层块状微晶灰岩、生物碎屑灰岩及含生物碎屑灰岩，顶部为深灰色厚层块状生物碎屑灰岩。与下伏栖霞组为整合接触。

峨眉山玄武岩组：峨眉山玄武岩组是研究区出露最完整、厚度大且与成矿关系最密切的地层之一。出露最大厚度1249m，与下伏茅口组平行不整合接触，厚度676.99m。按岩性组合特征可分为三段，由上至下主要岩性特征如下：

（1）峨眉山玄武岩组第三段（$P_{2\text{-}3}em^3$）：下部主要岩性为灰黑色、灰绿色、褐灰色凝灰岩、玄武岩，气孔及杏仁体发育，上部为褐红色凝灰岩，常见斑点状白色高岭土。厚125m。

（2）峨眉山玄武岩组第二段（$P_{2\text{-}3}em^2$）：中部主要岩性为灰黑色、深灰暗绿色块状微晶、隐晶玄武岩，顶部夹少量凝灰岩，柱状节理特别发育。厚435.93m。

（3）峨眉山玄武岩组第一段（$P_{2\text{-}3}em^1$）：上部主要岩性为玄武质凝灰岩，灰黑色、深灰绿色致密块状玄武岩，杏仁状玄武岩，气孔较发育。厚162.43m。

（4）含铁岩系（FYX)：含铁岩系为介于峨眉山玄武岩组（$P_{2\text{-}3}em$）与宣威组（P_3x）间的一层古风化壳，岩性主要为褐红-褐黑色铁质黏土岩、浅灰-灰白色铝土质黏土岩，其详细特征见4.3.2.2节。

（5）宣威组：研究区宣威组广泛分布，其下部主要出露灰、灰黄色粉砂岩夹泥质粉砂岩、泥岩，其上部主要岩性为粉砂岩夹深灰色页岩或煤层，在区内基本不可采。

B 三叠系

三叠系在研究区出露面积大。主要有飞仙关组（T_1f）和嘉陵江组（$T_{1\text{-}2}j$），主要为一套陆源细碎屑岩和碳酸盐岩，总厚度约 483. 1m。

飞仙关组：研究区飞仙关组按岩性组合特征分为上下两段。下段（T_1f^1）广泛分布在三家寨、官寨、河外至菁口、米儿河、白支落、下贝古、岔河、瓦竹一带及李子沟、三家村、麻筛坡等地区，主要岩性为灰绿色粉砂岩夹泥岩、粉砂质泥岩组成，其顶部常见 2 ~ 3 层含铜灰绿色粉砂岩。上段（T_1f^2）主要分布在水塘子、剪角冲、韭菜冲、麻筛坡、蜜蜂岭、李子沟等地，主要出露岩性底部与一段之间常有一过渡岩段，岩性由紫红色页岩夹数层灰绿色、紫灰色粉砂岩组成；下部为紫红色泥岩、粉砂质泥岩夹紫红色、灰紫色粉砂岩；中部为紫红色厚层块状粉砂岩夹极少量泥岩；上部为紫红色泥（页）岩夹粉砂岩条带。该组总厚度 305. 88m。与下伏宣威组平行不整合接触。

嘉陵江组（$T_{1-2}j$）：研究区的嘉陵江组主要分布于哲觉、岔河、官寨、哈喇河一带以及黑石头、瓦竹等地。按主要出露岩性组合又可以分为上下两段。下段（$T_{1-2}j^1$）在研究区出露厚度不大，一般仅几十米，主要岩性为浅灰色、灰白色中薄层泥晶灰岩、微晶灰岩、砂屑灰岩夹泥灰岩组成。上段（$T_{1-2}j^2$）下部为紫红色泥岩，泥质粉砂岩夹紫灰色、灰紫色粉砂岩条带，局部夹钙质泥岩或钙质粉砂岩条带；中部为紫红色中薄层为主的粉砂岩、泥质粉砂岩与紫红色泥岩、粉砂质泥岩呈不等厚互层产出；上部为紫红色泥岩夹灰白色钙质粉砂岩条带。该组总厚度约 94. 78m。与下伏飞仙关组为整合接触。

C 第四系

研究区第四系零星分布在河谷两岸，主要是冲积、沉积砂、砾石堆积。

4. 3. 2. 2 含铁岩系

A 含铁岩系地质特征

区内赋矿层位与香炉山地区一致，铁矿体（层）均产于峨眉山玄武岩组第三段凝灰岩与宣威组底部之间古风化壳不整合面上的含铁岩系中。区内含铁岩系主要在哲觉、黑石头、哈喇河一带出露，主要分布于哲觉向斜及其内部的次级向斜中，含铁岩系在区内哲觉向斜两翼出露完整，在核部为三叠系地层飞仙关组覆盖。含铁岩系局部虽被断层错断，但其连续性仍然较好。其厚度较大，主要在 7 ~ 15m 间变化，一般在 10m 左右（图 4-22）。岩性主要为褐红-褐黑色铁质黏土岩、浅灰-灰白色铝土质黏土岩，其一般可分为上中下三部分：上部为浅灰、灰白、灰绿色铝土质黏土岩，常见植物化石碎片，该层厚度 0 ~ 2m 左右，稀土元素在该层中较富集，稀土总含量普遍在 0. 04%~0. 25% 之间，该层局部可见单层厚约 0. 2m 的铁矿层。中部主要为含白色（高岭石）斑点的暗紫红色含铁质凝灰岩，岩石中肾豆粒发育，在中上部为豆粒状赤铁矿体产出部位。下部为含较多白色（高岭石）斑点的暗紫红色含铁质凝灰岩，岩石中豆粒发育，在该层中部局部可见单层铁矿化体（层）。含铁岩系与上覆二叠系上统宣威组和下伏二叠系中上统峨眉山玄武岩组均为平行不整合接触（图 4-23）。

B 空间展布特征及其矿化富集规律

通过地表野外地质调查及综合 113 队资料，对含铁岩系进行对比发现，从研究区南南西到北北东方向（舍居乐→哲觉→黑石头→哈喇河），含铁岩系的分布特征及其矿化富集规律如下：含铁岩系在哲觉、黑石头、哈喇河一带，主要哲觉向斜内分布，主要为褐红-褐黑色铁质黏土岩、浅灰-灰白色铝土质黏土岩。

地层代号	取样编号	真厚度/m	柱状图(1:200)	地质描述
P_3x				褐红色中厚层状含铁质粉砂岩，节理发育，节理中充填灰白色方解石薄膜，岩芯呈短柱状
				灰白略夹浅灰、灰色中厚层状黏土岩，岩芯中多见星点状黄铁矿
				灰绿色中厚层状粉砂岩，节理较发育，沿节理可见薄膜状方解石、黄铁矿，与下伏铁铝层为平行不整合
含铁岩系(TYX)	H_1	1.02		褐红色中厚层状含铁质黏土岩，岩芯中可见少量鲕豆状铁质颗粒，大小在1～4mm不等，含量约占8%以上
	H_2	0.80		
	H_3	1.42		褐红色夹灰白色薄-中层状铁矿层，中见直径约5mm的豆状铁质颗粒，约占10%~15%，岩质坚硬
	H_4	0.77		褐红色夹灰白色薄-中厚层状铁矿层，多具铁质颗粒及斑块，大小在2～8 mm不等
	H_5	0.46		紫红色夹少量灰白色中厚层状铁矿层，岩芯中多见铁质呈脉状杂乱穿插分布，宽约2mm
	H_6	0.79		
	H_7	1.74		紫红色夹少量褐红色铁质凝灰岩，中可见少量灰白色黏土质小斑点及条带，宽约1～4mm
	H_8	1.00		紫红色夹灰褐色含铁质凝灰岩，多见宽约1～5mm的铁质细脉
	H_9	0.99		
	H_{10}	0.58		紫红色间夹灰绿色含铁质玄武质凝灰岩，铁质多呈脉状充填于裂隙中，宽约2~5mm，多见团块状绿泥石化
	H_{11}	0.90		
$P_{2-2}em^3$				灰绿色、深灰色含气孔状玄武岩，气孔中零星可见灰绿色绿泥石体，大小在2～5mm左右；多见杏仁状，大小在1~4mm不等，岩芯中发育方解石细脉，呈枝状产出，脉宽约1~5mm，与上覆铁铝层为平行不整合

图4-22　哲觉矿田含铁岩系垂向地质特征（据贵州地矿局113地质大队资料修编）

哲觉向斜北段：含铁岩系出露长度约20km，经地表槽探及剥土工程揭露，其中从蒋家院子至三家寨这一带含铁岩系出露稳定，出现两层或多层铁矿化层，长度约1180m，其中在三家寨境内长约6km，铁矿层平均厚度2.08m，最厚4m，最薄0.5m，TFe 29.21%；上部铝土质黏土岩厚度一般约2m，其上泥岩较厚。该段西南部分（枧槽至女儿租）产状较陡（部分地段含铁岩系直立甚至倒转），地形切割严重。

哲觉向斜核部中段：在核部中段，含铁岩系为三叠系地层飞仙关组覆盖，据老屋基附近施工的ZK189-1、ZK201-2、ZK477-3三个见矿钻孔情况，含铁岩系厚度变化不大，厚为12.30~7.10m，一般可见两层铁矿化体，达工业品位要求的一般为一层矿体，矿层厚0.54~1.9m，矿化层厚0.53~0.76m。

哲觉向斜南段：含铁岩系出露稳定，产状平缓（含上覆地层），其中诺着、理可、瓦竹、李子沟、舍居乐、剪角冲、中坝至打厂坡、麻筛坡一带含铁岩系出露稳定，且厚度较大，连续性较好，铁矿层平均1.89m，最厚7.93m（ZK517-1），TFe平均30.40%，最高达45%，此外含Sc 30×10^{-6}~78×10^{-6}、稀土含量0.04%~0.24%，最高达0.78%；上部铝土质黏土岩平均2.86m，最厚10m，该层稀土含量普遍较高，一般在0.03%~0.32%之间，最高达0.63%。

4.3.2.3　构造

研究区位于扬子陆块黔北隆起区威宁穹盆构造变形区的南西隅，区内构造变形强烈，以发育近北东向的褶皱（向斜）和北北东向、北东向和北西向的断层为主要特征。

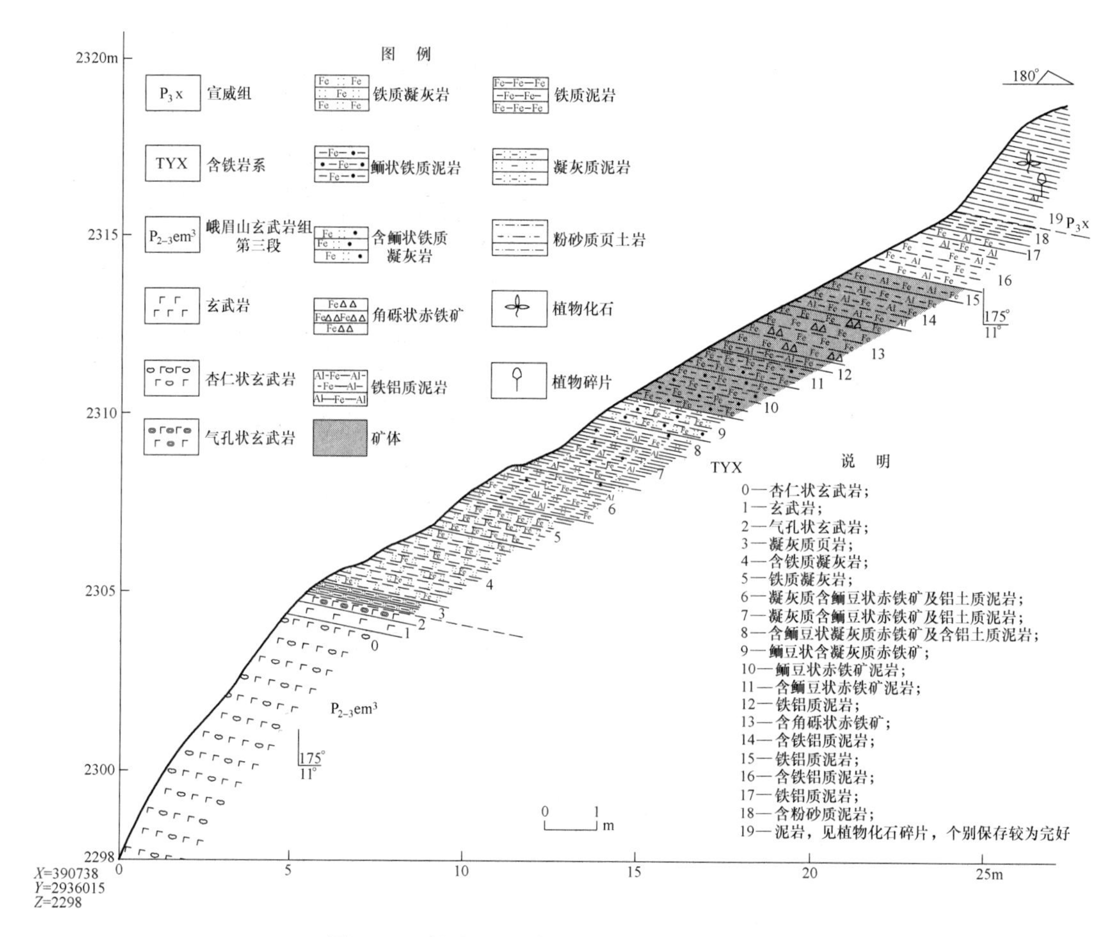

图 4-23　哲觉矿区含铁岩系剖面图（PM511）

A　褶皱

研究区的褶皱构造主要为哲觉～小米地区发育的北东向哲觉向斜及其次级背向斜构造。

哲觉向斜：哲觉向斜北起三家寨沿南西向至新街子再延伸至云南境内，该向斜为一复式向斜，其北端扬起，中部起伏并被北东向断裂和北西向断裂破坏。其核部由侏罗系地层构成，两翼地层基本对称，从核部向两翼依次为二桥组、关岭组、嘉陵江组、飞仙关组、二叠系宣威组、含铁岩系、峨眉山玄武岩组、茅口组、栖霞组、梁山组。该向斜南东翼较平缓，一般 30°～45°，北西翼较陡，一般 40°～60°，女儿租一带可达 80°～90°。

六各向斜：六各向斜是哲觉向斜中主要的次级向斜之一。南起刘家台子向北东经六各、鹿角至小米行全长 30 余千米。核部地层为侏罗纪。北西翼即哲觉向斜的北西翼，而东翼出露地层为三叠系，其西南端还出露二叠系宣威组、含铁岩系及峨眉山玄武岩组，总体特征北西翼陡南东翼缓，该向斜轴略倾向北西，枢纽向两端扬起，在其中部被北北西的具平移性质的断层错断，但断距不大。

瓦厂向斜：瓦厂向斜北起阿乌德经马脖子、瓦厂往南延入云南境内，走向北北东，全长约26km。该向斜南段走向北北东；北段被一断层破坏，走向往北东方向偏转。向斜核部地层为三叠系二桥组，南东翼出露关岭组、嘉陵江组，北西翼关岭组、嘉陵江组、飞仙关组、宣威组含铁岩系等。该向斜核部地层产状平缓，北西翼较陡，南东翼较缓。

三家寨向斜：三家寨向斜北起三家寨经马街至梨园，近南北向延伸，全长约10km。该向斜是哲觉向斜北端内的次级小向斜，核部出露侏罗系地层，西翼出露三叠系二桥组、关岭组、嘉陵江组，东翼即为哲觉向斜的东翼，依次出露三叠系、二叠系地层。

黑石头背斜：黑石头背斜西起狮子山，经钱家院子、冲子沟、李子岩再往东延出研究区。该背斜走向近东西，为一宽缓背斜。其核部出露石炭系，两翼出露二叠系碳酸盐岩、峨眉山玄武岩、含铁岩系、宣威组粉砂岩夹泥岩，背斜在狮子山一带向西倾伏。

下贝古背斜：下贝古背斜是哲觉向斜内的次级背斜。分布在干树林至高炉一带，走向北东，核部出露二叠系碳酸盐岩、玄武岩，两翼出露含铁岩系、宣威组及三叠系飞仙关组，该背斜向北东方向倾伏，西南端被近南北断层破坏。

柳树沟背斜：柳树沟背斜是哲觉向斜北端两个次级向斜之间的一个次级背斜，其核部出露飞仙关组上段地层，南东翼出露嘉陵江组、关岭组，北西翼断层断失部分地层。

B 断裂

研究区主要发育有北北东向、北东向和北西向断层。

a 北北东向断层

北北东向断层是本区规模最大、延伸最远的断层，其中最主要的是岔河断层（F_1）和瓦竹断层（F_2）。

岔河断层（F_1）：北起大地垭口经岔河至瓦竹止，全长约28km，该断层走向北北东（5°~20°），产状陡立，断面平直，为平移断层，所经过之处，两侧地层或含铁岩系均发生平移错动，错动距离最大约1000m，在平移扭动的过程中有小幅度的上下移动，使得局部地段老地层被抬升。

瓦竹断层（F_2）：该断层北起火母箐经瓦竹南至理可，全长约7km，该断层走向15°~30°，倾角较陡，倾向南东东，总体特征为平移逆断层。其南段平移特征明显；北段南东盘上升，明显具斜冲特征。该断层使北西盘含铁岩系下降沉没，南东盘上升，含铁岩系出露地表。

b 北东向断层

北东向断层是区内另一组较发育的断层，其主要有恰西断层（F_3）、三家寨断层（F_4）、簸箕湾断层（F_5）。

恰西断层（F_3）：东起陈家村，经黑着、恰西往西南延至老炭山东坡，全长约8km。该断层为一东段走向北东60°，西段走向北东70°，总体往南南东略微凸出的弧形断层。该断层是北西盘上升，南东盘下降的逆断层，在恰西北部错断了含铁岩系，使其平面错动距达80余米。

三家寨断层（F_4）：北起三家寨以北经犁树沟往南西延伸至马鞍西南，再往西南阿肥河沟未见其踪迹，全长约6km。该断层走向是六各向斜北段东翼的顺向断层，其走向35°~40°，倾向南东，倾角较陡。断层在平面上具有顺扭特征，在犁树沟一带明显具有逆断层特征。该断层北端在飞仙关组泥岩中消失，但在其东侧与其平行有另一断层，其特征与本断层相近，在哨坡一带将含铁岩系错断。

簸箕湾断层（F_5）：仅在黑石头幅簸箕湾一带出露，向北东延出研究区，区内长度约1.35km。该断层是黑石头背斜的斜向断层，走向50°~60°，倾向北西，倾角较陡，根据其断层特征及两盘地层时代推断其为一逆断层。

c　北西向断层

北西向断层在研究区比较发育，但一般规模不大，其中有代表性的断层为黑石头断层（F_6）、官寨断层（F_7）、长梁子断层（F_8）。

黑石头断层（F_6）：断层北西端进入小木桥幅，研究区内从黑石头往东南经舍底海、瓦厂海子延出图幅，研究区全长约6km。该断层是黑石头背斜南翼斜向断层，其走向300°~315°，倾向北东，倾角较陡，是一条地层断距约300m的逆断层。

官寨断层（F_7）：北起阿肥河沟下游经官寨往南东穿过董家沟至马后山一带，全长800余米。该断层走向北西310°~320°，倾向北东，倾角较陡，在平面上该断层明显具有右旋平移性质，最大平移距离约850m。

长梁子断层（F_8）：南起长梁子经东西沟往北东延至何坪子沟中上游一带，全长2500余米。该断层是六各背斜的横断层，其走向330°，倾向南西，倾角陡，其南西盘（上盘）下降，北东盘（下盘）上升，具正断层特征，同时在平面上又兼右旋平移特征，总体上是一条平移正断层。

除上述主要断层以外，研究区还发育北西向、北东向、近南北向和近东西向几组小断层，这些小断层大部分都是压扭性断层，长度不大，一般300~500m，最长的1000余米，也有100余米的小断层。这些小断层虽然断距不大（一般10~20m，大者100m以上），但常错断含铁岩系。

4.3.2.4　*岩浆岩*

区内火成岩主要为峨眉山玄武岩。值得指出的是，区内玄武岩风化后含铁矿物的分解使得铁在后期次生富集作用下经水解、搬运、淋滤富集成矿，玄武岩作为区内风化壳中多矿种（铁、铜、稀土、锐钛矿等）次生富集成矿作用的母岩（成矿物质来源）应引起重视。

4.3.4.5　*矿体地质*

区内的铁多金属矿体主要赋存于峨眉山玄武岩组第三段凝灰岩与宣威组底部之间古风化壳不整合面上的含铁岩系中。含铁岩系主要分布在由峨眉山玄武岩、宣威组（P_3x）组成的哲觉向斜及其次级向斜中，区内共发现铁矿（化）层两层，一般呈似层状或透镜状平行于地层产出。

（1）在哲觉向斜南部邓家~小湾湾~鹰高嘴一带，已探明3号、4号、6号矿体。

3号矿体：位于哲觉向斜SW端石板沟~黄石坎一带，矿体分布在风化残留的坡顶，呈不规则形态展布，呈似层状产出，矿体品位较富，厚度稳定，其产状与地层产状一致，为335°~14°∠9°~19°，顶板为铁铝质黏土岩，底板为铁质凝灰岩。矿体长4386m，宽1600m，厚度一般为0.40~1.98m，平均1.84m。矿石品位较富，一般TFe 26.15%~38.15%，平均31.28%。

4号矿体：分布在哲觉向斜SW端叫塘湾~青松林一带，紧邻3号矿体。矿体长2775.52m，延深771.59m，平均倾角15°，平均厚度1.72m。在ZK517-1钻孔中含铁岩系几乎全为矿体（含铁岩系厚9.57m，矿体厚近8m），钻孔中矿石品位较高，TFe平均加权品位36.90%。

6号矿体：分布在哲觉向斜SW端老黑山~打石坡一带，紧邻4号矿体，为一隐伏矿体，矿体平均倾角15°，呈层状、似层状产出，矿体长2660.97m，延深842.46m，矿体厚度较薄，平均1.73m，品位也较低，TFe平均加权品位29.32%。

（2）在哲觉向斜核部孙家祠、红皮坡、陈家村一带，探明5号矿体，矿体呈层状、似层状独立隐伏。矿体推测最长4866.66m，控制延深1596.47m，矿体平均厚度2.08m，TFe加权平均品位27.26%。

（3）14号矿体：分布在哲觉向斜NW翼炉采坪~肖家箐一带，矿体地表长2444.22m，深部无工程控制，延深不清，为似层状陡倾矿体（41°），平均厚2.14m，TFe加权平均品位32.70%。矿体在地表厚度品位变化较大，在BT181中矿体厚3.56m，TFe加权平均品位27.81%。BT173-4中矿体厚度变薄，厚1.32m，但品位变富，TFe加权平均品位35.96%。

（4）1号、2号、7号、8号、9号矿体分布在哲觉向斜SE翼中部谢家~黑石头镇麻乍乡一带，其中1号、2号、9号矿体规模较大。

规模最大的1号矿体（图4-24）：分布在谢家~白彝地一带，矿体大致呈NE向展布，为层状、似层状缓倾矿体（16°），矿体长1981.32m，延深870.34m，赋存标高+2080~+2375m，平均厚1.72m，TFe加权平均品位28.24%。探获333铁矿石资源量4781.22万吨，334？铁矿石资源量2107.23万吨。

规模较大的2号矿体（图4-25）：分布在剪角冲~驴子湾湾一带，矿体大致呈NE向展布，为层状、似层状缓倾矿体（15°），矿体长4501.23m，延深3019.69m，赋存标高+1670~+2440m，平均厚2.37m，TFe加权平均品位28.45%。探获333铁矿石资源量1297.66万吨，334？铁矿石资源量4333.78万吨。

规模较小的9号矿体（图4-26）分布在石堆堆~段家梁子一带，矿体大致呈NW向展布，为层状、似层状缓倾矿体（14°），矿体长3117.61m，延深931.88m，赋存标高+2100~+2370m，平均厚度1.98m，TFe加权平均品位28.15%。探获333铁矿石资源量697.78万吨，334？铁矿石资源量1084.50万吨。

4.3.2.6 *岩石矿石特征*

A *矿石矿物*

根据岩矿鉴定结果，该区矿石矿物浅部以褐铁矿为主（后期风化淋滤形成），且随着采样深度的不断加深，褐铁矿含量逐渐减少，深部主要为赤铁矿，并偶见星点状微粒黄铁矿。主要的矿石矿物有褐铁矿和赤铁矿两种。褐铁矿含量小于1%，结晶粒度小于0.03mm，微~泥晶级，半自形，粒状晶体，零星分布。在样品中的赋存形式仅见一种，呈碎屑、填隙物微量矿物构成形式产出。赤铁矿为铁矿石中的主要金属矿物，含量大于20%，结晶粒度小于0.03mm，微~泥晶级，半自形，粒状晶体，以碎屑或填隙物或碎豆粒形式产出。

B *脉石矿物*

脉石矿物主要为火山碎屑及黏土矿物。

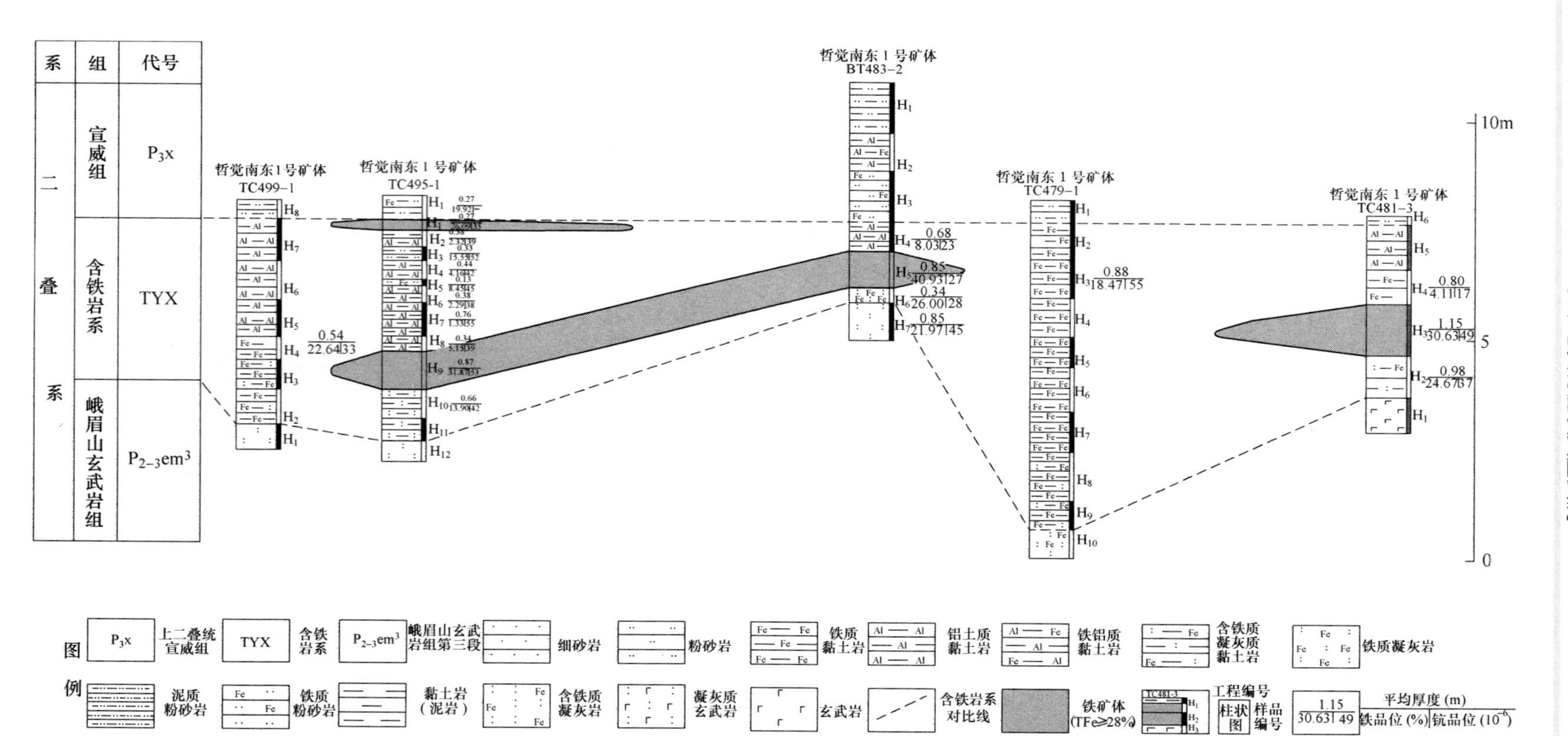

图 4-24 哲觉矿田 1 号矿体含铁岩系及矿体垂向地质特征（据贵州地矿局 113 地质大队资料修编）

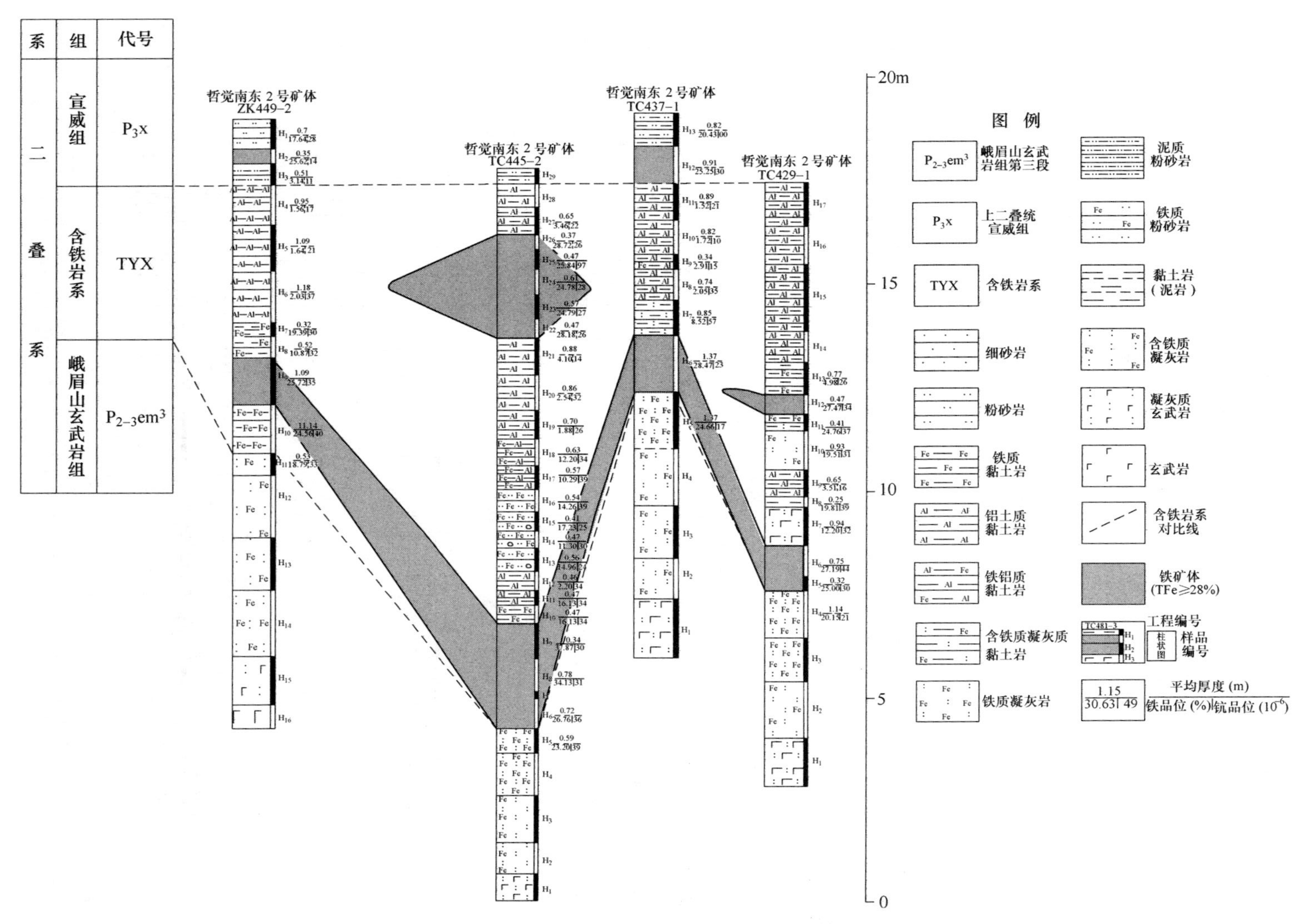

图4-25 哲觉矿田2号矿体含铁岩系及矿体垂向地质特征（据贵州地矿局113地质大队资料修编）

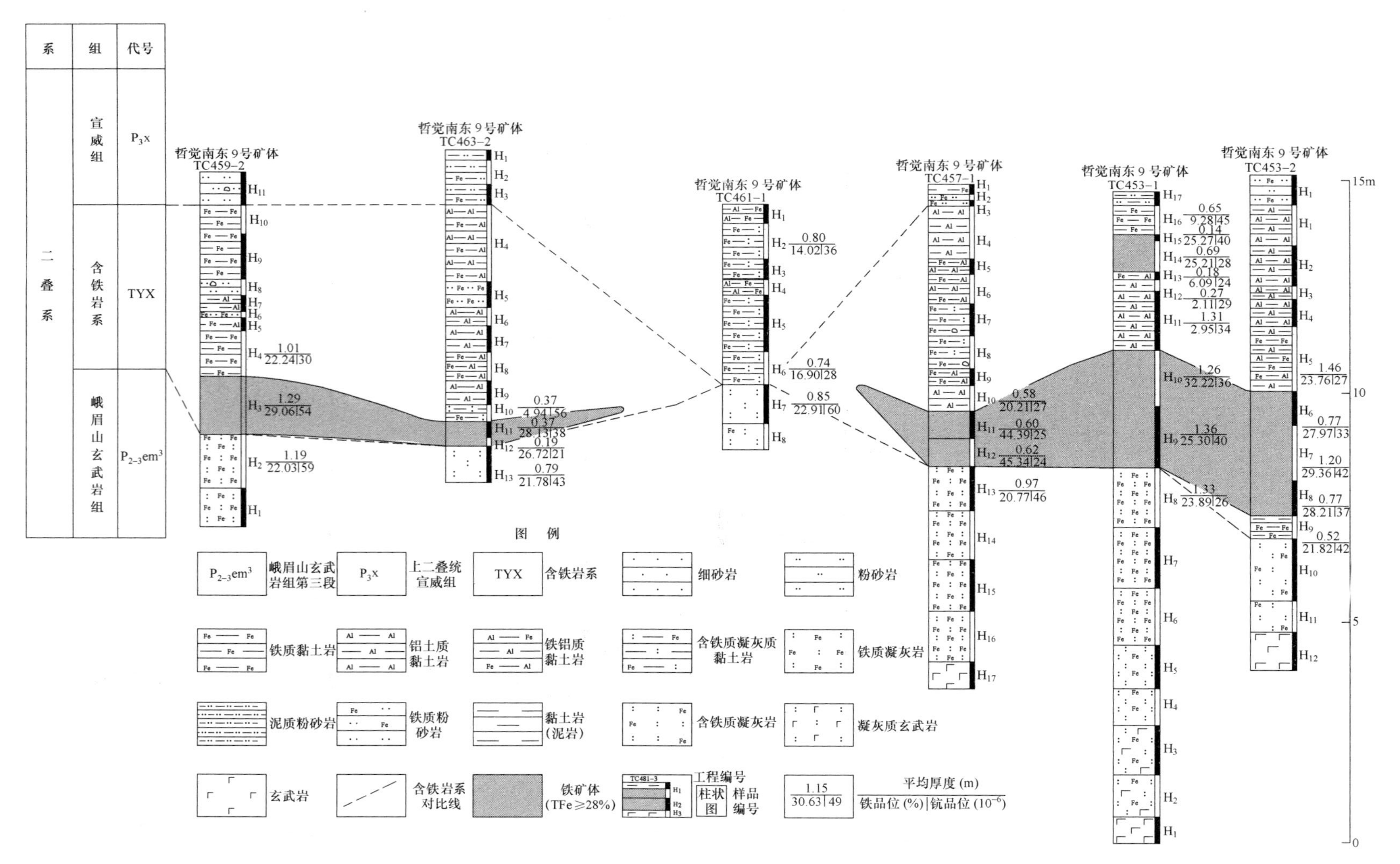

图 4-26 哲觉矿田 9 号矿体含铁岩系垂向地质特征（据贵州地矿局 113 地质大队资料修编）

火山碎屑：是主要的矿物成分，含量为67%~95%。具褐铁矿化（矿化强烈时为褐铁矿）、弱黏土化现象。在样品中的赋存形式仅见一种，呈样品基底基本矿物构成形式产出。

黏土矿物：以填隙物形式存在，含量为3%~21%。自形~半自形，鳞片状，结晶粒度多小于0.004mm。在样品中的赋存形式仅见一种，呈火山碎屑基本充填矿物构成形式产出。

石英：含量为0~10%。半自形~他形，柱状，结晶粒度多小于1.00mm。在样品中的赋存形式仅见一种，呈火山碎屑基本充填矿物构成形式产出。其中，部分样品火山碎屑物中见石英脉，穿插于火山碎屑之间，或相互穿插。表明有多次热液作用，且石英脉形成时间晚于火山碎屑。

方解石：含量为0~13%。他形~半自形，粒状，结晶粒度多小于1.00mm。在样品中的赋存形式仅见一种，呈火山碎屑次要充填矿物构成形式产出。

C 矿石结构构造

矿石结构主要为火山凝灰角砾结构。

火山角砾结构：基本上由火山碎屑和填隙物两种组分构成，火山碎屑一般占矿物组分的60%，其中赤铁矿占55%，黏土质占5%，分布较为均匀。呈圆形、椭圆形、不规则状，粒度1.2~10mm不等，多在2mm以上，为角砾级火山碎屑；火山碎屑基本上赤铁矿化，赤铁矿为细小片状，粒度小于0.03mm，有黏土质混杂其中；填隙物占矿物组分的40%，其中黏土质占30%，褐铁矿占10%；为氧化铁质、黏土质，由火山灰黏土化、褐铁矿化而成，对火山碎屑起胶结作用。黏土质主要为显微纤维状高岭石、蒙脱石。褐铁矿为细小鳞片状（附录3）。

豆状结构：火山碎屑特征粒度小于2.00mm，为凝灰级火山碎屑；碎屑成分为由玻屑和岩屑蚀变形成的褐铁矿及黏土质，多呈圆形、椭圆形，或为塑性变形的不规则拉长状；黏土矿物如高岭石、水云母呈鳞片状、纤维状。胶结物为非晶质褐铁矿、细小粉末状、鳞片状黏土质。氧化铁质或呈无定形胶状、细分散状褐铁矿分散于火山碎屑及胶结物中，或呈不规则团块分布（附录3）。

矿石主要有层状构造、条带状构造、蚀变构造、块状构造等。

层状构造：由于火山碎屑的堆集速度和粒度不同而显示出层状构造。

条带状构造：石英与褐铁矿呈条带状产出。

蚀变构造：由于后期的风化蚀变作用产生了不同程度的褐铁矿化、黏土矿化，它们以集合体呈层状产出。

块状构造：矿石结构致密，为单一的块状褐铁矿石或赤铁矿石。

D 矿层底板玄武岩矿物特征

斜长石：板条状，自形。具弱黏土化现象。结晶粒度长一般0.10~0.30mm、宽一般0.01~0.05mm。在样品中的赋存形式仅见一种，呈样品基底主要矿物成分形式产出，含量约68%。

辉石：柱粒状，他形~半自形。结晶粒度一般0.01~0.05mm。具弱黏土化现象。在样品中赋存形式仅见一种，呈样品基底次要矿物成分形式产出（含量约13%）。

玻璃质：不显光性特征。具弱黏土化现象。在样品中赋存形式仅有一种：呈样品基底次要矿物成分形式产出。含量约13%。

磁铁矿：他形~半自形，粒状，结晶粒度多小于0.02mm。具微弱褐铁矿化现象（附录3）。在样品中赋存形式仅见一种，呈样品基底少量矿物成分形式产出（含量约2%）。

绿泥石：自形~半自形，鳞片状，结晶粒度多小于0.10mm。在样品中的赋存形式仅见一种，呈杏仁体基本充填矿物构成形式产出（含量约4%）（附录3）。

E　矿石类型和品级

铁钛等元素主要发育于含铁岩系底部铁矿层内，选取有一定代表性的铁矿石样品，在运用化学分析、岩矿鉴定等常规方法的基础上，重点结合电子探针微区分析、X射线衍射等技术手段，对整装勘查区多金属低品位铁矿物质组成进行了较为详细的研究。通过大量的工作，基本查清了研究区内矿石性质、铁的分布以及赋存形式，同时对其他有价元素如钛也做了相应的研究。

（1）通过分析，矿石中平均含铁量为25%~31%，但区域内的不同地层中存在较大差异。铁在浅部以褐铁矿为主，深部则多为赤铁矿，仅有微量的铁存在于钛铁矿、铬铁矿等含铁的其他氧化物或硫化物中（附录3）。

（2）XRD粉晶衍射分析表明，岩石/矿石主要由赤铁矿+高岭石+斜长石+锐钛矿+石英+方解石+非晶质矿物组成（与香炉山矿区同批样品）。

（3）扫描电镜分析表明，矿石主要由赤铁矿、石英、含铝矿物（高岭石?）及含钛矿物（锐钛矿?）组成，O、Fe含量占比约为82%，其余Si、Al、Ti三者含量占比约为18%（与香炉山矿区同批样品）。

（4）电子探针分析了哲觉矿区岩矿样品14件，测试52个点。对哲觉研究区内样品中胶结物、铁的分布以及赋存形式，同时对其他有价元素如钛也做了相应的研究。

1）主要矿物是赤铁矿及水化物褐铁矿，赤铁矿、褐铁矿、钛铁矿与火山碎屑及少量黏土矿物均匀混杂分布以集合态产出，而褐铁矿与火山碎屑、黏土矿物之间也常常混杂出现。其中赤铁矿和褐铁矿以相互混杂小球粒团块的形式存在。依次从豆状铁矿颗粒到胶结物分别打点测试显示，氧化铁的含量依次降低，黏土矿物、凝灰物质含量依次升高，样品中氧化铁含量与香炉山矿区相比含量稍微偏低。

2）褐铁矿的存在形式主要有两种，一种呈细分散状与黏土矿物混杂以胶结物形式存在，或呈不定形胶状混染火山碎屑，主要分布在铁矿化相对较弱的凝灰岩以及黏土矿物中；另一种为主要存在形式，以大小不等的豆状形式存在。通过研究发现，几乎所有的褐铁矿中均含有金属钛，这种现象说明，原岩中可能含有较多的含钛矿物（如钛铁矿等），或者为后期褐铁矿化不彻底而保留的原岩残留物，也可能是混杂于褐铁矿中的黏土矿物中所含的钛（图4-27、图4-28）。

3）赤铁矿、褐铁矿常含Ti、Al、Ca、Mg及少量的P、Ga、Zn、Cr、V。其中所测的多个点中赤铁矿、褐铁矿中都含有钛。其中样品ZTC511-6B中氧化钛的含量高达96.64%。

4.3.3　哲觉矿床地球化学特征

本次研究共计分析测试了25件铁矿石样品，按工业品位25%≤TFe≤30%、30%<TFe≤40%及TFe>40%，区内铁矿石可以分为低品位铁矿石、中品位铁矿石及高品位铁

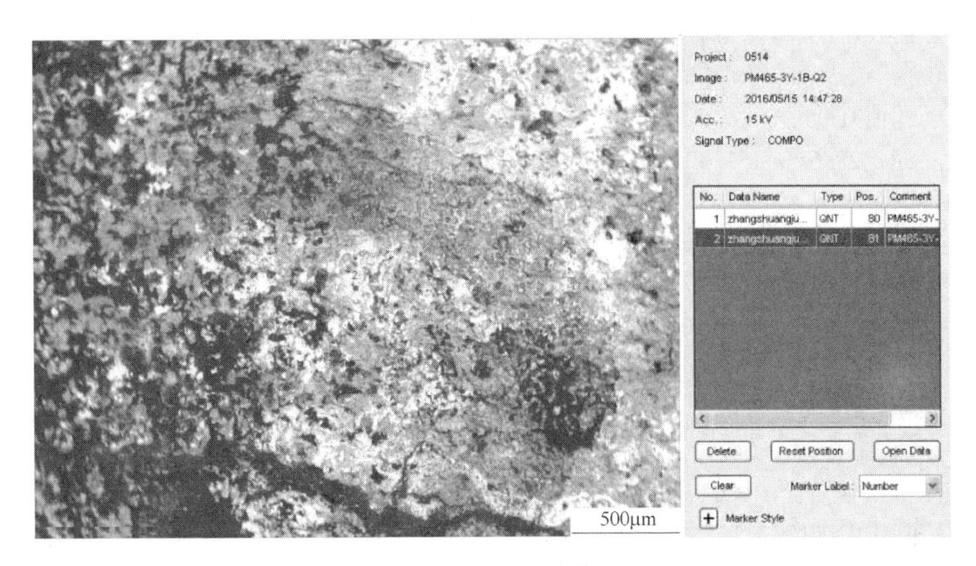

图 4-27 PM465-3Y-1B 点位图（一）

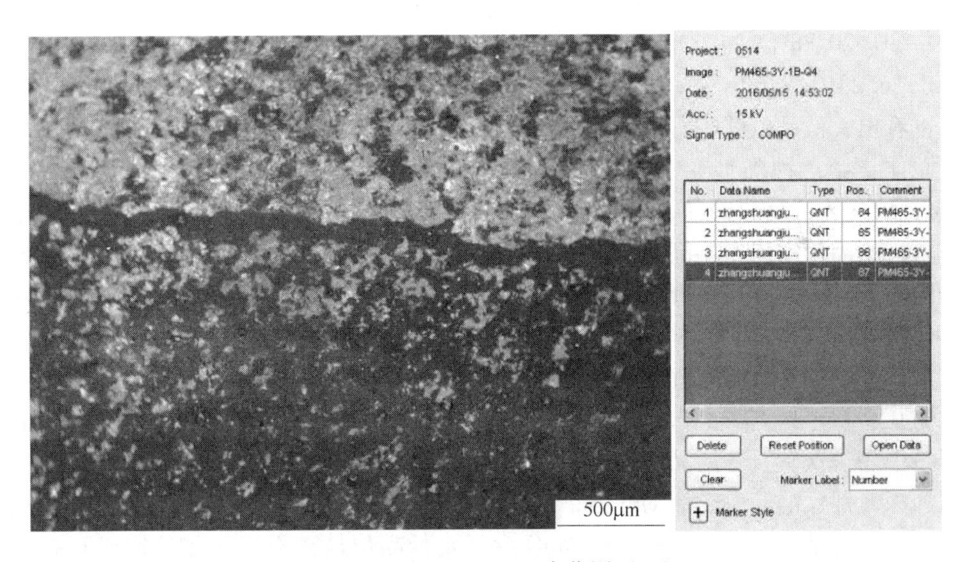

图 4-28 PM465-3Y-1B 点位图（二）

矿石三种类型。

4.3.3.1 *矿石化学成分*

本次分析的 25 件铁矿石样品中，Al_2O_3 6.78%~25.47%，均值 21.58%；BaO 0.01%~0.22%，均值 0.05%；CaO 0.03%~4.70%，均值 0.75%；TFe_2O_3 25.51%~45.24%，均值 34.49%；K_2O 0.01%~3.56%，均值 1.14%；MgO 0.06%~2.05%，均值 0.83%；MnO 0.01%~0.33%，均值 0.10%；Na_2O 0.01%~0.47%，均值 0.17%；P_2O_5 0.05%~0.42%，均值 0.25%；SiO_2 20.55%~31.92%，均值 26.73%；TiO_2 3.21%~7.85%，均值 5.49%；烧失量（LOI）4.96%~14.14%，均值 8.36%。

低品位铁矿石：Al_2O_3 23.12%~25.47%，均值 23.43%；BaO 0.01%~0.08%，均值

0.06%；CaO 0.05%~2.04%，均值 0.69%；TFe_2O_3 27.15%~28.46%，均值 27.51%；K_2O 0.03%~3.56%，均值 2.23%；MgO 0.10%~0.87%，均值 0.59%；MnO 0.03%~0.13%，均值0.08%；Na_2O 0.04%~0.47%，均值 0.27%；P_2O_5 0.09%~0.41%，均值 0.29%；SiO_2 28.65%~31.92%，均值30.56%；TiO_2 4.54%~6.38%，均值5.74%；烧失量（LOI）5.48%~12.11%，均值7.98%。

中品位铁矿石：$Al_2O_3$16.78%~23.29%，均值 21.60%；BaO 0.01%~0.08%，均值 0.05%；CaO 0.07%~4.70%，均值 0.79%；TFe_2O_3 30.1%~39.94%，均值 34.23%；K_2O 0.03%~2.86%，均值 0.85%；MgO 0.09%~2.05%，均值 0.81%；MnO 0.01%~0.33%，均值0.10%；Na_2O 0.03%~0.49%，均值 0.13%；P_2O_5 0.12%~0.47%，均值 0.23%；SiO_2 20.55%~30.65%，均值26.16%；TiO_2 3.21%~7.85%，均值5.73%；烧失量（LOI）6.39%~14.14%，均值8.78%。

高品位铁矿石：$Al_2O_3$17.36%~19.89%，均值 18.56%；BaO 0.02%~0.22%，均值 0.07%；CaO 0.06%~1.55%，均值 0.61%；TFe_2O_3 40.40%~46.71%，均值 43.47%；K_2O 0.01%~0.68%，均值 0.21%；MgO 0.06%~1.48%，均值 1.28%；MnO 0.06%~0.23%，均值0.15%；Na_2O 0.01%~0.36%，均值 0.11%；P_2O_5 0.14%~0.40%，均值 0.24%；SiO_2 20.88%~24.23%，均值22.19%；TiO_2 4.12%~5.57%，均值4.42%；烧失量（LOI）6.23%~9.60%，均值7.78%。

可以看出，低品位铁矿石、中品位铁矿石及高品位铁矿石在化学成分组成上有较大的差异。总体上，三种类型矿石的 Al_2O_3 含量差别不大（均值分别为 23.43%、21.60%、18.56%，依次为低品位铁矿石、中品位铁矿石、高品位铁矿石，下同），但总体有由低品位铁矿石→中品位铁矿石→高品位铁矿石依次降低的趋势。相比较而言，低品位铁矿石具有较高的 K_2O 含量（均值分别为 2.23%、0.85%、0.21%）、较低的 MgO 含量（均值分别为 0.59%、0.81%、1.28%）、较高的 Na_2O 含量（均值分别为 0.27%、0.13%、0.11%）、高 SiO_2含量（均值分别为 30.56%、26.16%、22.19%），较低 MnO 含量（均值分别为 0.08%、0.10%、0.15%）。不同类型铁矿石中，铝、钾、钠、硅含量由低品位铁矿石→中品位铁矿石→高品位铁矿石呈现依次降低的趋势（图 4-29）。这说明随着风化程度的加深，钾、钠等由于活动性强，被淋滤带走。同时铁矿石的形成为脱硅、排铝的过程。与之不同的是不同类型铁矿石中 MnO 含量由低品位铁矿石→中品位铁矿石→高品位铁矿石呈现依次增加的趋势，可能反映了风化程度的加深。

4.3.3.2 *矿石微量元素*

与中国上陆壳（黎彤，1994）相比，矿石中高度富集 Ag、Se、Te、In、Mo，富集系数（=矿石元素含量/中国上陆壳）一般在 70~400 之间，富集的元素有 Cd、Cu、Nb、V，富集系数一般在 10~20 之间，较富集的元素有 Cr、Ga、Hf、Ni、Sb、Sc、Sn、Ta、Zn 等，富集系数一般在 2~5 之间。可以看出，哲觉矿田内铁矿石微量元素含量比香炉山地区要低很多，相应地区内由低品位铁矿石~中品位矿石~高品位铁矿石，元素富集系数相应变大（即含量更高）。

从微量元素蛛网图（图 4-30）可以看出，虽然各样品元素含量差异较大，但其配分模式相似，区内矿石存在明显的 Hf、Ta、U、Rb、Ti、Cu 正异常和 Sr、P、Ni 负异常。区内低、中、高品位 3 种类型铁矿石，其元素异常情况基本一致，无大的差异。

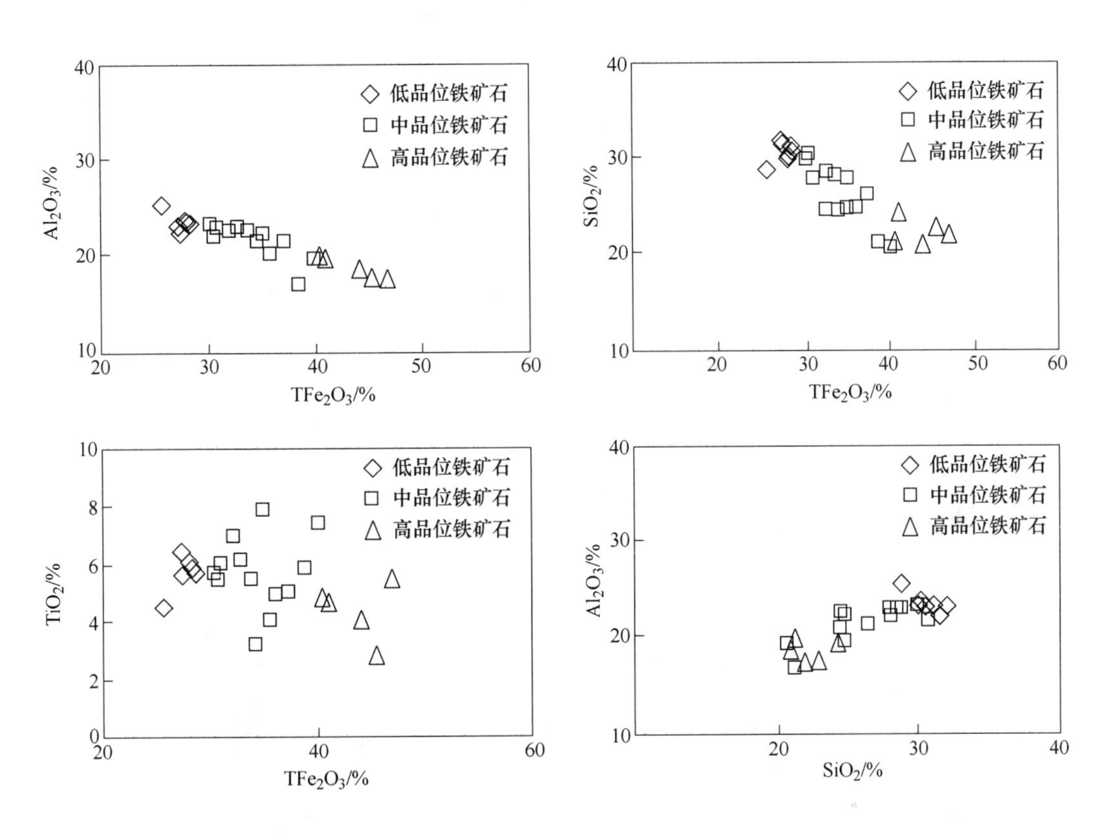

图 4-29 哲觉地区铁矿床铁矿石主要主量元素相关图

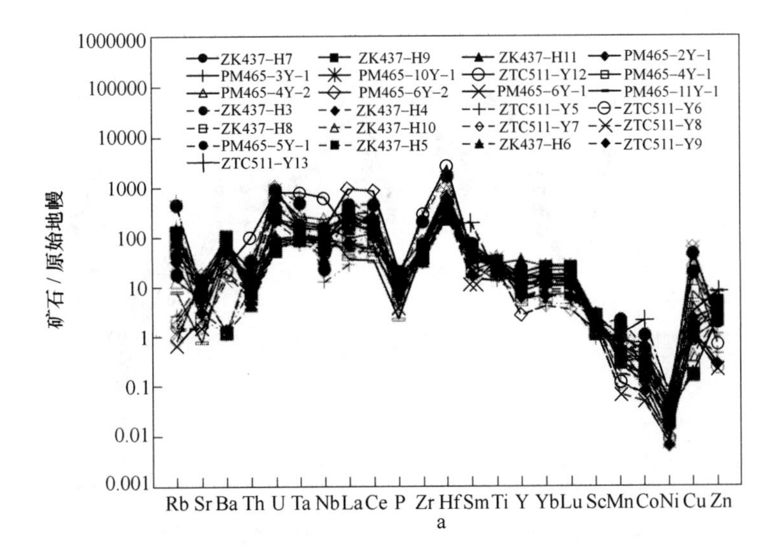

a

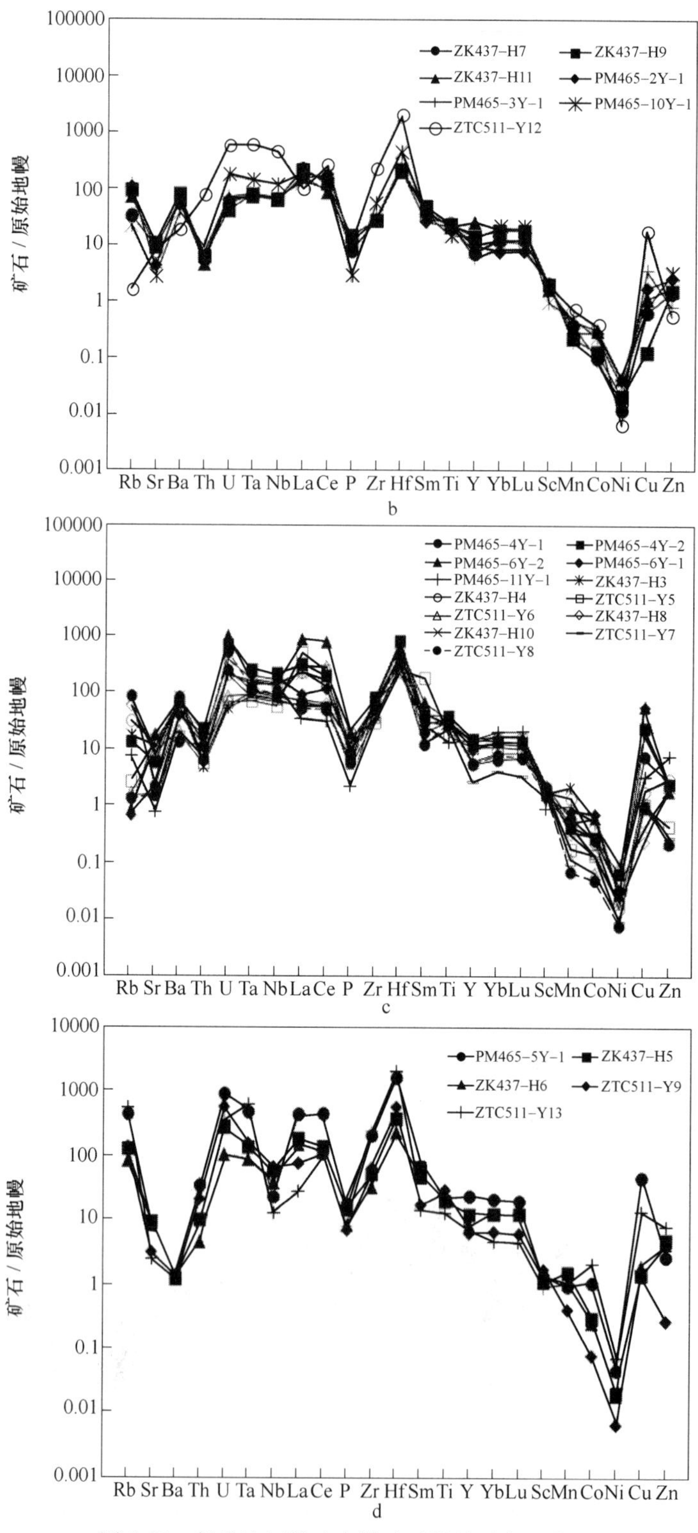

图 4-30 哲觉地区铁矿床铁矿石微量元素配分图

（原始地幔数据据 McDonough 和 Sun，1995）

a—所有矿石样品；b—低品位铁矿石；c—中品位铁矿石；d—高品位铁矿石

4.3.3.3 矿石稀土元素

区内25件样品铁矿石以及低品位铁矿石和高品位铁矿石的球粒陨石（Boynton，1984）稀土配分模式如图4-31所示。可以看出，区内不同品位矿石具有十分相似的配分模式。

所有矿石样品REE含量较高且变化较大，其ΣREE为$43.46\times10^{-6}\sim2449.43\times10^{-6}$，均值$704.56\times10^{-6}$；LREE为$138.92\times10^{-6}\sim2334.26\times10^{-6}$，均值$605.67\times10^{-6}$；HREE为$11.67\times10^{-6}\sim89.18\times10^{-6}$，均值$45.43\times10^{-6}$。LREE/HREE为1.71～54.88，均值15.92，配分模式为相似的LREE富集型。其$(La/Yb)_N$为1.58～21.08，均值9.09；$(La/Sm)_N$为1.39～13.82，均值4.72；$(Gd/Yb)_N$为0.96～6.63，均值1.96。δEu为0.42～0.93，均值0.70；δCe为0.53～3.74，均值1.25。这表明轻重稀土发生了较强烈的分异作用，轻稀土分异作用较强，重稀土分异作用不明显。

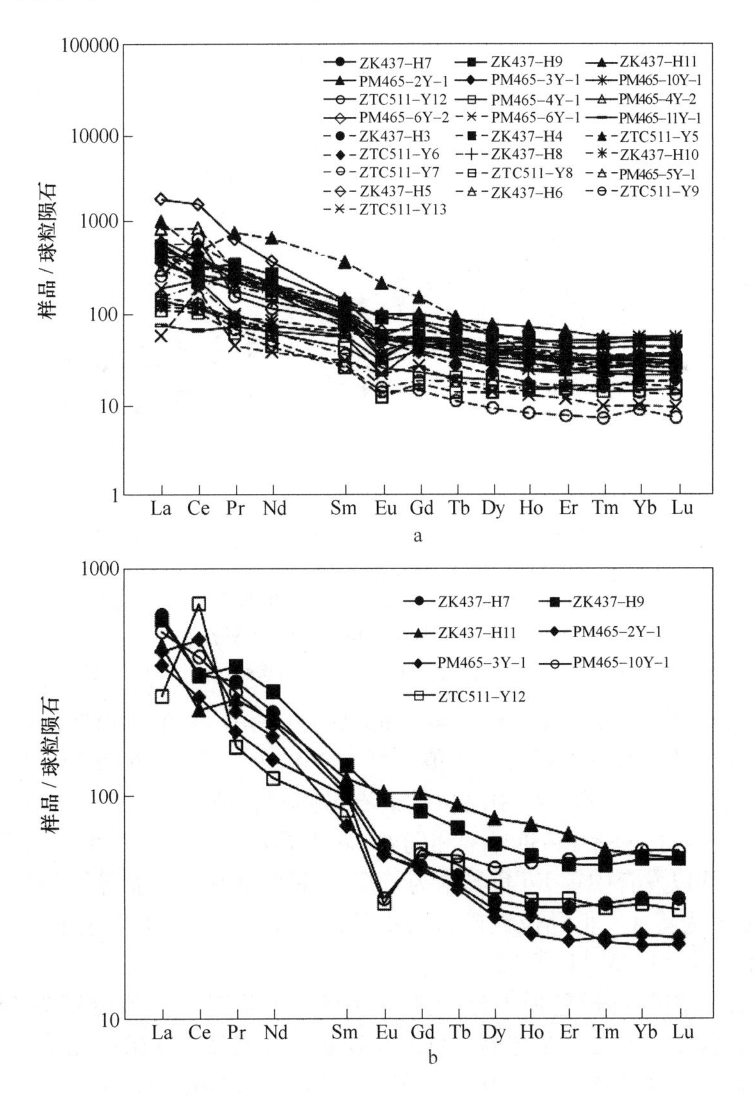

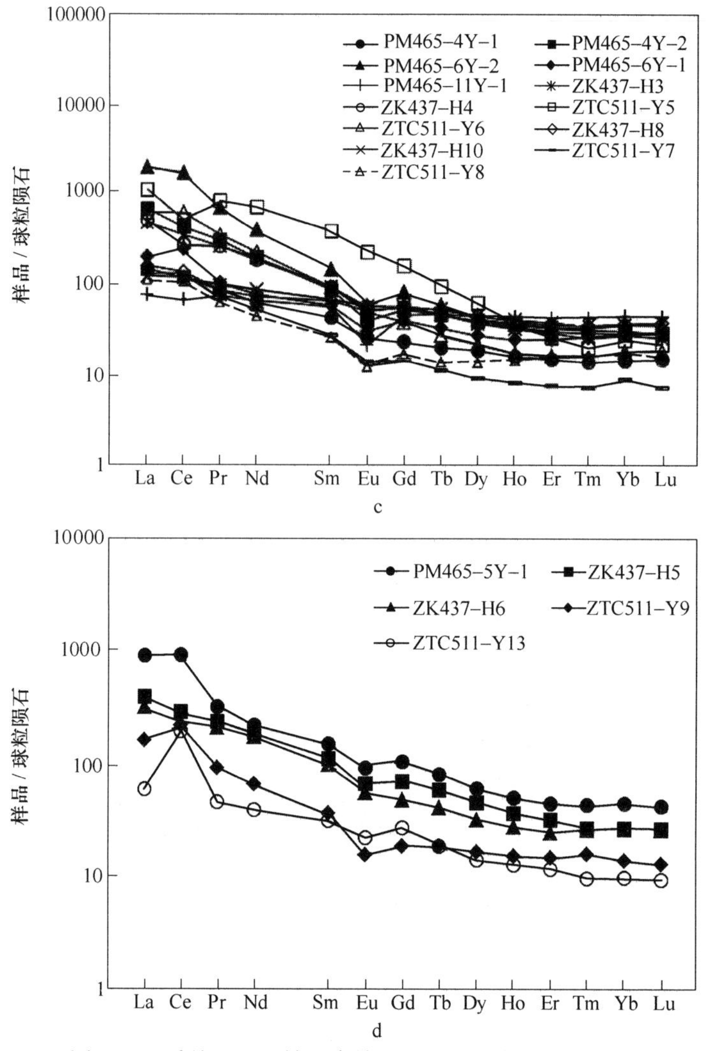

图 4-31　香炉山地区铁矿床铁矿石稀土元素配分模式图
（球粒陨石数据据 Boynton，1984）
a—所有矿石样品；b—低品位铁矿石；c—中品位铁矿石；d—高品位铁矿石

相比较而言，区内铁矿石中 ΣREE 变化情况亦与香炉山相似，由低品位铁矿石→中品位铁矿石→高品位铁矿石依次降低（均值分别为 765.39×10^{-6}、697.20×10^{-6}、627.83×10^{-6}）。其轻重稀土分异强烈，以中品位铁矿石最强烈，低品位铁矿石与高品位铁矿石差别不大。区内铁矿石以中等 Eu 负异常和弱的 Ce 正异常为特征，其中不同品位铁矿石 Eu 异常差别不大，均以发育中等 Eu 负异常为特征，Ce 异常有一定差异，高品位铁矿石以较高 Ce 正异常发育为特征，低品位铁矿石与中品位铁矿石 Ce 异常差别不大，均为弱的 Ce 正异常（均值分别为 1.25、1.07）。

区内不同品位铁矿石轻重稀土分异强烈且有一定差别（均值分别为 13.19、18.48、13.10），以中品位铁矿石分异最强烈，低品位铁矿石和高品位铁矿石几乎一致，轻稀土分异作用较强（均值分别为 4.79、4.96、3.95），重稀土分异作用较弱（均值分别为 1.68、2.04、2.18），且依次由低品位→中品位→高品位铁矿石渐次升高。

5 控 矿 因 素

本书作者研究认为，“香炉山式铁矿”属于古风化壳沉积（堆积）型矿床，它既非典型的风化矿床，也非典型的沉积矿床，而是兼有两者的二重性，是峨眉地幔柱内生成矿作用与外生成矿作用相结合的综合产物，其成矿历史和成矿过程较为复杂。除了具有特殊的成矿背景外，该矿床的形成和保存还受到成矿物质来源、岩相古地理、古纬度古气候、古生物生态、古风化作用、地质构造、古地形地貌、沉积（成岩）作用等诸多因素的综合控制或制约，虽然这些因素之间往往是相互联系的，但它们对该矿床形成控制的程度却各不相同。

5.1 成矿物质来源

成矿物质来源问题，既是成矿作用研究的重要问题，也是成矿规律研究的基本问题。无论是岩浆矿床、变质矿床、沉积矿床，还是风化矿床，成矿物质来源问题都是不可避免要回答的。然而，“香炉山式铁矿”是在晚二叠世峨眉山大火成岩省顶部风化壳的基础上形成的，风化剥蚀产物就近直接堆积在玄武岩高原洼地或经短距搬运沉积于陆相水盆地中，含矿岩系的直接底板为峨眉山玄武岩组第三段，而且风化剥蚀搬运的时间相对较短。这一特殊的成矿背景决定了峨眉山玄武岩组顶部的风化壳与黔中、黔北地区以九架炉组为代表的铁铝质风化壳有着本质上的区别。研究区含铁岩系的风化壳形成时间短，提供风化的下伏岩系尚不同程度地保存着，含矿岩系中保留了大量母岩石的信息；而九架炉组所代表的铁铝质风化壳经过上亿年的风化作用，母岩的面貌和特征荡然无存。因此，“香炉山式铁矿”成矿物质来源的地层学、岩石学判别标志显得更直接和可靠，此外还包括地球化学、矿物学等其他判别标志。

5.1.1 含铁岩系岩性和岩石结构特征对物源的指示

峨眉山玄武岩为高铁高钛的玄武岩，其演化特点是从早期的低铁低钛玄武岩向晚期的高铁高钛玄武岩演化。据贵州区域地质资料，威宁及其邻区的峨眉山玄武岩的 TFe（TFe_2O_3 + FeO）含量为 13.66%~14.80%。特别是玄武岩第三段中的铁质沉凝灰岩，铁质的含量往往比第一段和第二段中的铁质含量高得多，说明玄武岩风化物提供了丰富的铁质来源。例如，在威宁香炉山马鸡块实测剖面上，铁矿层之下的紫红色玄武质凝灰岩中，TFe_2O_3的含量为 27.21%~44.49%，表明玄武岩组第三段顶部的铁质沉凝灰岩与铁质的来源有着非常密切的成因联系。

铁矿层的主要岩性为沉玄武质角砾凝灰岩、沉玄武质凝灰角砾岩、玄武质沉凝灰岩等，碎屑成组分单一，为玄武质岩屑（具间粒间隐结构、间隐结构）~半塑性~塑性玄武质岩屑（又称塑变玄武质岩屑、玄武质浆屑、玄武质火焰石、玄武质熔岩条带等）。部分碎屑大小混杂，无定向、无分选，而一些碎屑具压扁、拉长变形、半定向、内部绿泥石质杏仁体略为发育、冷凝边发育等特点。表明这些碎屑物质都来自于其下伏的峨眉山玄武岩和玄武质火山碎屑岩，并经过短距离搬运或几乎没有经过搬运就堆积成岩。因此，“香炉山式铁矿”的成矿物质是就地取材，而并非舍近求远。

5.1.2　地球化学元素物源示踪

5.1.2.1　同位素示踪

对哲觉铁矿区 TC511 槽探工程进行系统观察和取样，并选取含铁岩系与块状玄武岩接触面附近凝灰质黏土岩中的方解石脉样品（含矿岩系底部的两件样品，样品编号为 ZTC511-H1、ZTC511-H2）送广州 ALS 同位素实验室进行碳、氧同位素检测，$\delta^{13}C_{PDB}$测试结果分别为 -21.5‰、-21.6‰，$\delta^{18}O_{SMOW}$测试结果分别为 15.9‰、16.6‰（表 5-1）。

表 5-1　碳、氧同位素分析结果表

样品编号	采样位置	样品性状描述	$\delta^{13}C$/‰	$\delta^{18}O$/‰
ZTC511-H1	含铁岩系底界之下 2.8m	紫黑色团块状方解石，晶体粗大	-21.5	15.9
ZTC511-H2	含铁岩系底界之下 2.5m	灰白色团块状方解石，晶体粗大	-21.6	16.6

注：样品由 ALS 同位素实验室检测；LS-ISTP01 中的 $\delta^{18}O$ 基于 SMOW，$\delta^{13}C$ 基于 PDB。

据 A. S. 拉德克的研究成果，美国内华达州卡林金矿区矿床内及其附近未蚀变砂质球粒泥灰中的方解石 $\delta^{18}O$ 为 12.6‰~8.6‰，本次玄武岩中方解石团块的 $\delta^{18}O$ 分析结果与此接近。在刘宝珺、曾允孚编著的《岩相古地理基础和工作方法》一书第 322 页提到，现代大洋中 $\delta^{13}C$ 为 -1‰~+2‰，淡水中 $\delta^{13}C$ -5‰~-11‰。同时还提到，在判别无机碳和有机碳时，一般与有机碳有关的 $\delta^{13}C < -9‰$，与无机碳有关的 $\delta^{13}C > -9‰$。而本次采样的 $\delta^{13}C$ 为 -21.5‰~21.6‰，说明碳的来源为有机碳。

将 ZTC511 剖面上的碳、氧同位素分析结果插投到 $\delta^{13}C_{PDB}-\delta^{18}O_{SMOW}$图（图 5-1）中，给出了地壳流体中 CO_2的三大主要来源（有机质、海相碳酸盐岩和岩浆-地幔源）的碳、氧同位素值范围，同时还用箭头标出了从这三个物源经 8 种主要过程产生 CO_2时，相应同位素组成的变化趋势（刘家军等，2004）。测试样品结果在图 5-1 中的投点表明，样品处于地幔多相体系及沉积有机质氧化作用区，说明块状玄武岩上覆凝灰质黏土岩为深层幔源特征和海退（陆相）成岩环境。

胡超涌、黄俊华等在论文《湖北清江石笋的碳氧同位素组成及其古气候意义》（2001）中提到，按光合途径的不同，植物分为 C3 和 C4 两类，其碳同位素值存在明显的不同。以 Calvin-Benson 循环进行光合作用的 C3 植物，如乔木和大多数灌木的 $\delta^{13}C$ 值为 -25‰~-32‰（平均约为 -27‰），适宜于湿润的环境下生长；相反，以 Hatch-Slack 光合途径生长的 C4 植物，如玉米、高粱和许多草类，其 $\delta^{13}C$ 值为 -10‰~-14‰，可在较为干旱的气候条件下生长。

获得的碳氧同位素结果与上述研究成果对比表明，玄武岩中的方解石团块可能为成岩后淡水成因，在形成过程中有有机碳参与，指示当时为温暖温润的古气候环境。

据孟昌忠等（贵州省地矿局 113 队，2014 年）对香炉山铁矿床开展锆石 U-Pb 同位素定年和微量元素地球化学研究的成果，研究区铁矿锆石 U-Pb 同位素年龄值与峨眉山大火成岩省岩浆事件的定年结果（260~255Ma）一致，表明矿石中的锆石来源于火成岩体的风化作用。

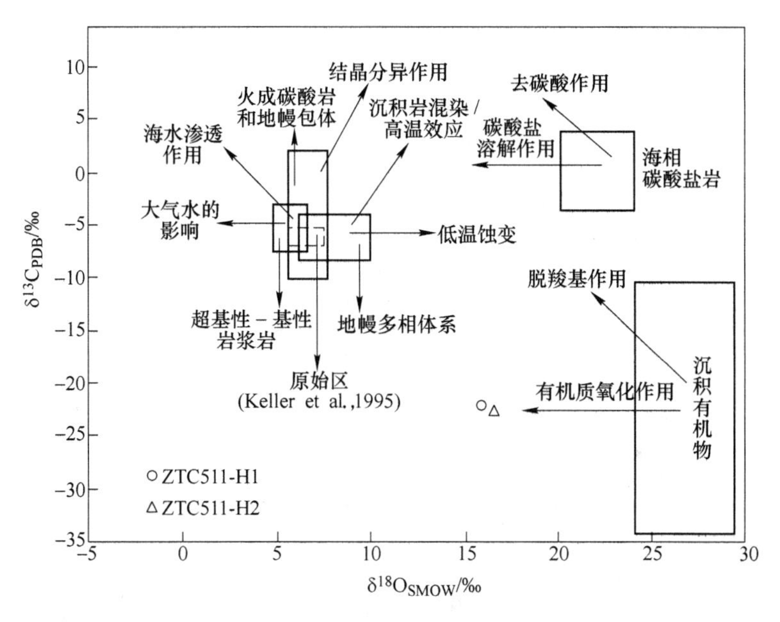

图5-1 哲觉铁矿 $\delta^{13}C_{PDB}-\delta^{18}O_{SMOW}$ 图（据刘家军等，2004）

5.1.2.2 微量元素物源示踪

根据区内含矿岩石常量元素的特征与玄武岩的特征对比分析，含矿岩类的演化趋势与玄武岩基本一致，因而可以初步推断含矿岩类的成矿物质来源与下伏的玄武岩有一定关系。

根据区内含矿岩石微量特征分析比较，其整体与玄武岩类微量元素趋势基本一致，部分元素特征相似，如 Rb、K、Sr 负异常，U、Pb、Nd 正异常，在一定程度上说明了含矿岩系的物质来源与玄武岩有关。

根据稀土元素的化学特征分析比较，相对于玄武岩类，含矿岩类稀土元素曲线表现为相似的趋势特征，推断含矿岩类物源与玄武岩有关，但是异常特征不一致，表明可能有后期地质作用的影响。

5.1.2.3 稀土元素物源示踪

含铁岩系稀土元素配分曲线特征亦与峨眉山玄武岩相似（图5-2），表明含铁岩系与峨眉山玄武岩存在亲缘关系，峨眉山玄武岩是铁矿的主要物质来源。

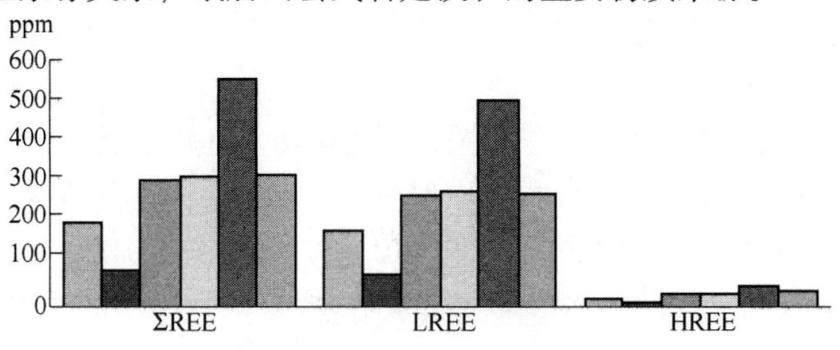

图5-2 稀土元素参数对比

5.1.3　重矿物物源示踪

重矿物是良好的物源示踪标志，不同母岩的沉积物中会有不同的重矿物组合，锆石就是比较重要的示踪重矿物。

含铁岩系中的锆石为再循环的碎屑锆石，来自峨眉山玄武岩大火成岩省（孟昌忠等，2015）（图5-3），“香炉山式铁矿”中的锆石具岩浆成因的特征，是岩浆岩中原生锆石经风化残积或再经搬运沉积形成的。

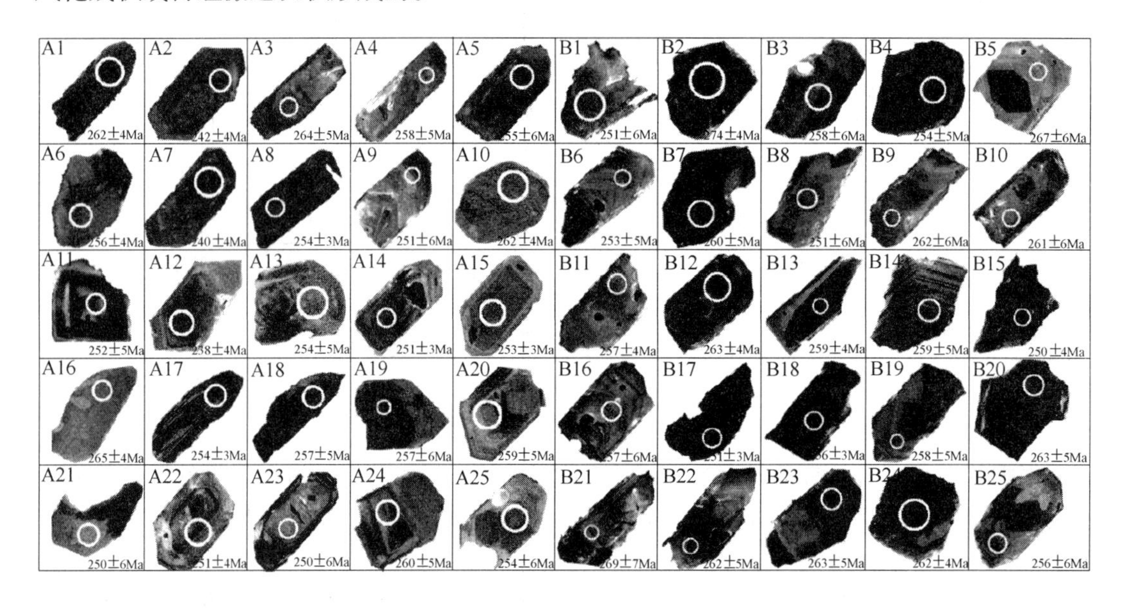

图5-3　“香炉山式铁矿”中的碎屑锆石（据孟昌忠等，2013）

5.2　岩相古地理地貌控矿因素

前人众多研究成果证实，风化壳是很多金属矿产的重要来源，对于铁、铝和镍等矿床的形成尤为重要。要使风化壳形成并且其中有益元素富集达到经济可采的程度，其必要的控制因素是由地球化学、地理学和生物学的各种因素组成的复杂平衡系统，其中岩相古地理条件显得非常重要。

含铁岩系位于峨眉山玄武岩组与宣威组之间，铁矿产于岩系底部，受古风化壳分布范围及其演化过程的控制。研究初步认为，在铁矿整装勘查报告和一些研究文献中（石善华等，2010），有研究者将该铁矿称为“宣威组底部的铁矿”，这一说法不太合适。该铁矿床的形成与峨眉山玄武岩组的古风化作用关系更为密切，宣威组仅是作为铁矿保存的盖层而已，而与铁矿形成在物质来源、沉积古地理环境等方面没有更多的内在联系。因此，应称为峨眉山玄武岩组顶部“古风化壳—沉积（堆积）型”铁矿床更为贴切。本节主要讨论峨眉山玄武岩喷溢前、喷溢期和喷溢后的岩相古地理环境及其对铁矿形成的影响。

5.2.1　玄武岩喷溢前的岩相古地理地貌

古生代末的加里东造山运动，使贵州东部的华夏陆块与杨子陆块碰撞拼贴，形成统一的巨大陆块，从而奠定了贵州省晚古生代的海陆分布格局。中二叠世茅口期是贵州海侵范围最大的时期，地势北高南低，海水由南向北侵入，南来的海水淹没了整个贵州，除望谟、紫云、罗甸继续为深水滞流陆棚环境外，其余地区均为浅水碳酸盐台地环境，沉积一套浅水富含蜓类、珊瑚、腕足等底栖生物化石浅水碳酸盐，形成了开阔台地相茅口组灰岩夹白云岩。据贵州省地矿局研究成果，本区中二叠茅口期为开阔台地相沉积环境（图5-4），沉积岩主要为浅水生物屑灰岩夹少量含生物屑的泥晶灰岩，在香炉山凉水井一带的茅口组顶部灰岩中可见水平层理和交错层理，以异地生物颗粒为主。

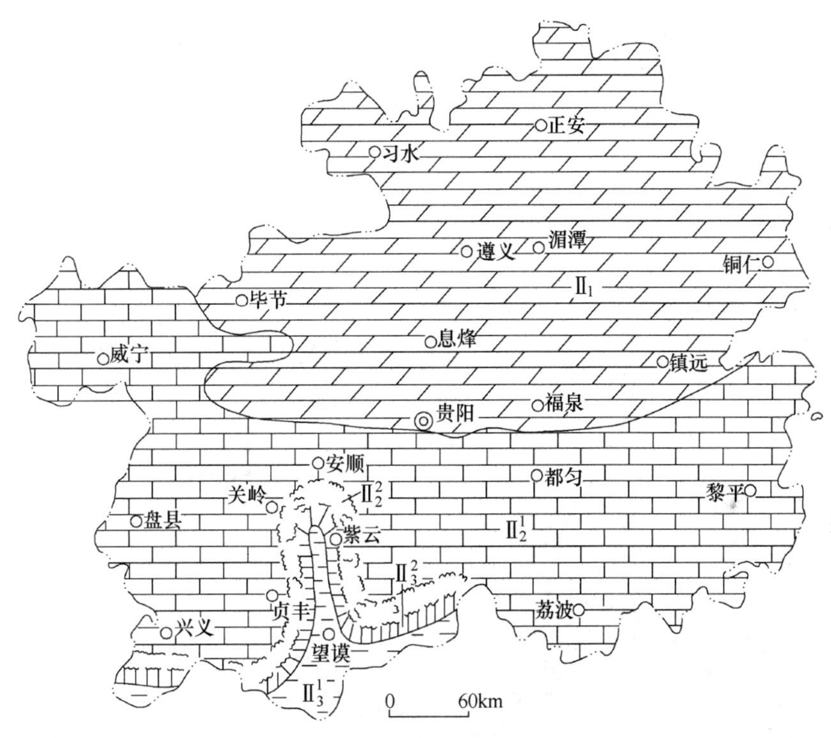

图5-4 中二叠世茅口期岩相古地理图

（据贵州省地质矿产局区域地质调查大队《贵州岩相古地理图集》，1992）

$Ⅱ_1$—半局限台地；$Ⅱ_2^1$—开阔台地；$Ⅱ_2^2$—台地边缘礁滩带；

$Ⅲ_3^1$—台盆相；$Ⅲ_3^2$—台盆边缘斜坡相

在香炉山凉水井剖面上，茅口组最顶部主要岩性为灰色、浅灰色颗粒灰岩夹颗粒白云岩（附录3），经贵州省地调院岩矿鉴定中心岩矿鉴定，岩性主要为微～泥晶生物屑灰岩和灰质生物屑粉～微晶白云岩。生物屑主要为有孔虫屑（蜓屑）、棘屑、藻屑（附录3）等。以砂砾级内屑为主，略具定向，有分选（附录3）。部分为塑性-半塑性条件下盆内打碎、盆内沉积的产物。除有孔虫屑保存较为完整之外，其他门类破碎程度强烈、保存不完整。表明香炉山地区，茅口组的沉积环境为高能浅滩环境，与峨眉山玄武岩组接触处，岩石中含泥质和黄铁矿，颜色变为深灰至灰黑色，表明水体已明显变深，有一次小规模的海侵过程。

5.2.2 玄武岩喷溢阶段的岩相古地理地貌

茅口组形成后，由于地球构造应力场的转换与调整，发生了大规模的峨眉地幔柱上隆，导致包括本区在内的扬子陆块西部的区域性穹状隆起，使前茅口组地层被抬升剥蚀，形成区域性古喀斯特地貌。根据何斌等研究（2003），茅口组顶部是穹状差异剥蚀，自西向东，自南向北，可分为深度剥蚀带（内带），部分剥蚀带（中带）、古风化壳带（外带）（图5-5），研究区位于中带的外缘，并认为贵州西部只有1m左右的地形地起伏。研究初步认为，由于在研究区及其邻域内大部分地段主要见到的是峨眉山玄武岩组与茅口组第三段呈侵蚀平行不整合接触，少数区域见到玄武岩组的下伏地层为茅口组第二段。表明茅口组地层遭受到数十至上百米的剥蚀。但需要指出的是，茅口组顶部的侵蚀深度并不完全能代表差异性剥蚀的深度或程度，因为主剥蚀期后的古喀斯特溶蚀作用也可能会造成上百米的溶蚀深度。从峨眉山玄武岩分布宽度来看，喷发时期中带和外带的古地形总体处于缓坡地貌；否则，玄武岩被的铺盖宽度难以达到如此规模。

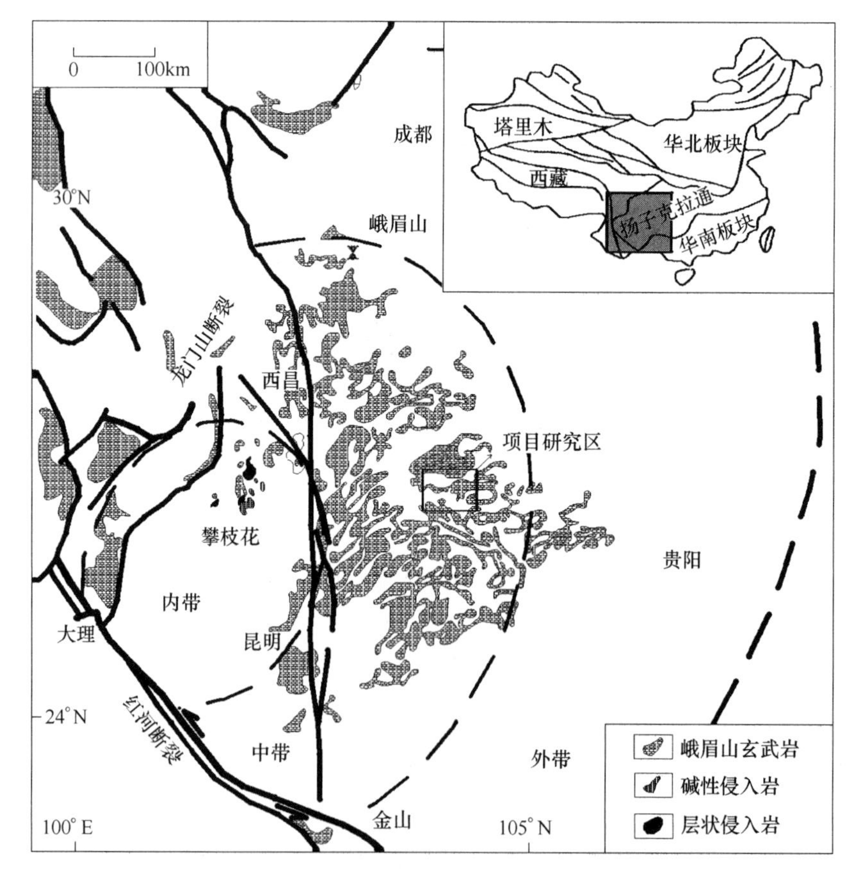

图5-5　峨眉山大火成岩省地质略图（据何斌等，2003）

由于地幔柱上升导致的地壳减薄和前茅口期地层的差异性抬升剥蚀造成的表层地壳减薄，引发了大规模的基性岩浆侵位并喷出地表，拉开了峨眉大火成岩省“侵-喷-溢-沉”演化的序幕。根据何斌等（2003）研究，峨眉地幔柱的开始抬升时间在258Ma左右，持续时间 1 ~ 2Ma。贵州省地矿局 113 地质大队铁矿整装勘查采自香炉山矿区的两件铁矿石样品 SC12-1 和 SC12-3 进行了锆石 U-Pb 同位素年代学和微量元素分析。两件矿石样品中的锆石具有典型的岩浆成因特征，其 U-Pb 同位素年龄值约 260 ~ 255Ma。这两组年龄值大致相当，较好地约束了峨眉山大火成岩省岩浆事件的基本时间范围。

到目前为止，比较一致的认识是，贵州省二叠纪峨眉山玄武岩的喷发可分为三个旋回（郑启钤，1985；《贵州省区域地质志》，2012）或三个喷发期，有的称为三个喷发阶段，并与玄武岩组的三个岩性段对应。第一阶段以强爆发或强爆发 ~ 溢出为主，在富源 ~ 盘县 ~ 水城 ~ 镇雄一线以西，所夹沉积岩中时含羊齿类等植物化石，基本为陆地喷发环境；该线以东区域则主要为海域喷发环境。第二阶段以宁静溢出为特征，此阶段以陆地喷发为主，只在本岩组分布区的东部边缘地带有处于海域的迹象，而且水体很浅，为广海陆棚浅水台地环境。第三阶段主要为弱爆发或弱爆发 ~ 溢出的混合喷发，喷发物少而周期长。在普安 ~ 织金 ~ 毕节以西，基本为陆地喷发环境，正常沉积岩夹层中含羊齿类和蕨类等植物化石；以东基本为海域环境。依据玄武岩中正常沉积岩所含化石的门类及时代，第一阶段的喷发时代归属于中二叠世晚期，第二和第三阶段含生物面貌与上二叠统龙潭组相同，属于晚二叠世。

根据区域地质资料和本次野外观察结果，在玄武岩喷发 ~ 喷溢活动中，研究区主体处于陆相环境，具有典型大陆溢流拉斑玄武岩的组构特征，但在二塘及以东地区，玄武岩的喷发已进入海域环境。无论是香炉山还是哲觉勘查区，在玄武岩中均可见到多个沉火山碎屑岩以及正常沉积黏土岩夹层，黏土岩中发育水平层理，时见植物化石碎片，113 地质队还在致密块状玄武岩中发现结构清晰的羊齿类树皮化石。

5.2.3 玄武岩组形成后的岩相古地理地貌

峨眉山玄武岩组形成后，由于地壳整体抬升，使研究区演变成陆相环境（图 5-6），在差异性升降和差异性剥蚀的综合作用下，在玄武岩高原上形成高地（high land）和低地（low land）两种地形。所谓高地就是未被地表水体淹没的区域，低地即是长期或间隙性被地表水体淹没的地带。高地为剥蚀区，低地为沉积区。高地的玄武岩遭受风化侵蚀和剥蚀，风化作用不断为低地（沉积区）提供物质来源。从含铁岩系的层理特征和特有的结构构造，如具极薄层状、主要发育水平层理、具粒状碎屑结构、姜结仁、发育渗流豆、渗流管构造、泥裂构造、角砾化构造、夹多层褐铁矿风化壳、孔隙孔洞发育、含大量植物化石碎片等特征（附录 4），表明含矿岩系形成于近岸湖泊 ~ 沼泽相的反复暴露淋滤环境。通过对含矿岩系的剖面结构和横向对比研究，沉积区的古地形同样存在起伏不平的情况，又可再分为水下高地和水下低地，水下高地及其附近的水体较浅，主要处于氧化环境，有利于赤铁矿的形成，水下低水体则相对较深，处于还原环境，不利于赤铁矿的形成，而对黄铁矿形成有利。在湖面高水位线和低水位线之间的湖间带，由于其氧化还原条件转变较快，再加上水面深度的周期性变化和强渗流作用，使得该区域成为赤铁矿最有利的成矿部位，其矿石的品质一般较好。

英国贝尔法斯特女王大学地球科学学院地质系 I. G. Hill 等（2000）对北爱尔兰第三纪玄武岩中的红土夹层进行详细研究，红土层的最大厚度可达 30m，认为它是在火山喷发相对平静期由强风化作用形成的，红土层为铁矿和铝土矿提供了主要的物质来源，并指出铁

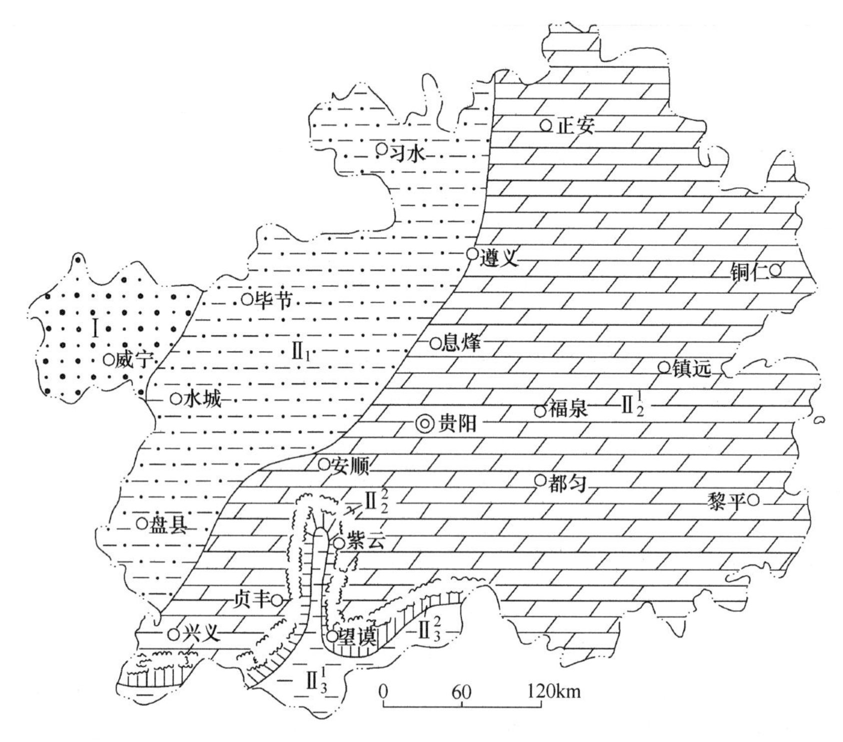

图 5-6　晚二叠世龙潭期的岩相古地理图
（据贵州省地质矿产局区域地质调查大队《贵州岩相古地理图集》，1992）
Ⅰ—陆地河流（泛滥平原）相；$Ⅱ_1$—陆地边缘相；$Ⅱ_2^1$—台地相；
$Ⅱ_2^2$—台地边缘礁滩带；$Ⅱ_3^1$—台盆相；$Ⅱ_3^2$—台盆边缘斜坡相

质风化壳指示了古风化作用是在潮湿的亚热带季风气候条件下发生的，地表水的渗流作用是原岩中矿物成分退化（degradation）和新生矿物相沉淀的主要作用（附录4）。

5.3　古气候与古纬度控矿因素

古气候条件是古风化壳发育形成的重要因素。古气候条件的不同往往形成不同类型的古风化壳，而古纬度又是特定区域古气候特征的决定性因素，二者具有非常密切的内在联系。

贵州古地磁方面研究较详细的地层首先是二叠系和三叠系，其次为泥盆系和石炭系。1989 年，吴祥和、蔡继锋等贵州南部石炭纪古地磁进行了较为详细的研究，其研究成果的主要结论是，晚泥盆世（D_3）的古纬度为 24.1°N；早石炭世祥摆期的古纬度为 19.4°N，汤粑沟期的古纬度为 15.1°N，大塘期的古纬度为 8.7°N；晚石炭世的古纬度为 7.8°N。研究结果表明，自晚泥盆世至晚二叠世贵州中部及南部广大地区，由 24.1°N 逐渐向 7.8°N 移动。也就是说，当时的扬子陆地（陆块）由北渐渐向南（靠近赤道）移动。尽管岩关期至大塘期之间曾有过短暂的向北回移现象，但扬子陆地向赤道附近移动的总趋势是明显的（图 5-7）。

此外，其他专家学者也曾对研究区及邻域古地磁进行过研究。M. W. Mc Elhinny 和马醒华（1981）对峨眉山地区上二叠统峨眉山玄武岩组和宣威组进行过古地磁研究，测得的

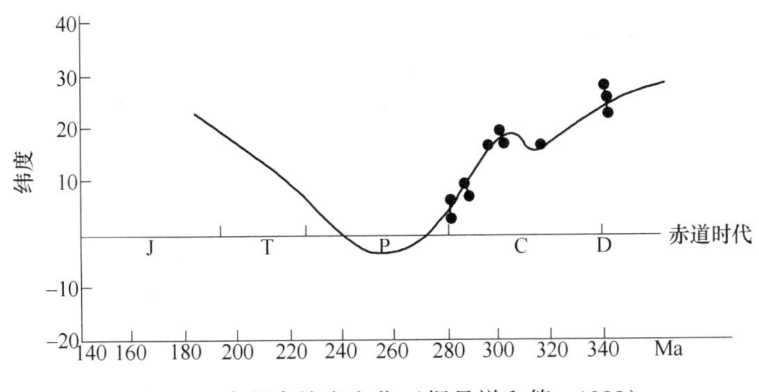

图 5-7 贵州古纬度变化（据吴祥和等，1989）

古纬度为 3.3°N；1984 年，Lung. Schan 等对四川下三叠统飞仙关组进行研究，测得古纬度为 9°N；再据中国科学院广州地球化学研究所王俊达、李华梅（1998）的贵州石炭纪古纬度与铝土矿研究结果，石炭纪时期，贵州的古纬度在 8°~14°S 之间。

综合前人研究结果，研究区在二叠纪一直处于赤道附近，直至晚二叠世，三叠纪初，华南大陆联合大陆再次向北回移，中三叠世至侏罗纪基本上纬度在 20°~30°N 之间变化（图 5-7）。

植物的分布也是古气候的指示标志之一，往往也可以用植物分带及其生态特征作为古纬度的判别标志。本次工作中，分别在威宁香炉山 MBT2 剖面、哲觉 PM001 剖面和 PM427 剖面的含矿岩系中采集到 9 件、4 件和 1 件孢粉化石样品，经吉林大学鉴定，主要为蕨类植物孢子和裸子植物花粉（附录 1），确定其地质年代主要为晚二叠世，部分化石时代延续至早三叠世。表明晚二叠世至早三叠世时期，研究区为赤道附近多雨潮湿的热带气候环境。

5.4 古环境与古生态控矿因素

5.4.1 古环境地球化学标志

根据研究区含矿岩系剖面（PM465）和钻孔（ZK437、ZK801、JZK0101）的微量元素地球化学特征表明（表 5-2），黔西北铁矿成矿区沉积环境较为复杂，既具有海相沉积，也具有陆相沉积，形成一种在海相与陆相之间转换的过渡环境。成矿区多次暴露地表，在此过程中经历了淋滤作用，使元素在垂向上的变化呈现一定的规律性。总体上，元素地球化学特征指示成矿区总体环境偏陆相，但该陆相环境频繁遭受海侵，同时陆相沉积环境曾多次暴露地表。

表 5-2 含铁岩系沉积盆地古盐度的地球化学标志

送样编号		Sr	Ba	Sr/Ba	Sr-160	V	Zr	V/Zr
1	ZK437-H1	83.4	302	0.28	-77	105	2560	0.04
2	ZK437-H2	91.7	351	0.26	-68	86	2440	0.04
3	ZK437-H3	209	353	0.59	49	876	737	1.19
4	ZK437-H4	217	506	0.43	57	817	654	1.25

续表 5-2

送样编号		Sr	Ba	Sr/Ba	Sr-160	V	Zr	V/Zr
5	ZK437-H5	186.0	2160	0.09	26	962	544	1.77
6	ZK437-H6	187.0	255	0.73	27	553	348	1.59
7	ZK437-H7	249	452	0.55	89	767	390	1.97
8	ZK437-H8	169.0	532	0.32	9	824	395	2.09
9	ZK437-H9	279	657	0.42	119	769	388	1.98
10	ZK437-H10	188.5	571	0.33	29	698	359	1.94
11	ZK437-H11	258	571	0.45	98	740	398	1.86
12	PM465-1Y-1	54.6	403	0.14	-105	656	397	1.65
13	PM465-2Y-1	113.0	555	0.20	-47	685	386	1.77
14	PM465-3Y-1	102.0	579	0.18	-58	729	422	1.73
15	PM465-4Y-1	45.4	537	0.08	-115	673	425	1.58
16	PM465-4Y-2	126.0	454	0.28	-34	892	1120	0.80
17	PM465-5Y-1	183.5	389	0.47	24	920	2160	0.43
18	PM465-6Y-1	381	558	0.68	221	1070	780	1.37
19	PM465-6Y-2	51.0	277	0.18	-109	1090	883	1.23
20	PM465-7Y-1	102.5	451	0.23	-58	415	2370	0.18
21	PM465-8Y-1	74.2	256	0.29	-86	342	2440	0.14
22	PM465-9Y-1	42.3	147.0	0.29	-118	462	1570	0.29
23	PM465-10Y-1	88.6	365	0.24	-71	486	760	0.64
24	PM465-11Y-1	16.9	294	0.06	-143	423	623	0.68
25	ZK801-0	466	1435	0.32	306	417	206	2.02
26	ZK801-1	337	234	1.44	177	428	197	2.17
27	ZK801-2	391	331	1.18	231	416	205	2.03
28	ZK801-3	397	309	1.28	237	451	199	2.27
29	ZK801-4	401	261	1.54	241	224	184	1.22
30	ZK801-5	367	352	1.04	207	264	198	1.33
31	ZK801-6	267	193.5	1.38	107	224	187	1.20
32	ZK801-7	286	281	1.02	126	277	171	1.62
33	ZK801-8	225	164.5	1.37	65	229	153	1.50
34	ZK801-9	412	1780	0.23	252	508	183	2.78
35	ZK801-10	275	124.0	2.22	115	408	161	2.53
36	P1-1B2H	21.6	64.5	0.33	-138	759	518	1.47
37	JZK0101-H1	269	354	0.76	109	262	730	0.36
38	JZK0101-H2	298	347	0.86	138	538	666	0.81
39	JZK0101-H3	242	278	0.87	82	409	698	0.59
40	JZK0101-H4	212	332	0.64	52	508	378	1.34
41	JZK0101-H5	200	415	0.48	40	444	298	

海相沉积物中 Sr 含量通常大于 160×10^{-6}，陆相沉积物中 Sr 含量小于 160×10^{-6}（俞缙等，2009）。黔西北铁矿各样品 Sr 含量既有大于 160×10^{-6}，也有小于 160×10^{-6}。小于 160×10^{-6}的样品数量相对偏少，表明成矿区为海陆过渡环境，整体环境偏陆相。

除单独用锶含量判断外，锶钡法是常用的恢复古盐度的方法之一。锶和钡的化学性质较相似，由于地球化学行为的差异而发生分离开，因此，锶钡比值（Sr/Ba）可以作为古盐度的标志（孙镇城等，2007）。Sr/Ba 之所以能指示环境是因为二者的地球化学性质有差异，钡的运移能力弱与锶，在海陆过渡地带，淡水与咸水汇合，淡水中的 Ba^{2+} 因为生成 $BaSO_4$ 而较容易沉淀，但 Sr^{2+} 却不会沉淀而是继续迁移到深海，这样海相、陆相、过渡相的 Sr/Ba 便会产生差异。研究表明，Sr/Ba 值是随着远离海岸而逐渐增大的，依据其比值可以定性的反映古盐度（俞缙等，2009）。大量统计表明，陆相沉积物中 $Sr/Ba<1$，海相沉积物中 $Sr/Ba>1$，半咸水沉积物中 $0.6<Sr/Ba<1$（史忠生等，2003）。分析样品 Sr/Ba 多小于 1，表明沉积环境偏陆相，而部分样品大于 1 的值集中出现，暗示经历了海侵过程。

V/Zr 指示环境陆相为 0.12 ~ 0.4，海相为 0.25 ~ 4（陈平等，1997），各样品 V/Zr 整体偏高，表明成矿区环境较复杂，海陆状态都曾经历，且遭受到一定的淋滤作用，使 V/Zr 值在垂向上亦发生一定变化。

5.4.2 古植物群落与古生态特征

5.4.2.1 古植物化石与古生态特征

在含矿岩系内紧接铁矿层之上的黏土岩中，香炉山 XTC7、ZTC511 等多处剖面见到大量植物化石，含化石的岩层厚 1 ~ 2m，岩性为灰白色、灰黄色铝质黏土岩。以陆相植物干茎为多，保存完整的叶片化石较少，未见到海相动物化石。叶片化石标本经项目组初步鉴定，包括种子蕨植物（Pteridospermophyta）和真蕨植物（Pteridophyta）两个门类。其中种子蕨植物主要是烟叶大羽羊齿（Gigantopteris nicotianaefolia Schenk）（附录 1）：叶片中部宽达 70 ~ 80mm；一级侧脉宽 1 ~ 2cm，二级侧脉和三级侧脉分叉，细脉结网特征明显；二级叶脉和间距为 0.8 ~ 1cm，二级侧脉与一级脉的交角为 35° ~ 75°不等，从叶尖向叶托其交角逐渐增大。另外，在钻孔（XZK0201）岩芯（铁矿层上覆的黏土岩）中见到美羊齿?（Callipteris sp.）（附录 1），二级叶脉长约 4cm，小羽片长约 5mm。真蕨植物（Pteridophyta）主要见到贝尔瑙蕨?（Bernoullia sp.），其中小羽片长 5 ~ 6cm，宽约 1cm（附录 1）。

上述化石是我国华夏植物群的重要分子，由于大羽羊齿叶片很大，所以大多成为碎片，保存完整的化石标本较少。尽管如此，这些化石的存在，为该区晚二叠世植物群落古生态面貌和古沉积环境研究提供了重要信息。特别是烟叶大羽羊齿，长期以来都被地层古生物学家认为是晚期华夏植物群最具代表性的分子，是研究华夏植物群古地理分布和古环境演化的重要化石。

据姚兆奇（1978）对华南“大羽羊齿煤系”和大羽羊齿植物群的时代研究指出：晚二叠世早期的古地理条件比早二叠世晚期更为复杂，海水从更大范围内退出，海相为主或纯海相沉积物分布范围进一步缩小。除在东南和西南有些地区可见到含大羽羊齿化石的陆相含煤或不含煤的沉积外，其他地区大多为海陆交替相含煤地层。海水的时进时退，为滨海成煤沼泽的发育提供了条件，因此华南在晚二叠世早期是二叠纪成煤的最盛时期，大羽羊齿植物群也达到了发展的顶峰。

此外，王尚彦等（2001）对威宁哲觉宣威组露头层序地层进行了研究，认为从沉积组合垂向组成及变化规律来看，威宁哲觉附近的宣威组以湖泊沼泽沉积为主，间有少量河流沉积加入，垂向演化经历了两次湖盆的扩展和收缩，因此而将该组划分为两个3级层序。

总体来看，含矿岩系所见植物群中以真蕨类和种子蕨类为主，烟叶大羽羊齿是典型化石分子，生物地层相当于 Ullmannia bronni-Gigantopteris dictyophylloides 组合带下部，相应的年代地层为上二叠统长兴阶。加上无海相动物化石存在，含矿岩系的直接上覆地层主要为湖沼相含煤煤岩系等特征，指示了含矿岩系沉积时属于陆相温暖潮湿的气候环境。

5.4.2.2 含铁岩系孢粉组合特征

孢粉证据不仅可确定地质年代，同时可对古环境进行分析。选取典型剖面取样进行孢粉分析测试，孢粉分析详细结果如下（附录1）：

（1）编号 MBT1 样品。统计鉴定孢粉化石 17 粒。其中，蕨类植物孢子 5 粒，裸子植物花粉 12 粒。

1）蕨类植物孢子有：

短射线芦木孢 Calamospora breviradiata（Kosanke，1950）新疆，红雁池组。3 粒。

史蒂普林圆形粒面孢 Cyclogranisporites staplinii，新疆，乌尔禾下亚组。1 粒。

弓形堤光面三缝孢 Leiotriletesadnatus（Kosanke，1950）Potonie et Kremp，1955 新疆，梧桐沟组。1 粒。

2）裸子植物花粉有：

皱球粉（未定种）Psophosphaera sp. 中、新生代。2 粒。

南洋杉粉（未定种）Araucariacutes sp. 中生代。1 粒。

原始松粉（未定种）Protopinussp. 中生代。2 粒。

原始松柏粉（未定种）Protoconiferussp. 中生代。3 粒。

维尔基二肋粉 Lueckisporites virkkiae Protonie et（Klaus，1954）新疆，梧桐沟组-锅底坑组。晚二叠标准化石。1 粒。

微小阿里粉 Alisporites parvus（De Jersey，1962）中生代。2 粒。

残缝粉（未定种）Vestigisporites sp. 二叠纪。1 粒。

该样品含少量孢粉化石，晚二叠世和中生代孢粉化石均有少量出现。推测其地质时代为晚二叠世-三叠纪。

（2）编号 MBT2 样品。统计鉴定孢粉化石 18 粒。其中，蕨类植物孢子 11 粒，裸子植物花粉 7 粒。

1）蕨类植物孢子有：

史蒂普林圆形粒面孢 Cyclogranisporites staplinii 新疆，乌尔禾下亚组。1 粒。

弓形堤光面三缝孢 Leiotriletesadnatus（Kosanke，1950）Potonie et Kremp，1955 新疆，梧桐沟组。4 粒。

变异三角锥瘤孢 Lophotriletes varius（Zhou，2003）新疆，佳木河组。1 粒。

克鲁克孢（未定种）Klukisporites sp. 中生代。4 粒。

鲁氏孢（未定种）Rogalskaisporites sp. 晚三叠世至早白垩世。1 粒。

2）裸子植物花粉有：

原始双囊粉（未定种）Pristinuspollenitessp. 以中生代为主。1 粒。

南洋杉粉（未定种）Araucariacutes sp. 中生代。1 粒。

原始松粉（未定种）Protopinussp. 中生代。1 粒。

卵形粉（未定种）Ovalipollis sp. 中三叠世至早侏罗世。1 粒。

皱粒苏铁粉 Cycadopites caperatus（Luber，1941）Hart，1965 新疆，乌尔禾下亚组-梧桐沟组。1 粒。

皱球粉（未定种）Psophosphaera sp. 中、新生代。2 粒。

该样品含少量孢粉化石，晚二叠世和中生代孢粉化石均有少量出现。推测其地质时代为晚二叠世-三叠纪。

（3）编号 MBT3 样品。统计鉴定孢粉化石 1 粒。其中，裸子植物花粉 1 粒，未见蕨类植物孢子。

裸子植物花粉有：菱形具沟双囊粉 Sulcatisporites rhombicus 山西，和尚沟组。1 粒。

该样品中孢粉化石很少。推测其地质时代为中生代。

（4）编号 MBT4 样品。统计鉴定孢粉化石 5 粒。其中，裸子植物花粉 5 粒，未见蕨类植物孢子。

裸子植物花粉有：

拟云杉粉（未定种）Piceites sp. 中生代。1 粒

塔图二肋粉 Lueckisporites tattooensis（Jensonius，1962）新疆，韭菜园组。1 粒。

巴德沃沃基粉（未定种）Bharadwajispora sp. 新疆，梧桐沟组。1 粒。

残缝粉（未定种）Vestigisporites sp. 二叠纪。1 粒。

松型粉（未定种）Pityosporites sp. 晚古生代至早中生代。1 粒。

该样品含少量孢粉化石，晚二叠世和中生代孢粉化石均有少量出现。推测其地质时代为晚二叠世-三叠纪。

（5）编号 MBT5 样品。统计鉴定孢粉化石 3 粒。其中，蕨类植物孢子 2 粒，裸子植物花粉 1 粒。

1）蕨类植物孢子有：

结瘤格脉蕨孢 Clathroidites papulosus（Bai，1983）上三叠统和下侏罗统。1 粒。

双网平网孢 Dictyotriletes cf. bireticulatus 新疆，巴塔玛依内山组。1 粒。

2）裸子植物花粉有：

假云杉粉（未定种）Pseudopicea sp. 中生代。1 粒。

该样品含少量孢粉化石，晚二叠世和中生代孢粉化石均有少量出现。推测其地质时代为晚二叠世-三叠纪。

（6）编号 MBT6 样品。未见孢粉化石。黑色有机质很少，一片约 108 粒。

（7）编号 MBT7 样品。统计鉴定孢粉化石 11 粒。其中，蕨类植物孢子 3 粒，裸子植物花粉 8 粒。

1）蕨类植物孢子有：短射线芦木孢 Calamospora breviradiata（Kosanke，1950）新疆，红雁池组。3 粒。

2）裸子植物花粉有：皱球粉（未定种）Psophosphaera sp. 中、新生代。2 粒。

亚囊叉肋粉 Vittatina subsaccata Samoilovich，1953 新疆，乌尔禾组下亚组。1 粒。

微小阿里粉 Alisporites parvus（De Jersey，1962）中生代。4 粒。

围绕隔囊粉 Divarisaccus cinctus（Luber，1941）Wang，sp. Nov. 新疆，乌尔禾组下亚组。1 粒。

该样品含少量孢粉化石。推测其地质时代为晚二叠世-三叠纪。

（8）编号 MBT8 样品。未见孢粉化石。黑色有机质少，每片约 1170 粒。

（9）编号 MBT9 样品。统计鉴定孢粉化石 1 粒。其中，裸子植物花粉 1 粒。未见蕨类植物孢子。

裸子植物花粉有：具沟双囊粉（未定种）Sulcatisporites sp. 中生代。1 粒。

该样品中孢粉化石很少。推测其地质时代为中生代。

（10）编号 PM001-47F1 样品。统计鉴定孢粉化石 6 粒。其中，蕨类植物孢子 1 粒，裸子植物花粉 5 粒。

1）蕨类植物孢子有：

平网孢 Dictyotriletes sp. 古、中生代。1 粒。

2）裸子植物花粉有：

微小阿里粉 Alisporites parvus（De Jersey，1962）中生代。1 粒。

松型粉（未定种）Pityosporites sp. 晚古生代至早中生代。1 粒。

巴德沃沃基粉（未定种）Bharadwajispora sp. 新疆，梧桐沟组。1 粒。

原始松柏粉（未定种）Protoconiferussp. 中生代。1 粒。

皱囊粉（未定种）Plicatipollenites sp. 二叠纪。1 粒。

该样品中孢粉化石很少，出现少量晚二叠世晚期和早中生代孢粉化石。推测。

其地质时代为晚二叠世-三叠纪。

（11）编号 PM001-47F2 样品。统计鉴定孢粉化石 1 粒。其中，裸子植物花粉 1 粒。未见蕨类植物孢子。

裸子植物花粉有：松型粉（未定种）Pityosporites sp. 晚古生代至早中生代。1 粒。

该样品中孢粉化石很少。推测其地质时代为中生代。

（12）编号 PM427-1-F1 样品。统计鉴定孢粉化石 2 粒。其中，裸子植物花粉 2 粒。未见蕨类植物孢子。

裸子植物花粉有：

1）微小阿里粉 Alisporites parvus（De Jersey，1962）中生代。1 粒。

2）残缝粉（未定种）Vestigisporites sp. 二叠纪。1 粒。

该样品中孢粉化石很少。推测其地质时代为晚古生代至早中生代。

（13）编号 PM427-1-F2 样品。统计鉴定孢粉化石 2 粒。其中，蕨类植物孢子 1 粒，裸子植物花粉 1 粒。

1）蕨类植物孢子有：史蒂普林圆形粒面孢 Cyclogranisporites staplinii 新疆，乌尔禾下亚组。1 粒。

2）裸子植物花粉有：微小阿里粉 Alisporites parvus（De Jersey，1962）中生代。1 粒。

该样品中孢粉化石很少。推测其地质时代为晚古生代至早中生代。

（14）编号 PM001-50F1 样品。统计鉴定孢粉化石 6 粒。其中，蕨类植物孢子 2 粒，裸子植物花粉 4 粒。

1）蕨类植物孢子有：

弓形堤光面三缝孢 Leiotriletesadnatus (Kosanke, 1950) Potonie et Kremp, 1955 新疆，梧桐沟组。1 粒。

克鲁克孢（未定种）Klukisporites sp. 中生代。1 粒。

2）裸子植物花粉有：

微小阿里粉 Alisporites parvus (De Jersey, 1962) 中生代。1 粒。

松型粉（未定种）Pityosporites sp. 晚古生代至早中生代。1 粒。

皱球粉（未定种）Psophosphaera sp. 中、新生代。2 粒。

该样品中孢粉化石很少。推测其地质时代为晚古生代至早中生代。

(15) 编号 PM001-5-F1 样品。未见孢粉化石。黑色有机质少，每片约 450 粒。

各样品中含蕨类植物孢子与裸子植物花粉（图 5-8），裸子植物花粉数量高于蕨类植物孢子，且在部分样品中仅发现裸子植物花粉而无蕨类植物孢子（图 5-9），表明在这些时期，成矿环境可能为干旱状态。

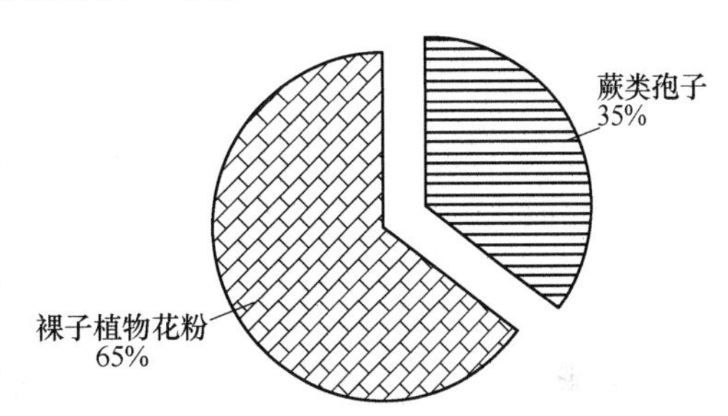

图 5-8 蕨类孢子与裸子植物花粉比例图

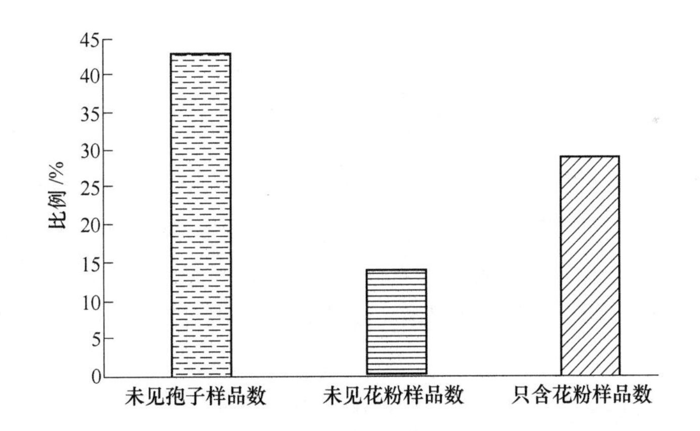

图 5-9 未见孢粉样品、未见花粉样品、只含花粉样品占总样品数的百分比

由以上资料可知，含矿岩系中孢粉具有如下特征：

(1) 孢粉主要为蕨类植物孢粉与裸子植物孢粉（图 5-8）。

(2) 裸子花粉数量高于蕨类植物（图 5-8），由剖面底部至顶部，蕨类植物孢子与裸子植物花粉均减少，中上部基本以裸子植物花粉为主。

(3) 铁矿石中亦含少量裸子植物花粉。

(4) 蕨类植物孢子与裸子花粉的时代为晚二叠世-早三叠世。孢粉组合特征表明研究区经历过干旱气候，即成矿区经历了暴露于淹没的反复过程，这与研究区古地理特征指示的海陆过渡带相符，含矿岩系上覆地层为二叠纪宣威组，这表明含矿岩系的形成不是瞬间的，而是一个漫长的过程。

5.5 古风化作用控矿因素

风化作用是风化壳发育并形成风化壳矿床的关键因素，物源区的风化作用不仅是影响沉积岩物质成分的重要作用，而且通过对母岩矿物成分的溶解为沉积岩的成因提供了铺垫。它不仅受到母岩成分、气候条件、地形条件、排水系统、地下水化学性质及其运动、潜水面位置、微生物活动以及风化过程持续时间等诸多因素的控制，是决定含铁岩系形成范围和矿石品质的最重要的因素。

通过初步研究，区内的铁矿床的形成与峨眉山玄武岩组顶部的古风化壳的形成演化有着成因上的联系。包括古风化壳的形成、搬运、再沉积过程，铁矿层的分布范围、矿层厚度、矿石品质等均与风化作用过程息息相关。主要表现在威宁～六盘水地区的含铁岩系在空间上和时间上严格受峨眉山玄武岩组顶部古风化壳的控制。孟昌忠等（2016）研究，认为该区铁多金属矿的形成与峨眉山大火成省的隆升和去顶作用（un-roofing）有密切关系。

从风化作用发生的时间来看，可分古风化作用和现代风化作用。所谓古风化作用是指发生在铁铝稀土岩系的沉积以及成岩以前的风化作用，包括玄武岩顶部破裂、分解、铁铝质和稀土从峨眉山玄武岩母岩溶解和带出风化壳，最后进入沉积盆地中。现代风化作用是指含铁岩系成岩以后所发生的，它主要受到构造升降、地形条件和水文地质条件的影响。根据铁铝稀土岩系产出的地形条件和深度不同，研究区岩系的埋藏状态再分为三种基本类型。

（1）深潜式矿体。岩系埋藏较深，岩系多位于陡崖之下，一般埋藏深度为200～300m，岩系的上覆有完整的宣威组、三叠纪地层出露，现代风化作用对铁铝质和稀土次生富集的影响较小。

（2）浅伏式矿体。岩系埋藏较浅，岩系多位于缓坡地带，一般埋藏深度为50～100m，岩系的上覆仅保存部分宣威组，现代风化作用对铁铝质和稀土次生富集有一定影响。

（3）暴露式矿体。岩系暴露地表，岩系多位于缓丘地带，岩系的上覆仅有第四系覆盖，或矿体直接裸露地表其上覆无第四系，现代风化作用对铁铝质和稀土次生富集的影响较大。

研究区的风化作用包括物理风化作用、化学风化作用和生物风化作用三种类型。物理风化作用往往发生于风化过程的早期阶段，表现为岩石破碎。化学风化作用和生物风化作用则主要发生于风化过程的中晚期。化学风化作用对硅酸盐岩成分有着重要的影响，较大的阳离子（例如Rb、Sr）比较小的阳离子（例如Na、Ca、K）优先固定在风化残积物中，风化作用的强度和风化作用持续的时间可以通过考查碱金属和碱土金属元素之间关系来进行评估，在风化作用期间，大量的Ca、Na、K从长石中迁移出来。1982年Nesbit和Young提出，化学蚀变指数（CIA）是评价斜长石和钾长石逐渐蚀变成黏土矿的有用工具，化学蚀变指数在风化壳研究中在国内外应用较为广泛。CIA可用下面公式计算得到，其中氧化物中摩尔质量表示，公式中原始定义的CaO^*为岩石的硅酸盐中的那部分含量，由于分析结果无论是香炉山峨眉山玄武岩组剖面（P1），还是马鸡块含矿岩系（MBT2）（古风化壳）和哲觉含矿岩系（ZTC511），CaO的含量均较低，不扣除碳酸盐和磷酸盐中钙含量风化指标计算的不会产生大的影响，因此，本次计算化学蚀变参数时未扣除上述两项钙的含量。

$$CIA = [Al_2O_3/(Al_2O_3 + CaO^* + Na_2O + K_2O)] \times 100$$

衡量风化作用强度的另一个重要参数是风化淋滤指数 BA。

$$BA = (K_2O + CaO^* + Na_2O + MgO)/Al_2O_3 \times 100\%$$

从图 5-10 可以看出，在哲觉剖面上，除 1 件新的玄武岩（化学蚀变指数为 30）外，其风化程度可分为两组，一组为中等程度的风化，其化学蚀变指数为 73 ~83；一组为强烈风化，其化学蚀变指数为 98 ~99。从 A-CN-K 三角图（图 5-10）中可以看到，哲觉剖面 19 件样品的数据点集中分布于 A-K 连线，并主要分布接近于 A 点，说明斜长石已几乎风化完全，斜长石中 Ca 和 Na 元素亏损，Al 元素强烈富集。风化产物以高岭石和三水铝石为主的强风化程度，部分为以蒙脱石和伊利石为主的中等风化程度。

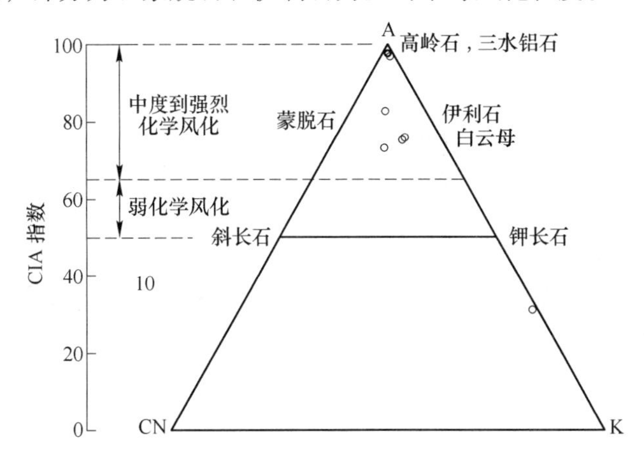

图 5-10 A-CN-K 三角模型图（据郭文琳，2014，修改）

$A = n(Al_2O_3)$；$K = n(K_2O)$；$CN = n(CaO^* + Na_2O)$

在香炉山马鸡块（MBT2）剖面上，含矿岩系化学蚀变指数为 91 ~99 之间，表明岩系遭受强烈风化。在香炉山凉水井玄武岩剖面上，化学蚀变指数为 40 ~94。一般来讲，未风化的火成岩的 CIA 指数为 50 左右。风化指标表明研究峨眉山玄武岩组第二段的部分岩石未受风化，但大部分玄武都经过了中等到强的风化作用，特别是第三段的玄武岩的风化作用更为强烈。

据郭文琳、苏文博对华北中元古界铁岭组 ~ 下马岭组界线附近古风化壳研究，古风化壳的 CIA 指数为 70 ~95，反映了温暖湿润气候条件下的中度到强烈的化学风化作用。通过初步对比，威宁地区玄武岩顶部的古风化壳的风化程度应更为强烈，古风化作用形成于温暖潮湿的气候条件。

风化淋滤指数较低，主要在 50 以下，表明风化淋滤作用强烈，尤其是含铁岩系。通过将哲觉含矿岩系中主量元素、微量元素和稀土元素与上地壳中主量元素、微量元素和稀土元素对比（图 5-11）可以看出：

（1）在哲觉含矿岩系古风化壳中，主量元素 Al、Fe、Ti 极端富集；而 Si、K、Na、Ca、Mg 为严重亏损。

（2）微量元素 V、Co、Cu、Zn、Rb、Ga、Zr、Nb、Mo、In、Hf、Ta、Bi、Th、U 富集，Rb、Nb、Cu、Zr、Ga、In、Hf 为超常富集，Sr、Cr、Cd、Cs、W、Tl 为亏损元素。

（3）通过风化作用，几乎所有稀土元素都得到富集，特别是轻稀土元素表现为异常富集。

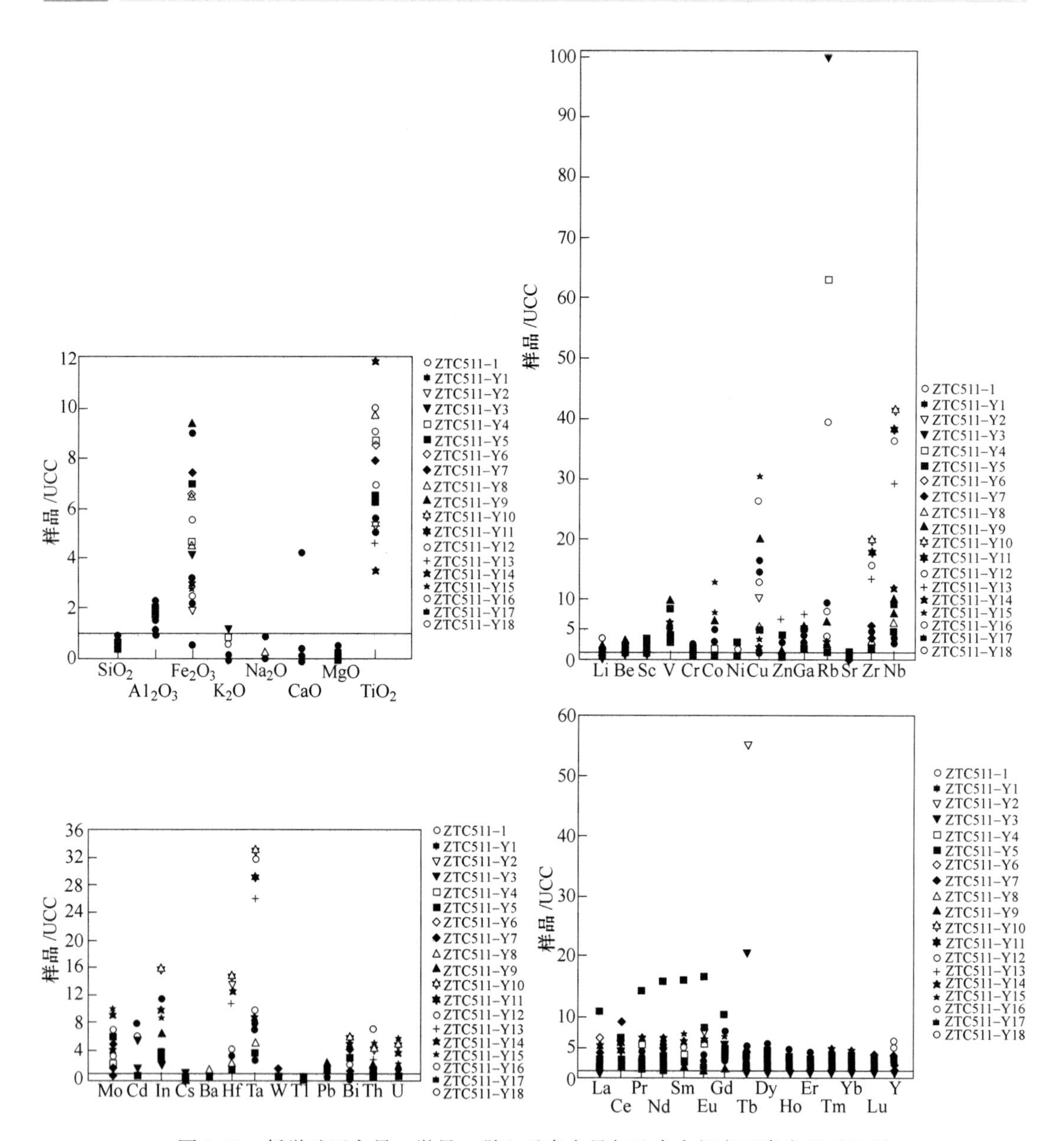

图 5-11　哲觉矿区主量、微量、稀土元素含量与地壳中相应元素含量对比图

6 成 矿 规 律

“香炉山式铁矿”系贵州省近年地质找矿工作中的重大发现之一，是我国海西成矿期峨眉山大火成岩省相关成矿序列的新成员，它的形成是特定成矿背景、区域地质条件以及岩相古地理地貌、古纬度古气候、古生物生态、古风化作用等控制因素综合作用的特殊产物。作为风化-沉积矿床，其含铁岩系及矿层（体）的时空分布及其变化特征本身就是矿床时间分布规律和空间分布规律的具体表现。

6.1 铁矿床成矿时间分布规律

从大的构造发展阶段成矿分期来看，“香炉山式铁矿”成矿时代属于我国五大成矿期（前震旦纪成矿期，加里东成矿期，海西成矿期，燕山成矿期和喜山成矿期）中的海西成矿期，它是扬子陆块西缘地壳发展演化特定历史阶段的产物，其成矿时间分布规律明显。

6.1.1 地层控制的时间分布规律

“香炉山式铁矿”的产出及分布与含铁岩系时空分布具有高度的一致性，其层控特征明显，因此，含铁岩系的时代就是成矿时间最好的约束。其含铁岩系位于峨眉山玄武岩组顶部与宣威组（P_3x）、龙潭组（P_3l）底部之间，矿体呈层状、似层状分布，与其顶底板呈平行不整合关系，未见任何穿层现象，铁矿主矿体的出现标志着玄武岩浆喷溢活动的结束，即“香炉山式铁矿”形成于峨眉山玄武岩浆喷溢活动之后，宣威组沉积之前。

6.1.2 同位素年龄对成矿时间的约束

据孟昌忠《峨眉山大火成岩省去顶作用与黔西铁-多金属矿床成因：锆石 U-Pb 同位素年代学约束》资料显示，在位于研究区威宁县炉山镇妈鸡块（香炉山矿区）采矿场采集了两件铁矿石样品 SC12-1 和 SC12-3，进行了锆石 U-Pb 同位素年代学测年分析。其样品特征均为豆鲕状结构、块状构造，豆鲕多呈近浑圆状，大小 1.5cm 至 1mm 以下，主要成分为赤铁矿（约 40%）、绿泥石（约 30%）和石英（约 25%），含少量铝土矿和高岭石。豆鲕的含量为 10%~35%，由隐晶质铁质（部分褐铁矿化的赤铁矿）胶结。矿石中局部存在细小的不规则状火山岩岩屑（小于 1%），直径通常小于 2mm。

锆石样品单矿物分选在河北省廊坊区域地质调查研究院地质实验室完成。单矿物分选采用常规方法，即经粉碎后采用传统的重力和磁选的方法分选和富集，随后在双目镜下进行手工挑纯。在双目镜下随机将不同形态和大小的锆石用环氧树脂固定制靶，进行透射光和反射光观察、照相；进一步将锆石抛光至暴露内部后，在阴极发光（CL）下观察、记录显微结构，以用作锆石 U-Pb 同位素测量时选择分析点的依据。CL 图像观察在西北大学大陆动力学国家重点实验室（LCD）进行，采用配置 Gatan 公司 MonoCL3 + 型阴极荧光探头的 Quanta 400FEG 扫描电镜完成。锆石 U-Pb 同位素测量在 LCD 采用激光等离子体质谱（LA-ICP-MS）微区原位法分析完成，分析仪器为联机的 193nm（ArF）激光器和 Agilen

7500a ICP-MS。测量过程中采用的激光斑束直径为 32μm，用 91500 锆石标样的测量值进行未知样品的同位素比值分馏校正，并用 NIST610 作为外标对样品的 U、Th 和 Pb 等元素含量进行校正。其锆石 U-Pb 同位素年代学测年分析结果见表 6-1。

表 6-1 香炉山铁矿石样品 SC12-1 和 SC12-3 锆石 U-Pb 同位素组成和表面年龄

SC12-1	Th	U	Th/U	测量值								表面年龄							
				$^{207}Pb/^{206}Pb$		$^{207}Pb/^{235}U$		$^{206}Pb/^{238}U$		$^{208}Pb/^{232}Th$		$^{207}Pb/^{206}Pb$		$^{207}Pb/^{235}U$		$^{206}Pb/^{238}U$		$^{208}Pb/^{232}Th$	
	$\times10^{-6}$	$\times10^{-6}$	比值	比值	1σ	比值	1σ	比值	1σ	比值	1σ	Ma	1σ	Ma	1σ	Ma	1σ	Ma	1σ
1	202	417	0.48	0.0774	0.0047	0.432	0.025	0.0414	0.0007	0.0178	0.0007	1132	122	364	17	262	4	356	14
2	198	400	0.50	0.0562	0.0038	0.293	0.019	0.0382	0.0007	0.0129	0.0007	457	155	261	15	242	4	260	13
3	148	328	0.45	0.0568	0.0036	0.322	0.019	0.0419	0.0009	0.0143	0.0007	483	138	283	14	264	5	286	15
4	118	245	0.48	0.0643	0.0050	0.359	0.028	0.0408	0.0008	0.0138	0.0008	750	166	312	21	258	5	276	17
5	187	271	0.69	0.0685	0.0054	0.356	0.023	0.0403	0.0009	0.0153	0.0008	885	158	309	17	255	6	307	16
6	182	366	0.50	0.0580	0.0042	0.315	0.022	0.0405	0.0007	0.0124	0.0006	528	159	278	17	256	4	250	12
7	744	781	0.95	0.0514	0.0025	0.268	0.013	0.0380	0.0006	0.0121	0.0004	257	113	241	10	240	4	243	8
8	344	709	0.48	0.0541	0.0029	0.303	0.016	0.0402	0.0005	0.0130	0.0006	372	119	269	13	254	3	261	12
9	71.8	165	0.44	0.1026	0.0083	0.546	0.039	0.0397	0.0010	0.0177	0.0013	1672	150	443	26	251	6	354	25
10	266	553	0.48	0.0550	0.0031	0.311	0.017	0.0415	0.0006	0.0136	0.0006	413	126	275	13	262	4	274	13
11	455	362	1.26	0.0610	0.0041	0.323	0.020	0.0399	0.0007	0.0136	0.0005	639	145	284	16	252	5	274	10
12	758	526	1.44	0.0669	0.0036	0.342	0.017	0.0376	0.0006	0.0124	0.0004	835	113	299	13	238	4	248	7
13	177	259	0.69	0.0809	0.0070	0.430	0.030	0.0402	0.0007	0.0130	0.0006	1220	171	363	22	254	5	261	12
14	584	1069	0.55	0.0541	0.0025	0.294	0.013	0.0397	0.0005	0.0127	0.0004	372	69	262	10	251	3	254	8
15	638	855	0.75	0.0545	0.0026	0.299	0.014	0.0400	0.0006	0.0127	0.0004	391	107	266	11	253	3	256	8
16	229	510	0.45	0.0586	0.0036	0.329	0.019	0.0420	0.0007	0.0139	0.0006	550	133	289	14	265	4	280	13
17	1716	1325	1.30	0.0534	0.0022	0.297	0.012	0.0402	0.0004	0.0123	0.0003	346	91	264	9	254	3	248	6
18	154	351	0.44	0.0608	0.0037	0.333	0.019	0.0406	0.0008	0.0134	0.0007	632	132	292	15	257	5	269	14
19	221	298	0.74	0.0624	0.0039	0.330	0.018	0.0407	0.0008	0.0115	0.0006	687	133	290	14	257	5	232	12
20	276	338	0.81	0.0604	0.0036	0.326	0.019	0.0411	0.0009	0.0126	0.0006	617	130	286	14	259	5	254	11
21	286	203	1.41	0.0854	0.0066	0.434	0.030	0.0396	0.0010	0.0124	0.0007	1325	182	366	21	250	6	250	14
22	277	536	0.52	0.0525	0.0032	0.282	0.016	0.0397	0.0007	0.0126	0.0005	309	139	252	13	251	4	253	11
23	129	210	0.62	0.0736	0.0054	0.384	0.027	0.0395	0.0009	0.0114	0.0006	1031	148	330	20	250	6	229	12
24	302	364	0.83	0.0582	0.0040	0.310	0.020	0.0396	0.0008	0.0124	0.0006	600	145	274	15	250	5	249	11
25	194	283	0.69	0.0767	0.0054	0.407	0.026	0.0401	0.0009	0.0113	0.0006	1115	142	346	19	254	6	227	11

续表 6-1

SC12-3	Th	U	Th/U	测量值								表面年龄							
				$^{207}Pb/^{206}Pb$		$^{207}Pb/^{235}U$		$^{206}Pb/^{238}U$		$^{208}Pb/^{232}Th$		$^{207}Pb/^{206}Pb$		$^{207}Pb/^{235}U$		$^{206}Pb/^{238}U$		$^{208}Pb/^{232}Th$	
	$\times10^{-6}$	$\times10^{-6}$	比值	比值	1σ	比值	1σ	比值	1σ	比值	1σ	Ma	1σ	Ma	1σ	Ma	1σ	Ma	1σ
1	150	296	0.51	0.0761	0.0059	0.394	0.029	0.0397	0.0009	0.0127	0.0006	1098	162	338	21	251	6	256	12
2	368	645	0.57	0.0517	0.0027	0.309	0.016	0.0434	0.0006	0.0138	0.0005	272	120	274	12	274	4	277	10
3	170	219	0.78	0.0777	0.0061	0.410	0.027	0.0409	0.0009	0.0139	0.0007	1140	162	349	19	258	6	279	14
4	159	316	0.50	0.0683	0.0045	0.366	0.022	0.0402	0.0008	0.0130	0.0007	880	136	317	16	254	5	260	14
5	141	258	0.55	0.0705	0.0061	0.378	0.026	0.0423	0.0010	0.0142	0.0008	943	179	326	19	267	6	284	17
6	142	280	0.51	0.0779	0.0058	0.421	0.029	0.0401	0.0009	0.0134	0.0007	1146	149	357	20	253	5	269	15
7	248	494	0.50	0.0605	0.0038	0.332	0.021	0.0411	0.0008	0.0145	0.0007	620	135	291	16	260	5	292	13
8	134	274	0.49	0.0798	0.0052	0.418	0.024	0.0397	0.0009	0.0127	0.0006	1192	129	354	17	251	6	256	12
9	126	248	0.51	0.0812	0.0065	0.444	0.034	0.0414	0.0010	0.0163	0.0009	1228	158	373	24	262	6	326	18
10	115	162	0.71	0.0934	0.0075	0.514	0.040	0.0413	0.0011	0.0135	0.0009	1498	153	421	27	261	7	271	17
11	538	496	1.08	0.0590	0.0034	0.323	0.018	0.0406	0.0007	0.0138	0.0005	569	126	284	14	257	4	276	10
12	570	743	0.77	0.0535	0.0029	0.307	0.017	0.0417	0.0006	0.0134	0.0004	350	129	272	13	263	4	269	9
13	593	422	1.41	0.0862	0.0050	0.481	0.028	0.0410	0.0007	0.0155	0.0005	1343	112	399	19	259	4	311	11
14	237	432	0.55	0.0580	0.0038	0.330	0.023	0.0411	0.0008	0.0132	0.0006	528	138	290	18	259	5	265	13
15	267	585	0.46	0.0586	0.0037	0.317	0.020	0.0396	0.0007	0.0135	0.0006	550	139	279	16	250	4	271	13
16	132	250	0.53	0.0786	0.0058	0.429	0.032	0.0407	0.0009	0.0140	0.0008	1162	146	362	22	257	6	281	17
17	447	718	0.62	0.0512	0.0027	0.279	0.014	0.0397	0.0006	0.0127	0.0005	256	120	250	11	251	3	255	10
18	428	853	0.50	0.0529	0.0025	0.293	0.014	0.0405	0.0005	0.0125	0.0005	324	107	261	11	256	3	251	10
19	146	272	0.54	0.0748	0.0056	0.404	0.027	0.0409	0.0008	0.0136	0.0006	1062	150	344	20	258	5	272	13
20	142	313	0.45	0.0652	0.0041	0.369	0.021	0.0416	0.0007	0.0142	0.0009	789	131	319	16	263	5	285	19
21	118	196	0.60	0.1006	0.0073	0.588	0.043	0.0427	0.0011	0.0169	0.0010	1635	135	470	28	269	7	338	19
22	174	287	0.61	0.0628	0.0036	0.363	0.023	0.0415	0.0008	0.0129	0.0007	702	122	314	17	262	5	259	13
23	141	327	0.43	0.0730	0.0052	0.408	0.027	0.0416	0.0008	0.0154	0.0010	1017	144	347	19	263	5	309	19
24	341	670	0.51	0.0511	0.0030	0.292	0.017	0.0415	0.0007	0.0140	0.0006	256	137	260	14	262	4	281	11
25	136	240	0.56	0.0815	0.0065	0.435	0.033	0.0405	0.0009	0.0155	0.0010	1235	157	366	23	256	6	312	19

注：据孟昌忠《峨眉山大火成岩省去顶作用与黔西铁～多金属矿床成因：锆石 U-Pb 同位素年代学约束》整理。

分析上述测试结果，研究区样品 SC12-1 中，所分析的 25 粒锆石中有 22 粒给出了较均一的$^{206}Pb/^{238}U$ 表面年龄，其加权平均年龄为（255 ±2）Ma（95% 置信度，下同）；在样品 SC12-3 中，所分析的 25 粒锆石给出了较均一的$^{206}Pb/^{238}U$ 表面年龄，其加权平均年龄为（258 ±2）Ma。

据上述分析，两件矿石样品中的锆石具有典型的岩浆成因特征，且其 U-Pb 同位素年龄值与峨眉山大火成岩省岩浆事件的定年结果（约260～255Ma）（Lo等，2002；Zhou等，2002；He等，2007）相同，且未发现存在其他年龄的碎屑或继承锆石，结合对其源岩性质和源岩形成构造环境的判别结果，表明矿石中的锆石是来源于岩浆岩近源风化作用的产物。成矿作用发生在255Ma，峨眉山大火成岩省岩浆事件至晚二叠世宣威早期。

6.1.3 成矿时间的长期性和多次性

根据岩相古地理控矿作用的分析，玄武岩喷发为铁矿的形成提供了丰富的物源，长期的暴露过程为玄武岩风化提供了条件，近岸湖盆为“香炉山式铁矿”的形成提供了聚集场所，频繁的海进与海退使成矿环境发生间歇性暴露，接受淋滤作用，说明该铁矿的成矿时间具有长期性和多次性。这一点可以从含铁岩系中存在的多个次级暴露面得到证实。

根据风化作用控制成矿的分析，风化过程持续时间是成矿的关键因素。该类铁矿的成矿风化作用有古风化作用和现代风化作用，风化作用控制成矿的时间较长，峨眉山玄武岩组第三段的玄武岩遭受到了强烈风化作用导致成矿，同样说明成矿时间具有长期性和多次性。

再根据含矿岩类稀土元素特征分析，推断含矿岩类物源与玄武岩有关，但是异常特征不一致，表明可能有后期地质作用的影响，同样说明成矿时间具有长期性和多次性。

6.2 铁矿床成矿空间分布规律

区域成矿规律研究成果充分证实，任何矿床的空间分布都不是随机选择的，而是不均匀地集中在某些特定大地构造或区域构造有利的成矿部位。“香炉山式铁矿”形成峨眉山大火成岩省外带的东部边缘，其空间分布受到成矿前古构造、峨眉山玄武岩顶部古风化壳界面、含铁岩系沉积盆地等因素的控制，分布规律较为清楚。

6.2.1 成矿前古构造确定了成矿区地理范围

成矿前古构造一方面是控制和决定了峨眉山大火成岩省的物质分布范围及其成分差异；另一方面则是通过对含铁岩系沉积盆地形成及盆地性质的控制，从而决定了铁矿区的地理分布范围，也就是说“香炉山式铁矿”只能出现在贵州省西部威宁～赫章这样的峨眉山玄武岩风化剥蚀区域，而不可能存在于黔东这样无峨眉山玄武岩出露的区域。从含铁岩系的结构和沉积特征表明，现在所划分的香炉山矿田和哲觉矿田并不代表它们原来就是两个沉积盆地，与此相反，它们是在一个统一的沉积体系中，即含铁岩系是属于同一盆地的产物（附录2）。因为，在含铁岩系的岩性特征、物质组成、沉积构造等方面几乎没有差异，即西部哲觉矿田和东部的香炉山矿田均属同一含铁岩系，只是岩系中的铁矿层数有所不同。盆地的形成可能是由于含大量水、气的玄武岩浆快速喷溢后，泄水和泄气作用引起玄武岩高原地表不均匀沉降的结果，从而形成高原中的低凹地貌，为沉积物提供了场所，就像过渡开采地下水和油气引起的地表沉降效应一样。

6.2.2 古风化壳界面确定了含铁岩系的空间就位

含铁岩系位于峨眉山玄武岩顶部风化侵蚀面之上，与该玄武岩组第三段呈平行不整合接触。因此，从控矿构造的级次来看，峨眉山玄武岩组最顶部的风化壳是一个高级别的构造控矿界面，区内含铁岩系的分布和发育程度直接受到峨眉山玄武岩组顶部风化壳界面的控制，“香炉山式铁矿”不失为构造界面控制成矿的典型范例。在前面论述中曾提到：含铁岩系从西向东逐渐减薄，铁矿层厚度及矿石质量与含铁岩系的厚度成正相关关系，这一特征充分表明，铁矿层的形成及分布与峨眉山玄武岩组最顶部的风化壳在成因上有着必然的联系。

6.2.3 成矿后构造确定了矿田的地理划分

含铁岩系形成之后，研究区及其邻域内沉积了宣威组、飞仙关组、嘉陵江组等地层，直至侏罗纪末，燕山造山运动使研究区及贵州全省中白垩统以前的地层全部卷入褶皱，形成了成矿后构造的基本特征。成矿后的构造对含铁岩系（矿层）的保存起到分级控制作用，即构造盆地控制了矿田分布，构造穹隆破坏了矿体保存，矿田内的向斜构造控制了矿床分布，矿区断裂裂隙控制了水文地质条件，从而对风化作用起到间接控制。

6.2.4 褶皱构造确定了矿床的保存与分布空间

哲觉矿田和香炉山矿田均由多个背、向斜组成（图6-1），铁矿体在空间受到炉山向斜、岔河向斜、六各向斜控制，矿体厚度在向斜或地势低洼处厚度大，矿层厚度大且稳定，铁质富集，而在背斜或地势较高地带则厚度小且不稳定。

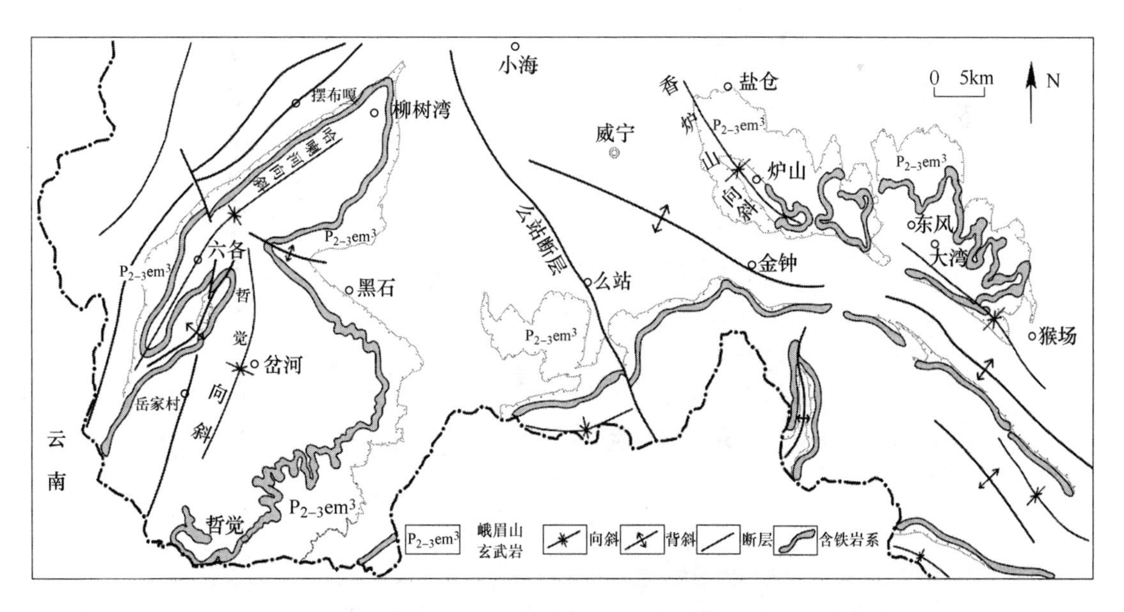

图6-1 向斜构与对矿床的空间分布关系示意图

（据贵州地矿局113队贵州省威宁～水城地区铁多金属矿整装勘查资料修编）

6.3 沉积古地理与有利成矿空间

沉积盆地是决定沉积矿床分布最重要的因素之一，沉积盆地的范围及盆地中特定部分往往构成了沉积矿床最有利的成矿空间。初步研究表明，控制“香炉山式铁矿”含铁岩系沉积的盆地不是一般的陆相盆地，因为它不像一般陆相湖盆那样具有明显的沉积相带分区，例如黔中地区控制九架炉组铝土岩系沉积的盆地就存在浅湖相、滨湖相和深湖相多个相带，而香炉山盆地从威宁的哲觉至香炉山，平面距离数十千米，并不存在明显的沉积相带分野。那么，它是一个什么样的陆相盆地呢？初步认为，控制“香炉山式铁矿”沉积的盆地性质为陆相近岸大型浅水湖盆（图6-2）（附录2）。其标志性特征是，盆地面积数百平方千米，水体较浅，最大水深一般不超过5m。盆地地形较为平坦。在地质历史上，美国西部黄石地幔柱隆升后，在第三纪中期，形成这样的大型浅水湖盆（large shallow lakes）。国外现代大型陆相浅水湖盆的实例屡见不鲜，例如美国的奥基乔比湖（Lake Okechobee），其面积为1900km^2，水深为2.7m；荷兰的马克米尔湖（Lake Markermeer），其面积为700km^2，水深为3.2m（Annette B. G. Janssen 等，2014）。我国的太湖也是很好的例子，面积数百平方千米，最大水深不足3m，平均水深不足2m（秦伯强等，2002）；巢湖面积为760km^2，水深为2.5m。

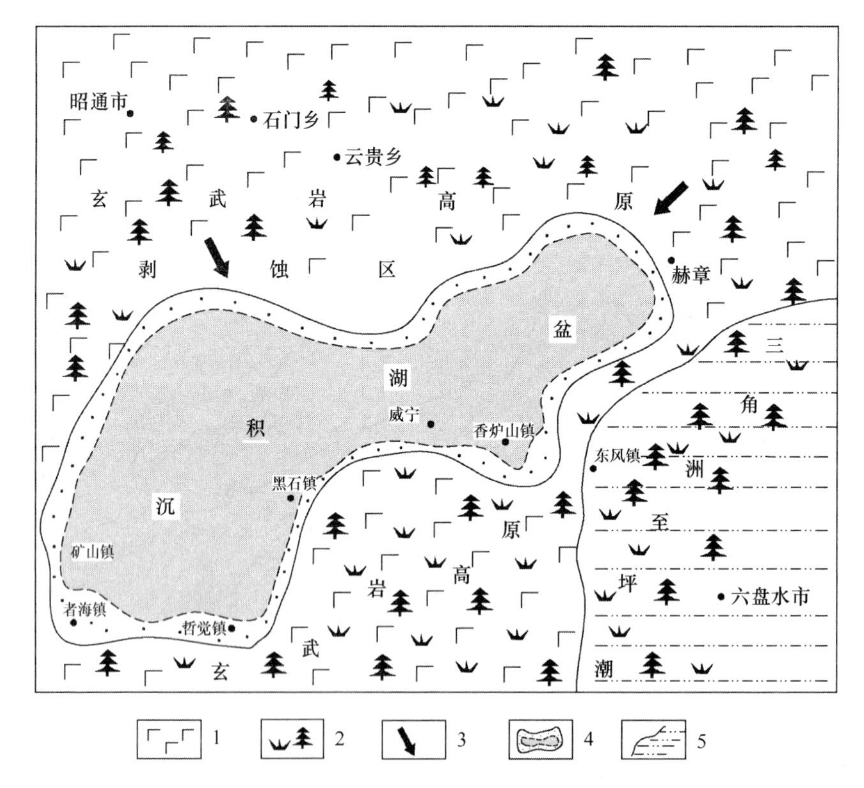

图6-2　含铁岩系沉积古地理略图

1—玄武岩高原剥蚀区；2—华夏植物群；3—物源搬运方向；4—湖盆及其边缘；5—潮坪至三角洲

确定盆地性质的主要依据如下：

（1）沉积物和沉积构造标志。含铁岩系下部为以砾屑或豆粒为主的粗碎屑或含粗碎屑的黏土沉积，碎屑有时无定向、无分选，有时具定向排列，扁平砾石（豆状火山碎屑）呈叠瓦状排列；上部为黏土沉积，具水平层理。未见到板状和槽状交错层理，即未见到河流相的典型沉积标志。

（2）含铁岩系分布范围及厚度。含铁岩系从西部的哲觉矿田到东部的香炉山矿田，其厚度变化较稳定，厚数米至20余米，向东稍有减薄，但变化不大。这表明盆地底部地形较为平坦。

（3）古生物化石。含铁岩系未见到海相化石，主要见到的是以烟叶大羽羊齿为主的华夏植物群以及其孢粉化石，其时代为晚二叠世龙潭/宣威早期。

（4）垂向地层层序。含铁岩系从下到上是由粗（碎屑）变细（黏土）的正粒序，它与由细变粗的海侵层序不同，而且不像宣威组那样有明显的河流相沉积物加入。

上述特征或标志表明，“香炉山式铁矿”的含铁岩系沉积于一个陆相近岸大型浅水湖盆中。由于盆地的性质和含铁岩系中未见到河流相沉积，近而表明，铁铝质沉积物的搬运方式也较为特殊，它是以湖浪的搬运作用为主，并借助湖平面的升降变化将风化碎屑从剥蚀区搬运到盆地内。

特别需要指出的是，湖盆边缘的动力变化快，成矿物源充足、淘洗能力强，处于氧化-还原界面变化带，是最为有利的成矿空间（图6-3）。区内厚度较大的优质铁矿体多存于这个特殊的边缘地带。

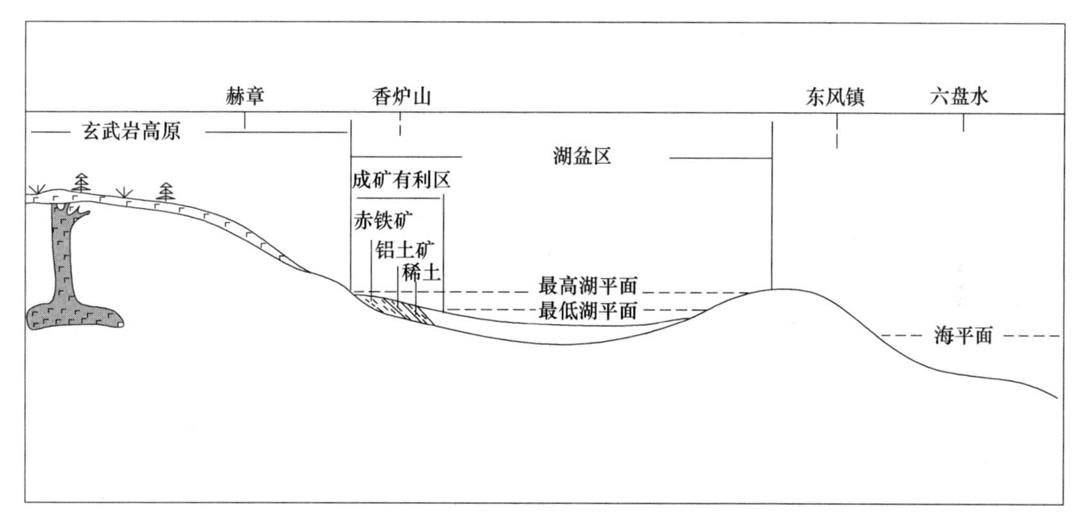

图6-3 沉积盆地有利成矿空间范围示意剖面图

6.4 含铁岩系与成矿的分布规律

6.4.1 含铁岩系特征

含铁岩系是本次工作中划分的一个非正式填图单位，该岩系广泛出露在宣威组底部及峨眉山玄武岩组的顶部，与下伏峨眉山玄武岩组呈平行不整合接触。

在香炉山矿床二塘矿区含铁岩系的特征表现为：底板为峨眉山玄武岩组的玄武岩或凝灰质玄武岩，顶板为宣威组的粉砂质泥岩。含铁岩系岩性以灰白色薄层含铁质泥岩为主，其在该区厚度薄、品位低，厚度在0～0.16m，矿石品位较低，TFe含量一般10%～18%居多，局部可达20%～23.45%（EBT12：TFe23.45%、厚度0.03m）。

香炉山矿床结理矿区含铁岩系特征表现为：底板以峨眉山玄武岩组的凝灰质玄武岩为

主，局部为含铁质凝灰岩。顶板为宣威组的粉砂质泥岩，局部为含炭质泥岩。含铁岩系岩性为含铁质泥岩、铝土质泥岩、泥岩、凝灰质泥岩。其在该区厚度较稳定，一般厚为2～3.5m，局部厚达4.2m（JTC9），矿石品位变化较大，TFe含量一般为3.6%～14%，局部可达24.51%～30.34%（JTC5：TFe 30.34%、厚度0.81m；JTC7：TFe 29.38%、厚度0.45m）。

香炉山矿床香炉山矿区含铁岩系特征表现为：底板以峨眉山玄武岩组的凝灰质玄武岩为主，局部为含铁质凝灰质玄武岩。顶板为宣威组的粉砂质泥岩，局部为含炭质泥岩。含铁岩系岩性为含铁质泥岩、铝土质泥岩、泥岩、凝灰质泥岩，其在该区厚度较稳定，一般厚为1.5～2m，局部厚达3m（XZK0301），矿石品位变化较大，TFe含量一般为15%～20%，局部可达25.51%～41.69%。

综上所述，在香炉山矿床研究区含铁岩系由南东向北西（二塘～结理～香炉山）厚度由薄变厚，品位由低变高。

在哲觉矿床含铁岩系分布特征如下：

位于哲觉向斜北段东部的含铁岩系底板为峨眉山玄武岩组的铁质凝灰质岩，顶板为宣威组的粉砂质泥岩或粉砂岩。含铁岩系岩性为铁质泥岩、铁铝质泥岩、铝土质泥岩，偶见铁质凝灰质泥岩，其在该区厚度较稳定，一般厚为1.5～3m，局部厚达7.5m（BT5-2）、见1～3层矿体，一层矿体居多，其含矿性较好，品位和厚度均达到了边界或工业开采要求。

位于哲觉向斜北段北西部的含铁岩系底板以峨眉山玄武岩组的玄武岩为主，局部为铁质凝灰质岩，顶板为宣威组的粉砂质泥岩或粉砂岩。含铁岩系岩性为铁质泥岩、铁铝质泥岩、铝土质泥岩，偶见铁质凝灰质泥岩，其在该区厚度变化大，最厚大15m，最薄为2.7m，见1～2层矿体，一层矿体居多，其含矿性一般，其品位和厚度均达到了边界开采要求的居多。

位于哲觉向斜南段东部的含铁岩系底板为峨眉山玄武岩组的铁质凝灰质岩，顶板为宣威组的粉砂质泥岩，局部为铁质粉砂岩。含铁岩系岩性为铁质泥岩、铁铝质泥岩、铝土质泥岩，偶见铁质凝灰质泥岩，其在该区厚度变化大，最厚大17m，最薄为3m，见1～2层矿体，一层矿体居多，其含矿性较好，其品位和厚度大部分达到了边界或工业开采要求。

位于哲觉向斜南段南东部、南部及南西部的含铁岩系底板以峨眉山玄武岩组的块状玄武岩为主，局部为铁质凝灰质岩，顶板为宣威组的粉砂质泥岩或粉砂岩。含铁岩系岩性为铁质泥岩、铁铝质泥岩、铝土质泥岩，偶见铁质凝灰质泥岩，含铁岩系厚度较稳定，含矿性较好，品位和厚度大部达到了边界开采技术要求。

综上所述，哲觉矿床含铁岩系从哲觉向斜的北东向南西，总体上含铁岩系厚度较稳定，含矿性较好，局部地段因地形地貌、物源等原因，造成其厚度变化大，含矿性较差。

分析香炉山矿床与哲觉矿床含铁岩系特征可知，研究区含铁岩系总体上由区内东北角的二塘～结理～香炉山（香炉山向斜）至南西部的哲觉向斜含铁岩系由极薄（二塘矿区）、厚度变化大变为较厚（厚度稳定），同时其矿体数亦在增加，含矿性由差（二塘矿区）变为较差（香炉山矿区）最后在哲觉向斜变为较好（哲觉矿区）。其顶底板岩性差异不大。

6.4.2 含铁岩系成矿富集规律

含铁岩系是本次工作中研究的重点，通过对哲觉、香炉山两个典型矿床的综合研究，该岩系广泛赋存于二叠系上统宣威组底部，峨眉山玄武岩的顶部，与下伏峨眉山玄武岩组呈平行不整合接触。据实测剖面、工程编录及钻孔资料剖析，研究区含铁岩系岩性组合较简单，含铁岩系在垂向上总厚度一般 3 ~ 15m，最厚近 50m，其含铁岩系岩性组合特征（图 4-22、图 6-4）由上至下分述如下。

地层代号	取样编号	真厚度/m	柱状图(1:200)	地质描述
P_3x				深灰色、暗绿色细砂岩，含少量黑色、灰绿色泥质条带和炭质薄膜，局部可见黄铁矿颗粒；中部夹 0.20m 灰黑色粉砂岩及灰白色泥质条带
	H_1	1.41		暗红色粉砂质泥岩，夹暗灰绿色网脉状泥质条带，含少量凝灰质，深灰色泥岩，局部见植物化石碎片
	H_2	0.32		
	H_3	0.43		深红色粉砂岩，局部见黄铁矿颗粒呈星散状分布
含铁岩系(Fe)	H_4	0.28		深灰至暗灰绿色薄层状黏土岩
	H_5	0.10		深灰色薄层状黏土岩，含少量凝灰质
	H_6	0.75		深灰色薄层状黏土岩，中部见 0.5cm 煤线和黄铁矿颗粒
	H_7	1.79		灰绿色硬质黏土岩，含少量绿泥石和凝灰质
	H_8	0.53		深灰色薄层黏土岩，岩层面见黄铁矿薄膜，网脉状自然铜
	H_9	0.46		暗红色火山角砾赤铁矿，见暗绿色网状砂质条带，零星见黄铁矿及自然铜
	H_{10}	0.96		暗红色凝灰质赤铁矿，局部见绿泥石，零星见黄铁矿呈星点状分布
$P_{2-3}em^3$	H_{11}	1.30		暗红色铁质凝灰岩，含凝灰质及灰白色斑点
	H_{12}	1.21		暗红色凝灰质赤铁矿，局部黏土化
				暗红色凝灰岩，夹灰黄色泥质条带，见铁质侵染，夹大量灰黄色、灰绿色斑点，绿泥石化；中下部含水量灰白色脉状铝土质斑点

图 6-4 香炉山重点剖析区含铁岩系禀赋特征

（据贵州地矿局 113 队贵州省威宁 ~ 水城地区铁多金属矿整装勘查资料修编）

6.4.2.1 含铁岩系顶板

含铁岩系顶板为宣威组第一段。灰黑、灰褐色细、粉砂岩，泥质粉砂岩，粉砂质泥岩夹薄层炭质泥岩及根土岩，局部夹褐铁矿结核。厚度 110 ~ 115m。

6.4.2.2 含铁岩系

（1）深灰、灰黑色页（泥）岩，该层仅香炉山研究区局部出现，大部分区域为铝土质泥岩或泥岩上部直接与宣威组粉砂岩接触。该层厚度 0 ~ 2m。稀土元素在该层中较富集，稀土总含量普遍在 0.04%~0.25% 之间。

（2）灰白色、灰绿色泥岩，该层一般厚度 0.5 ~ 1m，常伴有植物化石。该层稀土总含量普遍在 0.03%~0.145% 之间，含 Sc$27\times10^{-6}\sim58\times10^{-6}$。

（3）灰色、深灰色薄至中厚层状玄武质中、细砂岩，泥质粉砂岩，粉砂质泥岩。该层走向上常尖灭，一般与铁含矿层互为消长关系，厚度0～1.2m之间。地表局部含肾豆状褐铁矿，矿石品位较低，TFe含量一般15%～20%，局部可达29.68%～38.38%（CTC68：TFe 38.38%、厚度0.48m；CZK2201：TFe 29.68%、厚度0.43m）。

（4）灰白-深灰色泥岩，该层一般厚度0.5～2m，最厚达10m，常伴有植物化石。该层主要富集矿产以稀土、铌、钪为主，局部富集铁、铜矿，稀土总含量普遍在0.03%～0.32%之间，含Sc 25×10^{-6}～67×10^{-6}，该层中局部见黄铜矿，其中香炉山研究区ZK801钻孔资料显示Cu含量一般为0.108%～1.17%。

（5）褐红、暗红色铁质（含铁质）泥岩、肾豆状铁质泥岩、铁质凝灰质泥岩、含铁质角砾泥岩组成，其0.5～15m不等。本区主要铁多金属矿体就产于该层，其中铁矿石品位一般TFe 25%～30.4%，最高达45%；稀土含量0.025%～0.1454%，最高达0.2340%；含Sc 30×10^{-6}～78×10^{-6}。矿体厚度一般在0.55～2.51m，平均1.89m，最厚7.93m（ZK517-1）。

6.4.2.3　含铁岩系底板

含铁岩系底板为峨眉山玄武岩组第三段。

（1）紫红色、杂色层纹状铁质凝灰岩，局部变为肾豆状、层纹状低品位铁矿，TFe 15%～24%，该层分布稳定。厚度2.0～4.0m。

（2）紫红色层纹状铁质凝灰岩。厚度3.0～5.0m。

（3）深灰色块状玄武岩，夹紫红色凝灰岩。

综上所述，研究区铁矿层系在香炉山向斜主要位于含矿岩系的中下部之上，而在哲觉向斜主要位于该岩系的中上部，含矿富集性由北东香炉山向斜向南西哲觉向斜在增加，总体上由区内北东角的二塘～结理～香炉山（香炉山向斜）至南西部的哲觉向斜含矿富集性变化较大，由较差（二塘矿区）变为矿富集性较好（厚度稳定），同时富集矿层亦在增加。

6.5　矿物岩石学赋矿规律

6.5.1　矿物岩石学特征

6.5.1.1　哲觉矿床岩矿鉴定结果

本次研究工作在哲觉矿床对含铁岩系剖面及钻孔（ZTC481、ZTC511、PM465）采集并送岩矿测试样40件，根据岩矿鉴定结果，其矿物岩石特征如下。

A　含铁岩系底板矿物岩石特征

（1）结构、构造：拉斑玄武结构，含杏仁构造，见形态不规则状气孔。

（2）矿物成分：

1）斜长石：板条状，自形。具微弱方解石化现象，含量约5%。

2）辉石：柱粒状，他形～半自形。含量约13%。

3）玻璃质：不显光性特征。具弱方解石化、弱褐铁矿化现象，含量约13%。

4）磁铁矿：他形～半自形，粒状，含量约2%。

5）方解石：自形～半自形，粒状，结晶粒度多小于0.10mm。呈杏仁体充填矿物构成之一形式产出（含量约2%）。

6）绿泥石：自形～半自形，鳞片状，结晶粒度多小于0.10mm。赋存形式仅见一种：呈杏仁体充填矿物构成之一形式产出（含量约2%）。

B 含铁岩系下部矿物岩石特征

（1）结构、构造：火山角砾结构，呈条带状构造、层状构造。

（2）矿物成分：

1）火山碎屑：具弱褐铁矿化、弱黏土化现象。呈基底基本矿物构成形式产出（含量约90%～97%）。

2）黏土矿物：自形～半自形，鳞片状，结晶粒度多小于0.004mm。呈火山碎屑基本充填矿物构成形式产出（含量约3%～10%）。

C 含铁岩系中部矿物岩石特征

（1）结构、构造：凝灰角砾结构、角砾凝灰结构，由火山碎屑及填隙物等组分构成。呈层状构造。

（2）矿物成分：

1）火山碎屑：基本矿物组分。具褐铁矿化、弱黏土化现象。赋存形式仅见一种：呈样品基底基本矿物构成形式产出（含量约90%～95%）。

2）黏土矿物：自形～半自形，鳞片状，结晶粒度多小于0.004mm。赋存形式仅见一种，呈火山碎屑基本充填矿物构成形式产出（含量约5%～10%）。

D 含铁岩系上部矿物岩石特征

（1）结构、构造：泥质结构为主，偶见沉凝灰结构。由泥质矿物及火山碎屑等组分构成。呈层状构造。

（2）矿物成分：

1）泥质矿物：主要矿物组分。在样品中的赋存形式仅见一种，呈样品基底主要矿物构成形式产出（含量约69%～90%）。

2）火山碎屑：次要矿物组分。具弱褐铁矿化、微弱黏土化现象。在样品中的赋存形式仅见一种：呈样品基底次要矿物构成形式产出（含量约10%～30%）。

E 含铁岩系顶板矿物岩石特征

（1）结构、构造：显微鳞片状结构，层状构造。

（2）矿物成分：

1）黏土矿物：主要矿物成分。在样品中赋存形式仅有一种，呈样品基底主要矿物成分形式产出（含量约76%）。

2）陆源碎屑：次要矿物成分。在样品中赋存形式仅有一种，呈样品基底次要矿物成分形式产出（含量约23%）。

3）褐铁矿：微量矿物成分。

4）铁质：微量矿物成分。

综上所述，哲觉典型矿区矿物岩石特征为：拉斑玄武结构（底板）～火山角砾结构（下部）～凝灰角砾结构（中部）～泥质结构夹沉凝灰结构（上部）～显微鳞片状结构（顶板），在该区含铁岩系中部及下部以火山碎屑占主导地位，在其上部黏土矿物逐步增加，局部达到总量的90%。

6.5.1.2　香炉山矿床岩矿鉴定结果

在香炉山矿床对含铁岩系剖面及钻孔（P1、TC7、MBT、ZK801）采集并送岩矿测试样50件。其矿物岩石特征如下。

A　含铁岩系底板矿物岩石特征

（1）结构、构造：拉斑玄武结构（间隐间粒结构），杏仁状构造。

（2）矿物成分：

1）斜长石：板条状，自形。具微弱绿泥石化现象。呈样品斑晶基本矿物成分形式产出，含量约8%。

2）辉石：柱粒状，他形~半自形。具微弱绿泥石化现象。呈样品基底次要矿物成分形式产出。含量约10%。

3）玻璃质：不显光性特征。具微弱绿泥石化现象。呈样品基底次要矿物成分形式产出。含量约15%。

4）斜长石：板条状，自形。具微弱绿泥石化现象。呈样品基底主要矿物成分形式和呈样品斑晶基本矿物成分形式产出，含量约8%。

5）辉石：柱粒状，他形~半自形。具微弱绿泥石化现象。在样品中赋存形式仅有一种：呈样品基底次要矿物成分形式产出。含量约10%。

6）玻璃质：不显光性特征。具微弱绿泥石化现象。呈样品基底次要矿物成分形式产出。含量约15%。

B　含铁岩系下部矿物岩石特征

（1）结构、构造：火山角砾结构夹凝灰角砾结构，由火山碎屑及填隙物等组分构成，层状构造。

（2）矿物成分。

1）火山碎屑：样品主要矿物组分。具微弱黏土化现象。呈样品基底主要矿物构成形式产出（含量约90%~95%）。

2）方解石：半自形~他形，粒状，结晶粒度多小于1.00mm。呈火山碎屑基本充填矿物构成形式产出（含量约5%~10%）。

C　含铁岩系上部矿物岩石特征

（1）结构、构造：凝灰结构或岩屑结构与凝灰角砾结构，层状构造。

（2）矿物成分。

1）火山碎屑：样品主要矿物组分。具微弱黏土化、微弱褐铁矿化现象。呈样品基底主要矿物构成形式产出（含量约95%~97%）。

2）石英：半自形~他形，柱状，结晶粒度多小于1.00mm。呈火山碎屑基本充填矿物构成形式产出（含量约3%~5%）。

D　含铁岩系顶板矿物岩石特征

（1）结构、构造：粉砂状结构，基本上由陆源碎屑及其之间填隙物两部分共同构成。层状构造。

（2）矿物成分。

1）陆源碎屑：样品基本或主要矿物组分。呈样品基底基本或主要矿物构成形式产出

（含量约93%）。

2）泥质矿物：样品少量或次要矿物组分。呈样品基底少量或次要矿物构成形式产出（含量约6%）。

3）褐铁矿：样品微量矿物成分。结晶粒度小于0.03mm，微~泥晶级，半自形，粒状晶体，零星分布。呈样品基底微量矿物构成形式产出。

4）铁质：样品微量矿物成分。在样品中不均匀污染状分布。呈样品基底微量矿物构成形式产出。

综上所述及结合该区其他样品岩矿鉴定资料，香炉山矿床矿物岩石特征为：拉斑玄武结构（底板）~火山角砾结构夹凝灰角砾结构（下部）~凝灰角砾结构与凝灰结构互层（上部）~粉砂状结构（顶板），在该区含铁岩系火山碎屑占主导地位，均达到总量的90%以上。

6.5.2 矿物岩石学成矿规律

综合研究区两个典型矿床的矿物岩石特征及相应的岩矿测试资料，研究区北东部香炉山向斜含铁岩系分布区矿物岩石与含矿性规律为：底板为拉斑玄武结构（杏仁构造）~下部火山角砾结构夹凝灰角砾结构（层状构造）~上部凝灰角砾结构与凝灰结构互层（层状构造）~顶板粉砂状结构（层状构造），在该区含铁岩系火山碎屑占主导地位，均达到总量的90%以上。矿物岩石特征与其含矿性关系为：含矿性较好的主要分布于其下部，结构为火山角砾结构夹凝灰角砾结构，层状构造，上部的凝灰角砾结构矿物含矿性次之，层状构造，含矿性最差的为凝灰结构矿物，层状构造。

研究区南西哲觉向斜含铁岩系矿物学岩石与含矿性规律为：底板拉斑玄武结构（杏仁构造）~下部火山角砾结构（条带状构造、层状构造）~中部凝灰角砾结构（层状构造）~上部泥质结构夹沉凝灰结构（层状构造）~顶板显微鳞片状结构（层状构造），在该区含铁岩系中部及下部以火山碎屑占主导地位，在其上部黏土矿物逐步增加，局部达到总量的90%。矿物岩石特征与其含矿性关系为：含矿性较好的主要分布于其中下部，结构为火山角砾结构、凝灰角砾结构，条带状构造、层状构造，上部的凝灰结构矿物含矿性次之，层状构造，含矿性最差的为泥质结构矿物，层状构造。

在次生风化富集过程中，易于褐铁矿化的结构（易→难）依次为：间隐结构、交织结构、拉斑玄武结构。易于褐铁矿化的构造（易→难）依次为：杏仁状构造、少杏仁构造、含杏仁构造。易于褐铁矿化的矿物（易→难）依次为：磁铁矿、玻璃质、辉石。

6.6 铁矿床共伴生矿产规律

6.6.1 共伴生矿产（铝、钛、稀土）特征

通过综合分析含铁岩系剖面、探矿工程及含铁岩系测试分析化学资料，研究区与铁矿共（伴）生的矿产主要为铝（Al）、钛（Ti）、钪（Sc）、稀土等。其分布特征如下：

（1）铝。铝元素产于灰白色铝土质黏土岩，铁质凝灰质黏土岩、含铁质角砾黏土岩之中，其主要产于含铁岩系的中上部白色铝土质黏土岩中，根据化学分析结果显示，产于铝土质黏土岩中的铝元素含量均普遍偏高，而产于铁质凝灰质黏土岩、含铁质角砾黏土岩之

中的铝元素含量相对较低。

（2）钪。钪元素产于铁质凝灰质黏土岩、含铁质角砾黏土岩及灰白色铝土质黏土岩之中，其主要产于含铁岩系底部和顶部铁质凝灰质黏土岩中，根据化学分析结果显示，产于铁质凝灰质黏土岩中的钪元素含量均普遍偏高，一般含量 $30\times10^{-6}\sim40\times10^{-6}$，产于铁质角砾黏土岩中钪元素次之。

（3）钛。钛元素产于铁质凝灰质黏土岩、含铁质角砾黏土岩及灰白色铝土质黏土岩之中，其主要产于含铁岩系中上部的含铁质角砾黏土岩中，根据化学分析结果显示，产于含铁质角砾黏土岩中的钛元素含量均普遍偏高，产于铁质凝灰质黏土岩中钛元素次之。

（4）稀土元素。稀土元素主要产于含铁岩系中，与铁矿体关系属于同体共生和异体共生两种，其中上含矿层灰白色铝土质黏土岩（附录3）、泥质粉砂岩及粉砂质泥岩中含量普遍较高，其次为下含矿层褐红、暗红色铁质（含铁质）黏土岩、鲕豆状铁质黏土岩、铁质凝灰质黏土岩。根据化学分析结果显示，稀土主要富集在铁含矿层之上的致密黏土岩中，在香炉山典型矿区稀土总量局部高达 1378.75×10^{-6}，而在哲觉典型矿区稀土总量局部高达 2449.43×10^{-6}。

6.6.2 共伴生矿产的富集规律

综合分析共（伴）生矿产的分布特征，总结出研究区共伴生矿产的富集规律为铝（Al）、钛（Ti）、钪（Sc）、稀土等共伴生矿产富集受研究区铁矿的厚度、岩性控制，稀土富集于铁含矿层之上的致密黏土岩中，钛（Ti）、钪（Sc）富集于铁含矿层的铁质凝灰质黏土岩、含铁质角砾黏土岩中，铝（Al）富集于铁含矿层之上的铝土质黏土岩中。其厚度与铁含矿层成正比关系，属多矿种矿床共伴生组合。

6.7 铁矿的风化壳形成~次生富集规律

6.7.1 风化壳特征

研究区风化壳位于二叠系龙潭组碎屑岩或宣威组陆相碎屑岩底部至峨眉山玄武岩的顶部，由于玄武岩或凝灰岩顶部与海陆过渡相龙潭组碎屑岩或宣威组陆相碎屑岩经受长期风化侵蚀，形成的风化物堆积于洼地或负地形处，风化物主要是玄武岩强烈风化形成的火山碎屑黏土岩、凝灰质黏土岩及高岭土等。该风化壳受到风吹日晒雨水长期的影响，矿物质发生迁移富集，形成与沉积作用相关的沉积矿产，如黄铁矿、稀土矿、铝土矿。风化壳主要由高岭石硬质黏土岩组成，常夹铁矿层、铝土矿层及稀土矿层，并含有大量的植物化石，碳质和有机质丰富。

6.7.2 风化壳与成矿规律

研究区的含铁岩系是由于峨眉山玄武岩的顶部暴露于地表，长期遭受日晒风吹雨水的影响，将玄武岩的风化残积铁矿物或将玄武岩（辉石）中铁解析出来，含铁碎屑和铁离子（Fe^{2+}）经地表水搬运至低洼的还原环境沉积，使矿物质发生迁移富集，形成含铁质、铝质、稀土的沉积层。

形成的含铁质、铝质、稀土的沉积层，由于地壳的隆升再次暴露于地表，再次长期遭受日晒风吹雨水的影响，物理化学生物复合地质作用，次生淋滤富集作用使铁质、铝质、稀土再次富集，终形成含铁岩系。

如果没有多次长期的风化作用，玄武岩的顶层不会形成风化壳，玄武岩层中的铁元素很难被解析出来，也不可能形成该类铁矿，故该类铁矿与风化作用和玄武岩顶部的风化壳息息相关。

7 成矿机制

7.1 成矿作用过程与成矿机制

7.1.1 矿床类型

贵州“香炉山式铁矿”整体呈层状分布，层位比较稳定，规模巨大，找矿和勘探也比较容易；含铁岩系时代属晚二叠世龙潭早期，其下伏岩层为峨眉山玄武岩组第三段，上覆地层为宣威组。铁矿层与上下地层均为平行不整合接触；同时含铁岩系中还见有大量的植物化石和孢粉化石，植物化石包括种子蕨植物（Pteridospermophyta）和真蕨植物（Pteridophyta）两个门类，孢粉化石包括蕨类植物和裸子植物的孢子及花粉，都属于喜潮湿沼生植物；含铁岩系中见碎屑颗粒具定向排列构造、层状构造；部分地区含有较薄的层状铝土矿层；矿石结构构造表现为大量的碎屑结构、豆粒结构，这些特征均指示铁矿床属沉积-堆积成因，是在外动力作用下形成的，具有沉积矿床的主要特征。

然而，含铁岩系中见到多个次级薄层风化壳，表明矿床明显受到峨眉山玄武岩多次风化壳去顶作用产物的补给，并曾经历多次风化淋滤过程，见有渗流管道构造、干裂纹构造、肾豆构造以及强风化矿物（以高岭石和三水铝石为主）和中等风化作用的产物（以蒙脱石和伊利石为主）；岩石中的难溶或不溶的组分（如 Si、Al、Fe、Mn 等）则残留原地或在原岩附近相对富集。研究表明，成矿期的沉积盆地处于赤道附近、古气候炎热、雨量充分、植物繁茂，风化作用强烈，次生风化淋滤富集成矿作用显著。

通过对矿床地质特征、控矿因素、成矿规律的研究，认为“香炉山式铁矿”矿床兼有风化矿床和沉积矿床的二重性，是风化-沉积（堆积）成矿作用的综合产物。

7.1.2 成岩（成矿）作用

成岩作用就是在一定的自然条件下，形成岩石的地质作用。如果形成岩石的过程中，伴随有矿产的形成，则称为成矿作用。对于沉积矿床而言，要严格区分成岩作用和成矿作用往往也不容易，因为成岩过程同时也是成矿过程，只不过沉积成矿是发生在成岩过程中的某一特殊时段，即有特殊物质层补给的时段。从这个意义上讲，沉积矿床或风化-沉积矿床的成岩作用就是一种比较特殊的成矿作用。

“香炉山式铁矿”的形成是一系列外生地质作用的结果，整个成矿进程包括风化作用、剥蚀作用、搬运作用、沉积作用和成岩后期变化。

（1）风化作用。露出地表的玄武岩，在炎热潮湿的气候条件、丰富的地表和地下水、大气和生物等因素的作用下遭到破坏，其形态和成分发生变化，从而形成碎屑、泥砂和相应的新生矿物。

（2）剥蚀作用。一般来说，剥蚀作用是指太阳能、大气、地表水流、地下水、生物、冰川、海（湖）浪等外营力对裸露地表的岩石进行破坏，使其发生破裂、结构疏松甚至分解，风化物从母岩脱落在原地或被移动。对研究区而言，地表、地下水流和生物活动可能是最主要的作用营力。

（3）搬运作用。在风和水流的作用下，把风化、剥蚀的玄武岩从其蚀源区搬运至附近低洼处或陆相湖盆边缘，其中地表水流和湖浪可能是最主要的搬运营力。

（4）沉积作用。被搬运至附近低洼处或湖盆边缘的玄武岩碎屑，由于搬运动力减弱和地形变得平坦，在其自身重力作用下便沿湖盆边缘沉积（堆积）下来，同时与之相伴的溶液中的铁质等也在此沉淀。

（5）成岩作用。在盆地内或盆地边缘沉积（堆积）下来的物质一开始都是松散的，后来在漫长的地质年代中，经过压实和胶结等作用逐渐成为了坚硬的沉积岩，含铁岩系中的主要岩石类型有沉凝灰岩、角砾状凝灰岩、含豆粒凝灰岩等。

（6）压实与深埋作用。压实与深埋作用是“香炉山式铁矿”形成过程中的两个重要作用，其特征无论在野外露头上还是在镜下薄片观察时都表现得较为清楚。压实作用给原始沉积物中的物质再分配和迁移提供了必要的动力和能量，促进铁质进一步富集。深埋成岩作用是指岩石固结之后，其上覆的大厚度沉积物对下伏岩层产生作用，使下伏岩层温度升高、发生液化、矿物重结晶，甚至发生变质，引起蚀变和元素迁移。矿石中铁质呈不均匀团块状富集，沿裂贯入，矿物颗粒有次生加大现象等都说明深埋成岩作用对成矿过程的影响较大。

（7）淋滤富集作用。大气降水渗入地下的过程中，下渗的水流不仅能把地表附近细小的破碎物带走，还能把周围岩石中的易溶组分带走，从而引起物质的迁移和沉淀。淋滤作用是“香炉山式铁矿”次生富集的关键因素。在淋滤过程中，主要的化学反应是水-岩反应，即酸性或弱酸性的地下水与围岩进行化学反应，使岩石中的矿物发生分解，并将其中易溶元素淋洗带走，而一些大离子元素或化学活性差的元素就近残留，造成元素的再次富集。在迁移过程中，元素的渗透差异性也是关键的因素之一。由于铁元素的渗透性较强，因此往往赋存于岩系的下部。在几乎所有的风化-沉积铁铝矿床都有共同的元素垂向分带规律，即铁矿层或铁质层在下，而铝土矿层或铝质层在上，在“香炉山式铁矿”的含矿岩系中也是如此。

7.1.3 矿物转化序列

“香炉山式铁矿”中最重要的两类含铁矿是赤铁矿和褐铁矿。结合目前风化-沉积型铁矿的形成机制研究成果，初步认为其成矿物质主要来自于其下伏的峨眉山玄武组第三段，铁质则主要来自于原岩中的含铁硅酸盐矿物（辉石等）的分解和黄铁矿、磁铁矿等副矿物。铁质的搬运迁移方式可能有三种主要方式，即以真溶液方式、胶体溶液方式和悬浮碎屑方式搬运。

铁的地球化学性质表明，铁是典型的变价元素，在自然界中主要以 Fe^{2+} 和 Fe^{3+} 的形式存在。在温暖潮湿气候条件下，剥蚀区原岩中矿物的水解作用和酸解作用可能是最主要的化学或生物化学机制。含铁矿物水解后产生 Fe^{2+}，Fe^{2+} 很容易与 H_2O 和 CO_2 发生反应，生成重碳酸盐进入溶液，并以真溶液的方式进行迁移。水解反应的化学方程式如下：

$$Fe^{2+} + 2CO_2 + H_2O \longrightarrow Fe(HCO_3)_2 \quad (7\text{-}1)$$

但众多前人研究成果表明，在地表有大量游离氧存在的情况下，Fe^{2+} 很快就会被氧化

生成难溶的 $Fe(OH)_3$胶体（式（7-2）），但这种带正电荷的胶体，当水溶液中有适量的腐殖酸存在的情况下，$Fe(HCO_3)_2$则容易与腐殖酸结合形成较稳定的腐殖酸盐络合物，因此，腐殖酸作为保护剂可使 $Fe(HCO_3)_2$胶体在水体中迁移一定距离。

$$Fe^{2+} + O_2 + H_2O \longrightarrow Fe(OH)_3 \tag{7-2}$$

当溶液中的铁质经一定距离搬运到达沉积盆地后，由于水介质条件和氧化-还原条件发生变化，$Fe(OH)_3$发生脱水作用，从而生成赤铁矿（Fe_2O_3）。

$$2Fe(OH)_3 \longrightarrow Fe_2O_3 + 3H_2O \tag{7-3}$$

然而，在自然界中，脱水作用和水合作用总是交替出现和交替发生的，赤铁矿在潮湿气候条件下又很容易发生水合作用，从而形成以针铁矿（α-$Fe(OH) \cdot nH_2O$）或水针铁矿（$Fe_2O_3 \cdot nH_2O$）为主要成分的褐铁矿。

$$Fe_2O_3\text{（赤铁矿）} + nH_2O \longrightarrow Fe_2O_3 \cdot nH_2O\text{（水针铁矿）} \tag{7-4}$$

在风化壳残积区，普通辉石在氧和水的共同作用下，可以直接氧化生成赤铁矿（蒋敬业，2006），即：

$$\begin{aligned} &2Ca(Mg,Fe,Ti,Al)[(Si,Al)_2O_6] + 5O_2 + 8H_2O \longrightarrow \\ &TFe_2O_3 + (Ca,Mg)O + 2TiO_2 + 2Al_2O_3 + 4H_2SiO_4 \end{aligned} \tag{7-5}$$

因此，在风化壳残积区域可以直接形成赤铁矿，这类赤铁矿可能以碎屑的形式再次被搬运和迁移到沉积盆地。

然而，无独有偶。在含铁硅酸盐类矿物发生水解反应的时候，非含铁的长石类矿物也同时会发生水解反应而生成高岭石族矿物。例如，钠长石的水解反应为（7-6）：

$$\begin{aligned} &4Na(AlSi_3O_8)\text{（钠长石）} + 8H_2O \longrightarrow \\ &Al_4(Si_4O_{10})(OH)_8\text{（高岭石）} + 2SiO_2 + 4NaOH \end{aligned} \tag{7-6}$$

在不同的 pH 值条件，硅酸盐类矿物水解可形成不同的次生矿物，例如白云母水解可生成伊利石、贝得石、蒙脱石、埃洛石、高岭石等。

7.1.4 成矿作用过程

概括起来，“香炉山式铁矿”的成矿作用是紧紧围绕峨眉山大火成岩省的形成、风化剥蚀、搬运沉积（堆积）、次生淋滤富集而进行的。

峨眉山大火成岩省的形成与演化过程中常伴随有区域岩石圈地壳的大规模抬升和地表岩石的去顶剥蚀作用（Song 等，2014；Saunder 等，2007）。黔西北地区大火成岩省的形成对铁矿的形成有两个方面的意义：一是峨眉山玄武岩为铁矿的形成提供了丰富的成矿物质；二是隆起使成矿区变为陆相环境，表层地壳的不均匀沉降在玄武岩高原上形成了高地和低地，高地发生风化剥蚀，低地接受沉积或堆积。区内峨眉山玄武岩的喷发有三个旋回，玄武岩喷发的间歇期为沉积矿产的形成提供了机会（陈文一等，2003）。玄武岩喷发间歇及玄武岩喷发结束后，大面积玄武岩暴露地表遭受风化剥蚀，剥蚀产物被地表水和湖浪搬运到近源区的湖盆洼地堆积沉积，振荡性地壳隆升，引起湖平面周期性变化，盆内沉积物多次暴露地表，接受淋滤改造，从而使铁、铝等元素反复得到富集，而硅、镁等杂质同时被排出，从而形成现在的铁矿层（体）。

含矿岩系与峨眉山玄武岩呈平行不整合接触，表明铁矿的原始沉积环境与峨眉山玄武岩岩浆喷溢并固结时所塑造的古地貌形态密切相关。二叠世晚期，岩浆喷溢形成凹凸不平的古地形，火山洼地很容易形成湖泊沼泽（成矿区），风化物质源源不断向湖盆搬运，并发生沉积成岩作用，在成岩过程中，沉积物被压实，固结成岩。

成岩过程中，存在与碎屑沉积物颗粒间的同生流体在上部静压力作用下被排出，发生扩散，形成渗流，同生流体在扩散、渗流过程中，原始沉积物中部分铁等元素有可能被带出，进入同生流体，形成含铁流体，流体与岩石反应形成和富化了含铁岩系。

沉积暴露期，大气降水形成地下水，受火山作用影响形成地下热液，这种地下热液在内力地质作用下驱动下发生扩散、循环。这种地下热液在扩散、循环过程中往往或导致成矿作用的发生，使用 Fe 活化变富集。

沉积暴露期，沉积盆地中硫化物矿物反复生成和氧化促进铁矿的生成。湖水上涨过程沉积环境变为还原，可形成大量硫化物。湖水退去时成矿区暴露，沉积环境变为氧化，硫化物产生硫酸形成强酸环境，与有机质形成的有机酸类使铁活化发生迁移，随迁移过程酸性逐渐下降，铁元素沉淀形成铁矿层。

7.2 矿床成因

“香炉山式铁矿”属于玄武岩—古风化壳沉积（堆积）矿床，兼有风化矿床和沉积矿床的二重性。二叠纪中晚期，峨眉山玄武岩喷发，黔西北及四川、云南部分地区被玄武岩覆盖，峨眉山玄武岩组由喷发或喷溢—沉积旋回组成，喷发期的峨眉山玄武岩覆盖区属于整个陆相环境。在喷发间歇期，峨眉山玄武岩暴露地表，遭受风化去顶作用，风化产物就地堆积或经过短距离搬运到达湖盆沉积，为铁等多种金属矿产提供了初始成矿物质。风化后产物主要以机械搬运（黏土 + 碎屑颗粒）和化学或胶体化搬运（真溶液 + 胶体溶液）方式被搬运到陆相近岸大型浅水湖盆及其边缘地带。再经过成岩作用形成初始的含矿层，这时铁的富集程度未必达到铁矿石品位的要求。成岩后期的淋滤作用使铁质进一步从矿物或岩石中分解出来，在重力作用下，富铁的溶液沿节理裂隙和渗流管道向下渗透迁移，最后由于地球物理化学条件改变，在剖面下部的氧化-还原界面（古潜水面）附近形成有经济价值的铁矿层。

需要特别强调的是：

第一，原始含矿层沉积成岩后，由于地壳的动荡再次暴露地表，在氧化-还原条件下经历过多次反复改变，使铁质得到多次淋滤富集，含铁岩系中的多个风化壳薄层的存在充分表明这一推论。

第二，含铁岩系中的碎屑物质有的具有分选，颗粒长轴具定向排列，且有磨蚀痕迹，表明其经过一定距离的搬运；而一些碎屑是无分选的杂乱堆积，无磨蚀现象，表明其为湖盆边缘的残坡积层。

第三，现代风化作用参与了成矿，在矿体埋藏的三种型式中，暴露式和浅伏式的矿石质量明显优于深潜式矿体，表明现代风化作用对铁矿品位的提高具有重要影响。

通过研究，可以得出初步的结论，“香炉山式铁矿”是在峨眉山大火成岩省等背景下，在岩相古地理、古纬度、古气候、古地貌、古构造、现代地形等多种因素控制下经过长期风化淋滤改造的产物，是风化-沉积（堆积）成矿作用的综合结果。

8 成矿模式

根据“香炉山式铁矿”的大地构造背景、元素地球化学富集规律、含矿岩系特征、矿体特征、矿石结构构造、古生物特征、古地理地貌、古风化作用等，对其成矿物质来源、成矿控矿因素进行了讨论，对成矿规律进行了分析研究，并探索其矿床成矿作用与成矿过程，建立该类型铁矿床的成矿模式，为该区域铁矿床及伴生多金属矿找矿研究工作提供基础地质资料。

主量元素、微量元素、稀土元素地球化学、碳氧同位素特征显示，峨眉地幔热柱活动喷溢形成的高铁高钛玄武岩提供了初始成矿物质来源，同时地幔活动形成起伏不平的地形及陆内盆地，处于高位的玄武岩暴露于地表而遭受风化剥蚀，在地下水、生物作用参与下，辉石等硅酸盐矿物发生风化淋滤作用（红土化作用），碱金属元素（K、Na 等）、碱土金属元素（Ca、Mg、Sr 等）等地球化学性质活泼元素从原生矿物中解离出来，呈易溶的离子随水溶液迁移而流失，随着风化程度的加深，Si、Mn、Cu 等水溶性较弱的元素也发生淋滤作用，而 Fe、Al 等难溶元素的氧化物、氢氧化物组成难溶风化产物，形成针铁矿、褐铁矿、高岭石、三水铝石等含水表生矿物，并依红土化程度的不同，形成不同的风化产物。

根据矿石结构构造特征及显微镜镜下特征，铁矿层中角砾状构造主要成分为原岩风化后的岩屑，岩屑中可见大量的裂隙，部分角砾的表层见包裹一层铁质薄层，铁质薄层应当为胶体絮凝作用的产物，表明研究区玄武岩的富铁最终风化产物主要呈碎屑状被搬运、少量呈凝胶形式随水溶液向火山洼地环境（沼泽、湖泊）迁移。峨眉山玄武岩的持续风化，提供了铁质、铝土质、黏土矿物的碎屑及胶体不断的迁移至沼泽、湖泊等陆相沉积盆地，并发生沉积分异作用，富铁碎屑主要沉积于沉积盆地边缘的滨海相，铝土质则沉积于相对深水相，由于水平面的反复变化，使得富铁、铝土质的沉积物处于水体动荡环境并经常性暴露于水面，形成具有复杂粒状碎屑结构的含铁、铝、黏土质沉积层。沉积层形成后，由于上覆沉积层静压力作用，沉积层被压实、固结，并发生脱水，部分富水的铁氢氧化物、铝土质氢氧化物脱水形成铁的氧化物（赤铁矿）及铝的氧化物（Al_2O_3），形成含铁质、铝质的初始含矿层。

由于地壳的抬升运动或水平面的下降，含矿层被抬升暴露于地表而遭受风化淋滤作用。主量元素分析结果显示，铁矿层中全铁含量高的样品其二氧化硅的含量通常较低，说明含矿层发生了明显的脱硅作用。结合铁矿层发育渗流豆、渗流管、孔隙孔洞、角砾化构造等特征，表明含矿层发生了风化淋滤作用，钾、硅等元素大量的被淋滤丢失，而铁、铝的氧化物被风化为氢氧化物（褐铁矿、三水铝石等）残留。由于在研究区及峨眉山玄武岩覆盖区含铁岩系的广泛分布，具有较好的找矿远景。

根据上述成矿作用过程的分析，研究区“香炉山式铁矿”成矿作用可分为三期六个阶段。三期分别为第一期矿源层形成期，第二期含铁岩系形成期，第三期淋滤富集成矿期，其中第二期再分为二个阶段，第三期再分为三个阶段。六个阶段分别为第一阶段的峨眉地幔柱上隆—地壳拉伸—玄武岩浆喷溢阶段，第二阶段的风化蚀顶—玄武岩古风化壳形成阶段，第三阶段的古风化壳积物堆积—迁移—沉积—含矿层形成阶段，第四阶段的地壳振荡性升降—暴露—含矿层风化淋滤阶段，第五阶段的含矿层次生富集成矿阶段，第六阶段的含矿层被覆盖保存阶段。其成矿模式如图 8-1 所示。

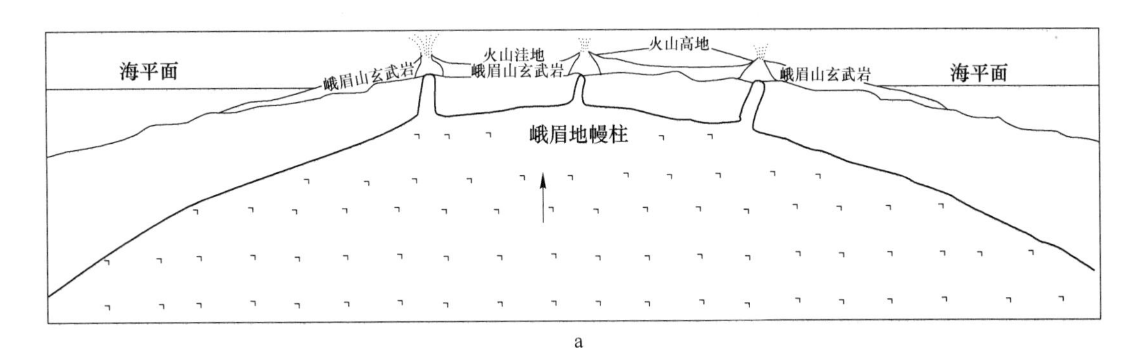

a

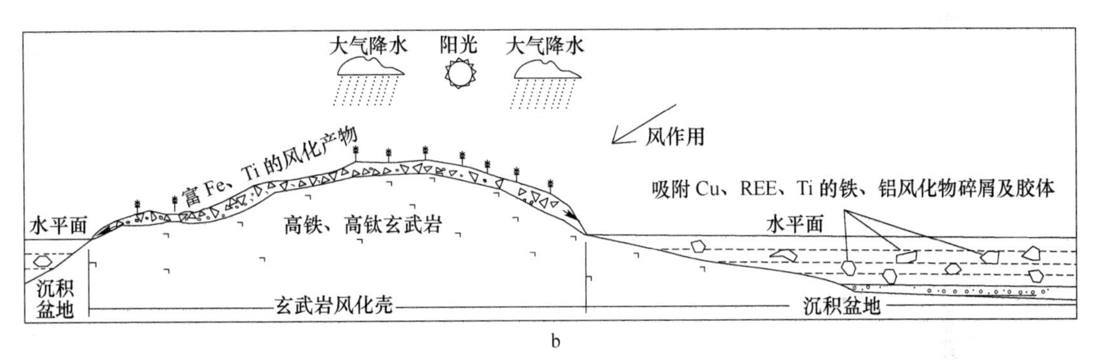

b

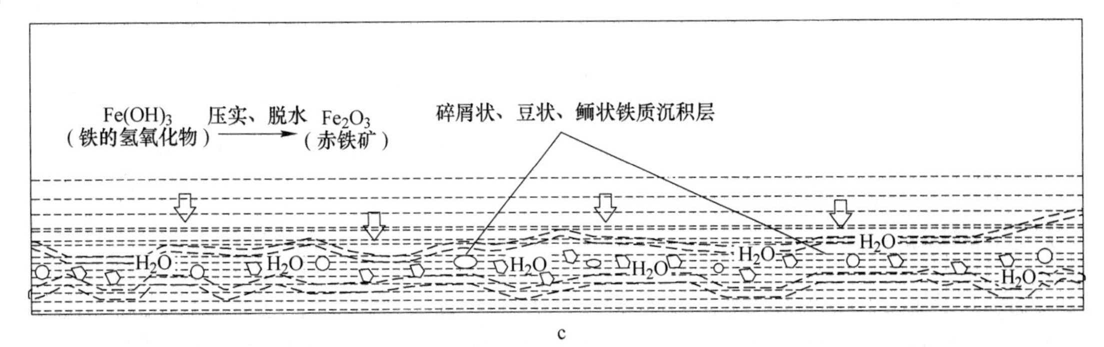

c

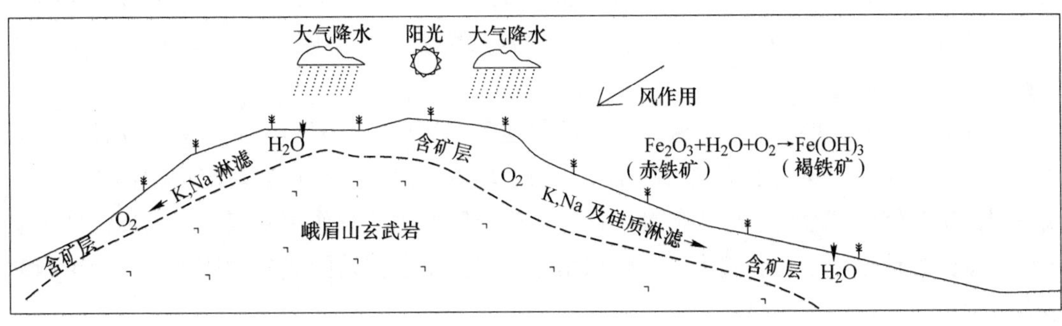

d

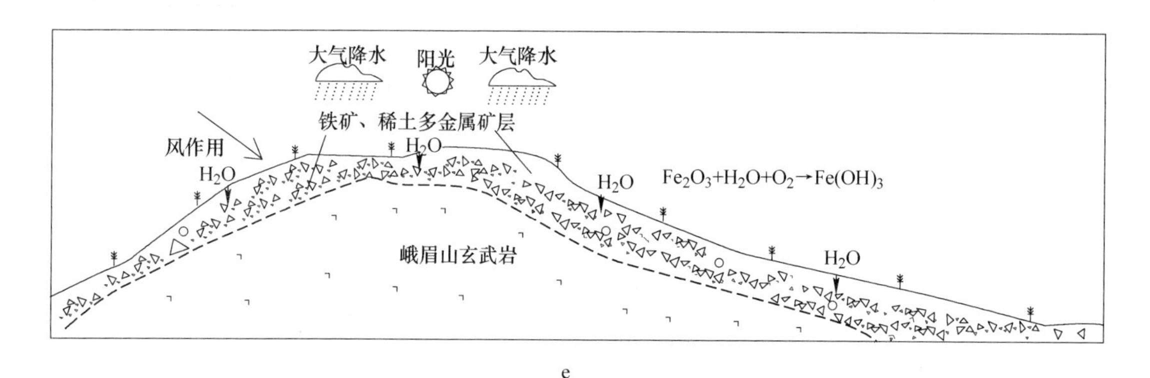

e

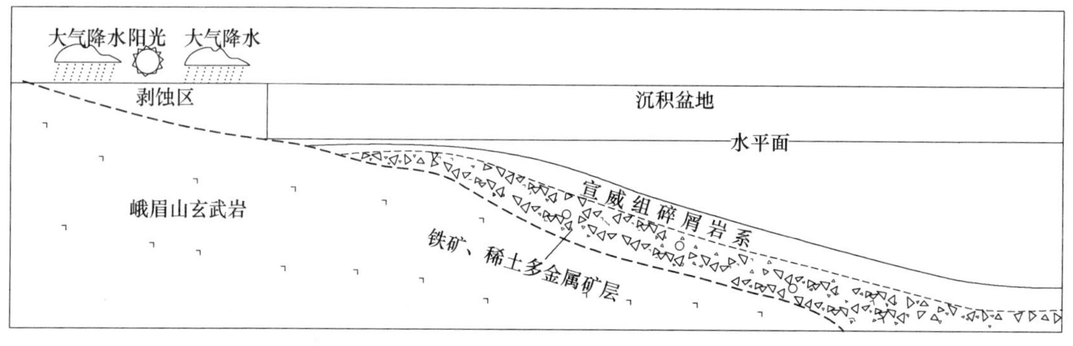

f

图 8-1　贵州西部玄武岩—风化壳型铁矿区域成矿模式图

a—玄武岩浆喷溢阶段，形成广泛分布的高铁高钛玄武岩；b—玄武岩风化壳形成阶段及风化产物迁移阶段，玄武岩风化产物铁铝质及黏土矿物以碎屑颗粒及胶体形式吸附稀土、铜质等金属阳离子并呈悬浮态随水体搬运至湖泊、沼泽；c—沉积—含矿层形成阶段，铁质、黏土质碎屑、胶体发生沉积作用，形成沉积层，铁质、黏土质沉积层压实、脱水、固结，形成含矿层；d—含矿层风化淋滤阶段，含矿层抬升遭受风化淋滤，碱金属、碱土金属及硅质流失；e—次生富集成矿阶段，含矿层的风化淋滤产物铁质大量堆积，次生富集成矿；f—覆盖保存阶段，玄武岩—古风化壳型铁矿形成后，地壳下降，该区域在晚二叠世下沉形成陆相湖盆，铁矿层被宣威组地层覆盖而保存下来

8.1　矿源层形成期

在加里东晚期—海西早期，扬子板块西缘的峨眉山地区发生地幔柱活动，地幔物质上隆，引起峨眉山玄武岩浆作用，喷溢形成大规模的高铁高钛玄武岩（图 8-1a），并携带大量的金属成矿元素，为峨眉山玄武岩浆覆盖地区的区域成矿系列提供了物质来源。

在湘黔交界的黔西北威宁、赫章、毕节等地区大量出露峨眉山玄武岩系，在该火山岩系的沉积夹层及与上覆及下伏地层的不整合面上均有产出金属矿产，对沉积型铜矿、热液改造型铜矿、红土型金矿、稀土矿及锰矿等矿产有明显的控制作用。根据对上述矿产的矿床地质特征、地球化学的研究表明，峨眉山玄武岩提供了初始的成矿物质来源，为黔西北地区多种金属矿产的矿源层。

在研究区范围内发现规模较大的、赋存于上二叠统宣威组底部与峨眉山玄武岩顶部之间的低品位铁矿化层（图8-2），该铁矿化层伴生有铜、稀土等多金属元素矿化，为铁多金属矿化层。

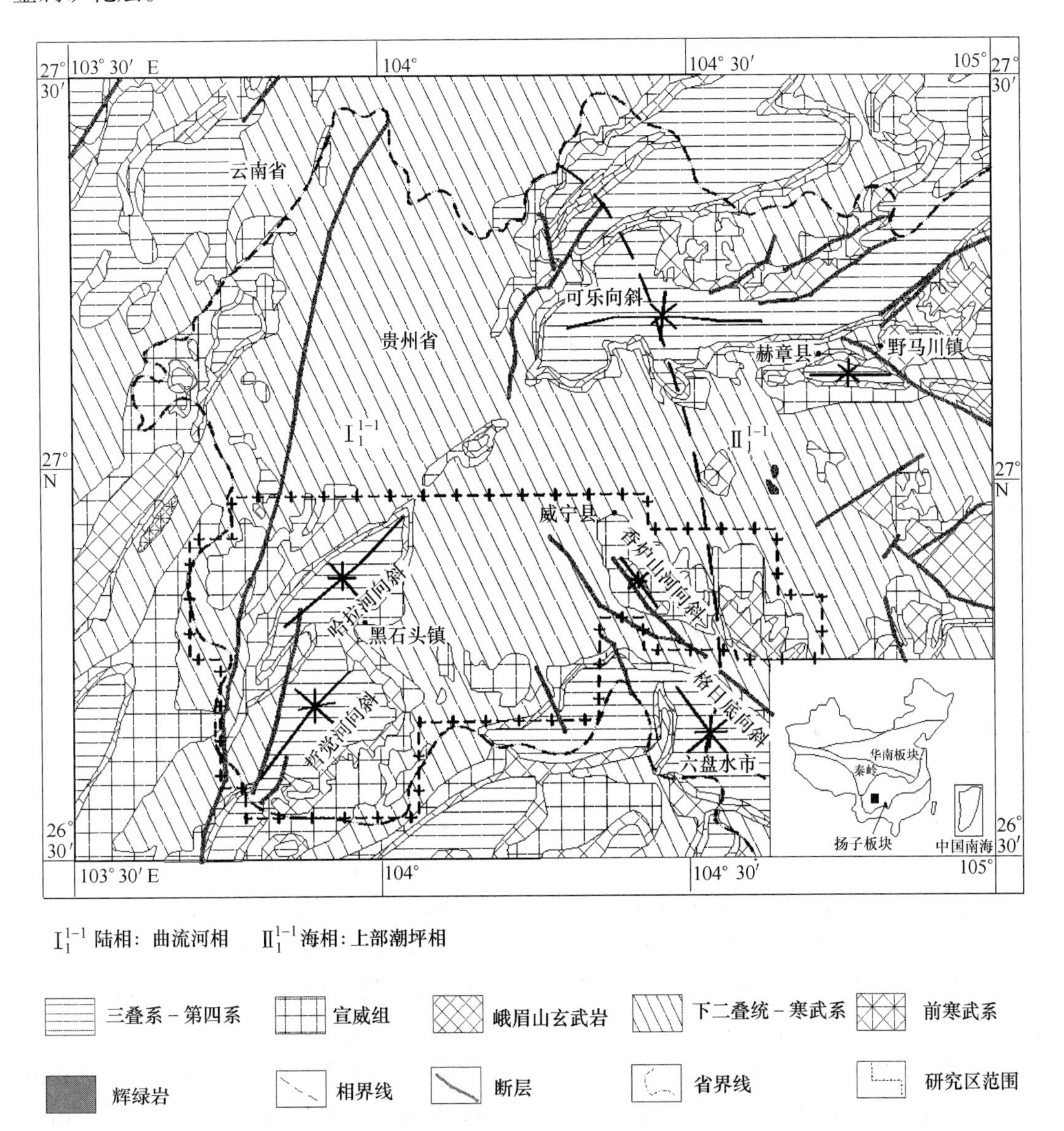

图8-2 研究区地质简图

根据含矿岩系微量元素分析结果，峨眉山玄武岩中铁、钛、稀土元素含量较高，其中：铁最高达25%，平均10%；钛最高达13%，平均5%；稀土元素总量最高可达223.85×10^{-6}，平均201.98×10^{-6}。峨眉山玄武岩覆盖面广，厚度巨大，在强烈风化作用下产生的风化产物足以提供成矿所需的物质，是研究区铁成矿作用的物质基础。结合矿床地质特征、玄武岩、含矿岩系、铁矿层的主量元素富集、微量元素富集及分布、稀土元素富集及分布等地球化学特征，表明研究区铁、钛—稀土多金属矿化层为峨眉山玄武岩风化—搬运—再沉积的结果。

8.2 含铁岩系形成期

8.2.1 风化蚀顶—玄武岩古风化壳形成阶段

晚二叠世地幔柱活动的裂谷作用导致玄武岩浆喷溢（图8-1a），形成了峨眉山火成岩省，形成了起伏不平的火山高地、火山洼地古地貌，塑造了中国西南地区晚二叠世古地理格架。现代风化作用的研究表明，火山高地的玄武岩更易于发生风化淋滤作用（红土化作用），形成高岭石、蒙脱石等黏土矿物、含铁非晶质矿物、铝土质等风化产物，呈碎屑状、胶体形式随水溶液源源不断向火山洼地搬运。

根据刘成英等（2011）对晚二叠世扬子板块的古地磁研究，研究区及滇东的大片区域处于南半球的低纬度地区，属富氧多雨的湿热古气候环境，化学风化作用及生物风化作用强烈，下渗水为中性至碱性，玄武岩的组成矿物发生强烈的分解作用，易溶的 Cl^- 及碱金属、碱土金属元素溶解流失，在风化的高级阶段，硅质亦大量的被淋滤流失，玄武岩中的铁、铝等元素从低价状态被氧化为高价态铁、铝氢氧化物、氧化物的风化残积物，从而在玄武岩顶部形成具有矿物组合成熟度较高的、厚大的“红顶”——玄武岩古风化壳。由于风化壳碱性作用阶段为主，更利于铁、铝氢氧化物、黏土矿物对 REE 的吸附富集，为含铁岩系（含矿层）的形成提供了物质基础。

8.2.2 古风化壳积物堆积—迁移—沉积—含矿层形成阶段

玄武岩风化的铁质、铝土质、黏土质残积物在大气降水作用下，主要呈细粒碎屑颗粒悬浮物形式随水溶液搬运，少量呈胶体形式搬运。铁质、黏土质因携带一定电荷而具有吸附性（图8-1b）。铁质对 Ag、Au、P 等元素的离子具有较强的吸附能力。黏土矿物通常具有负电性特征，对 Au、Ag、REE 等金属阳离子有很强的选择性吸附能力。根据样品元素地球化学特征，稀土元素、铜、钛显著富集于铁矿层及含铁质、铝土质黏土岩中，特别是致密块状铁矿层中富集达到最大值（REO 0.29%；Cu 0.18%），表明当玄武岩风化产物铁质、黏土质搬运过程中，充当了稀有元素、稀土元素、贵金属元素的良好载体。当玄武岩风化产生的带电荷含铁矿物、黏土矿物的碎屑、胶体吸附钛、稀土、铜等金属阳离子后，二者电荷中和，发生聚合、絮凝作用，在表生水体中呈细粒悬浮物向火山洼地形成的陆内湖泊或沼泽环境运移。迁移至陆内湖泊或沼泽后，由于水动力条件变弱，发生重力沉积分异作用：首先，大量的铁质及少量铝土质、黏土质最先沉积于盆地边缘的滨湖相带，由于水平面的反复变化，形成具有复杂碎屑状结构、胶状、鲕状的铁质沉积层；其次，随着水体逐渐变深，主要沉淀铝土质、黏土质，并伴随部分铁质的沉淀，形成铁质、铝土质黏土沉积层；最后，在更深水体中沉淀黏土质，形成较纯的黏土质沉积层。铁质沉积层、铁质、铝土质黏土沉积层、黏土质沉积层中的稀土、钛、金、银、镓等元素均有明显的富集。

铁质沉积层、铁质、铝土质黏土沉积层、黏土质沉积层形成后，由于上覆沉积物的压实作用，发生脱水，进而固结、石化成岩，形成含铁岩系（含矿层）。

根据物相分析结果，研究区赤铁矿、褐铁矿且主要在赤铁矿中铁含量为29.31%，表明在压实、脱水、固结过程中，铁的化合物形式发生了明显的改变，在原始沉积层中铁主要是以铁的氢氧化物形式存在，由于压实作用，富水的铁氢氧化物脱水，导致铁的赋存形式向赤铁矿转变，即是 $Fe(OH)_3$（富水的铁氢氧化物）压实、脱水作用——FeOOH（针铁矿）——压实、脱水作用 Fe_2O_3（赤铁矿）（图8-1c）。同时压实、脱水作用在局部产生重溶及重结晶作用，使得部分碎屑状颗粒边缘增大，形成加大边结构。铁质沉积层、铁质、铝土质黏土沉积层、黏土质沉积层经历压实、脱水、固结等过程后，形成了研究区富集钛、稀土、金、银、镓的含铁岩系（含矿层）（图8-1c）。

8.3 淋滤富集成矿期

8.3.1 地壳振荡性升降—暴露—含矿层风化淋滤阶段

在含矿层形成后，由于地壳振荡性升降运动，含矿层暴露于地表而遭受风化淋滤作用（图8-1d），碱金属等易溶元素因风化淋滤而随地表水流失，同时大量的硅质也被大量的淋滤而流失，发生明显的脱硅现象。而大部分铁质、铝土质的氧化物风化为氢氧化物（褐铁矿、三水铝石等）残留原地，形成次生淋滤堆积。风化作用分解出来的稀土元素、钛矿物等被铁质、黏土矿物吸附而富集于风化淋滤残留物中。

8.3.2 含矿层次生富集成矿阶段

当含矿层风化淋滤作用持续进行，铁质次生富集成矿，同时铁质吸附的稀土元素、铝土矿物、钛矿物、铜、镓等元素富集程度达到综合利用价值，最终形成研究区新类型的玄武岩—古风化壳型铁、钛、稀土多金属矿（图8-1e）。

8.3.3 含矿层被覆盖保存阶段

铁矿的初始含矿层形成后，由于地壳振荡性升降运动，该区域在晚二叠世下沉形成陆相湖盆，宣威组地层形成并覆盖于铁矿层之上，使该铁矿层未被以后的风化剥蚀作用破坏，有效的保存了该铁矿层（图8-1f）。

8.4 成矿模式

综上所述，研究区铁成矿作用为内生作用与外生作用共同作用的结果，经历了玄武岩浆喷溢—古风化壳形成—搬运沉积—风化淋滤—次生富集成矿及保存等过程。内生作用提供成矿所需的原始成矿物质，外生作用则使玄武岩形成古风化壳，风化壳积物堆积，并随地表水体迁移至水动力条件较弱的湖泊、沼泽环境中发生沉积，含矿岩系形成；以后由于地壳振荡性升降—暴露—风化淋滤作用，次生富集成矿作用，致使铁、钛、稀土等元素进一步富集成矿；最后在晚二叠世下沉形成陆相湖盆，宣威组地层形成有效的覆盖层保存了该铁矿层。因此，研究区铁多金属矿床应当属于玄武岩—古风化壳沉积（堆积）型铁、钛、稀土多金属矿床。

9 找矿模式与找矿预测

近年来，贵州西部“香炉山式铁矿”实现了找矿的重大突破，但找矿方法主要以传统综合地质找矿方法为主，虽然开展了一些地球物理方法找矿，但对区内找矿方法和模式缺乏系统集成，不利于下一步找矿工作的开展，本次研究系统总结了前人找矿方法以及贵州省地矿局113地质大队在区内的成功找矿方法和经验，初步建立了区内“香炉山式铁矿”的找矿方法体系和找矿模式，同时对区内“香炉山式铁矿”进行了初步的找矿预测。

9.1 找矿标志

9.1.1 地层岩性标志

区内的铁多金属矿主要赋存于峨眉山玄武岩组第三段（$P_{2-3}em^3$）顶部与宣威组(P_3x)底部之间的含铁岩系地层中，该含铁岩系层位稳定，含铁岩系厚度、延伸都比较稳定，为一套紫红色含白色斑点（高岭石）铁质凝灰岩豆状铁质黏土岩、铁质凝灰质黏土岩、含铁质角砾黏土岩组合，地表植被稀少，易于识别。同时含铁岩系的厚度越大，越有利于成矿。

9.1.2 古风化壳标志

玄武岩分布区及其与上覆地层间的古风化壳不整合面是寻找“香炉山式铁矿”的重要和直接找矿标志。

由于差异风化的作用，铁矿层和峨眉山玄武岩在地表往往形成突出的陡坎，是区内寻找该类型铁矿的最为重要和直接的找矿标志（附录5）。

9.1.3 地表老硐标志

区内老百姓私自开采的老硐、采场，也是区内寻找该类型铁矿的重要和直接找矿标志。

9.1.4 区域地球化学标志

研究区内TFe_2O_3、Al_2O_3、CaO、MgO等元素或氧化物地球化学背景明显高于其他地球化学区和贵州省地球化学背景。西南地区TFe_2O_3浓集区主要分布在昭通—东川—曲靖—兴义—威宁所围限的呈N～NW展布的一面状区域内，其浓集中心在宣威一带，其中Fe、REE、Cu、Pt、Pd异常在空间上与峨眉山玄武岩关系密切。

同时，区内TFe_2O_3元素高异常区是寻找该类古风化壳淋滤型铁矿床的有效间接标志。

9.1.5 地球物理标志

贵州省地矿局113地质大队（2014）在进行区内铁多金属整装勘查工作时，在区内开展了相关的地球物理工作。其工作成果表明，宣威组地层表现为低阻，玄武岩表现为高阻，含铁岩系（含矿层）表现为相对中高阻，凝灰岩表现为相对低阻，各组岩（矿）石电性差异较明显。因此，可以利用音频大地电磁划分二叠系宣威组与下覆峨眉山玄武岩组，圈出两者之间的古风化壳不整合面即含铁岩系，进而指示找矿。

9.1.6 遥感异常标志

虽然区内铁矿床在找矿过程中没有开展遥感方法试验，但区内含铁岩系为一套高铁、富含高岭石的黏土岩系，因此可以用羟基异常圈定高岭石化、泥化异常区，同时可以用铁染异常圈定含铁岩系地表露头。因此，可以同时应用羟基异常和铁染异常的套和来圈定区内含铁岩系的展布范围，进而为寻找区内“香炉山式铁矿”提供依据。

9.2 找矿模式

9.2.1 找矿方法

以区域地质背景为基础，以地质理论，尤其是风化壳型矿床成矿理论为指导，以地质、物探、遥感为综合找矿方法，以轻型山地工程解剖追索地表露头、深部钻探控制和追索含铁岩系（矿层）延伸情况为主要手段，来评价威宁哲觉—香炉山地区“香炉山式铁矿”资源。

实际地质工作具体找矿方法为：遥感圈定羟基和铁染异常，结合区域向斜构造展布情况及峨眉山玄武岩组与宣威组间古风化壳不整合面中的含铁岩系出露情况，通过中大比例尺地质填图，轻型山地工程控制，了解区内含铁岩系中铁矿（化）层的连续性及矿石质量情况，圈定成矿有利地段，利用音频大地电磁法确定古风化壳不整合面即含铁岩系在深部的延伸和变化情况，通过深部钻探工程控制含铁岩系及铁矿层的延伸情况和矿石质量变化情况，最终控制矿床规模。区内以往工作和本次调查表明，在有利成矿地段，通过中大比例尺地质填图追索含铁岩系（矿层）在区域上的展布和变化情况，结合控矿因素（地层、岩性、构造等），进而实施深部钻探验证和控制是最为有效的找矿方法组合。

9.2.2 找矿模式（模型）

贵州西部地区“香炉山式铁矿”的找矿方法模式为：遥感+地球化学方法圈定找矿远景区—地质填图+控矿因素综合分析圈定成矿有利地段—地球物理定位含铁岩系（矿层）延伸及起伏变化情况—深部钻探验证，探明矿体，估算铁矿资源量。其找矿方法模式框图如图9-1所示，地质找矿方法模式见表9-1。

与此同时，贵州西部地区“香炉山式铁矿”地质找矿模式有三种类型，一是深潜式（盲体矿），深埋地下，上覆盖有上二叠统宣威组和下三叠统飞仙关组；二是浅伏式（隐伏矿），上覆仅盖有上二叠统宣威组；三是暴露式（地表矿），含铁岩系完全暴露在地表，易于发现和观察，如图9-2所示。

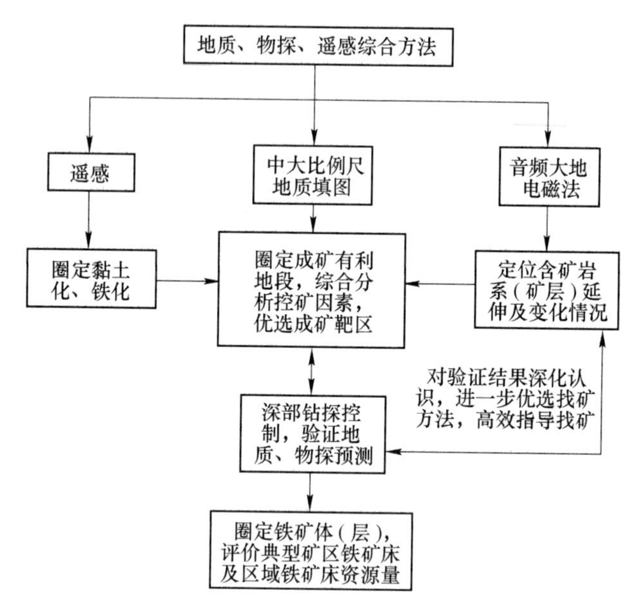

图 9-1　贵州西部地区“香炉山式铁矿”找矿方法模式图

表 9-1　贵州西部地区“香炉山式铁矿”地质找矿模式

控矿因素	哲　觉　地　区	香　炉　山　地　区
褶皱构造	NE 向展布的哲觉及其次级向斜	NW 向展布的香炉山和二塘向斜
上覆地层	宣威组，与下伏地层平行不整合	宣威组，与下伏地层平行不整合
含铁岩系	峨眉山玄武岩组与宣威组间古风化壳不整合面中含铁岩系	峨眉山玄武岩组与宣威组间古风化壳不整合面中含铁岩系
下伏地层	与上覆含铁岩系为假整合接触	与上覆含铁岩系为假整合接触
含铁岩系特征	厚度大，平均约 10m。上部为铝质黏土岩，在其中部含一层不可采豆状赤铁矿，富集稀土；中部为含高岭石斑点的铁质凝灰岩，含一层厚 2～3m 的豆状赤铁矿层；下部为含高岭石斑点铁质凝灰岩，局部可见铁矿化层	厚度较小，平均约 6m。上部为铝质黏土岩，在顶部见铁质壳层，富集稀土；中部为铝质黏土岩，在与上部接触附近见一层不可采豆状赤铁矿，局部见黄铜矿化；下部为含高岭石斑点铁质凝灰岩，含一层厚 0.3～1.7m 的豆状赤铁矿层
矿体形态及产状	上部矿层不稳定，常尖灭，为透镜状或似层状；下部矿体连续、稳定，为层状或似层状	上部矿层不稳定，常尖灭，为透镜状或似层状；下部矿体较连续、稳定，为层状或似层状
矿石自然类型	浅地表以褐铁矿为主，深部主要为赤铁矿	浅地表以褐铁矿为主，深部主要为赤铁矿
矿石质量	为高铝硅矿石，品位较低，TFe 25.51%～45.24%，平均 33.95%	为高铝硅矿石，品位较低，TFe 27.21%～53.83%，平均 37.81%
矿床地球化学	与成矿母岩相似，为轻稀土富集，矿石 $\sum$REE 平均 704.56×10^{-9}，富集 Ba、Cu、Ga、Nb、Sc、Sr、V、Zn、Zr 等微量元素	与成矿母岩相似，为轻稀土富集，矿石 $\sum$REE 平均 310.10×10^{-9}，富集 Ba、Cu、Ga、Nb、Sc、Sr、V、Zn、Zr 等微量元素
地貌特征	向斜或地势低洼区铁矿层发育且厚度稳定，矿石品位高；在背斜或地势较高地带铁矿层发育不好，且厚度变化大，矿石品位低	向斜或地势低洼区铁矿层发育且厚度稳定，矿石品位高；在背斜或地势较高地带铁矿层发育不好，且厚度变化大，矿石品位低
矿床规模	中-大型	中-大型

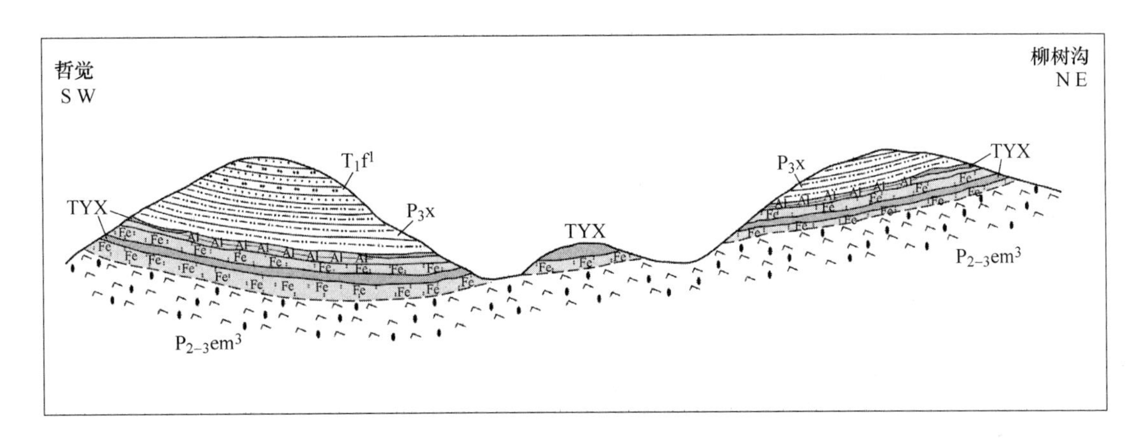

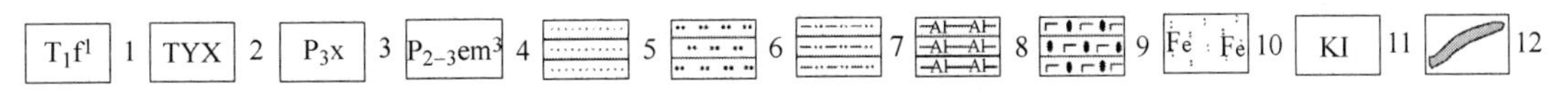

图 9-2 贵州西部地区“香炉山式铁矿”地质找矿模式图

1—下三叠统飞仙关组第一段；2—含铁岩系；3—上二叠统宣威组；4—中～上二叠统峨眉山玄武岩组；5—中厚～厚层细砂岩；6—中厚～厚层粉砂岩；7—中厚～厚层粉砂质泥岩；8—中厚层铝质黏土岩；9—杏仁状玄武岩；10—铁质凝灰岩；11—高岭石团斑；12—铁矿层（体）

9.3 找矿方向预测分析

据《贵州省威宁—水城地区铁多金属矿整装勘查》成果资料和本次深入综合研究认为，研究区玄武岩—风化壳型铁、稀土多金属矿床受含铁岩系古风化壳（含矿层）控制，是寻找铁、稀土多金属矿的重要目标层位。含铁岩系分布受褶皱构造控制，主要分布于哲觉向斜与香炉山向斜两翼（图 9-3）。在哲觉向斜两翼，含铁岩系以黑石背斜为界，将哲觉向斜分为南北两段。哲觉向斜南段，其含铁岩系受北东向岳家村断层影响，造成其南段西翼含铁岩系地表缺失，为隐伏层位，东翼与向斜方向一致，呈北东向，条带状分布。哲觉向斜北段的南西部含铁岩系主要分布于哲觉向斜的次级向斜六各向斜的两翼，呈北东向，条带状；其北东大部含铁岩系分布于哲觉向斜的次级向斜杨柳湾向斜两翼，呈北东向，条带状。

在香炉山向斜两翼，含铁岩系呈北西向分布于次级褶皱香炉山向斜、结里向斜及二塘向斜两翼。在二塘向斜，含铁岩系受北西向断层破坏，造成该向斜南西翼含铁岩系在地表缺失，为隐伏层位，南东翼分布受向斜控制，展布方向与该向斜一致，呈条带状。在结里向斜，由于该向斜受近南北向断层破坏，故造成向斜北西端的东翼及南东端的南西翼含铁岩系地表缺失，为隐伏层位；而含铁岩系主要分布于该向斜的北西端的西翼及南东端的东翼，呈北西向，条带状。

因此，沿向斜两翼出露的含铁岩系具有较好的找矿远景，并划定了两个找矿远景区（图 9-3），分别为哲觉—哈喇河找矿远景区及香炉山找矿远景区。

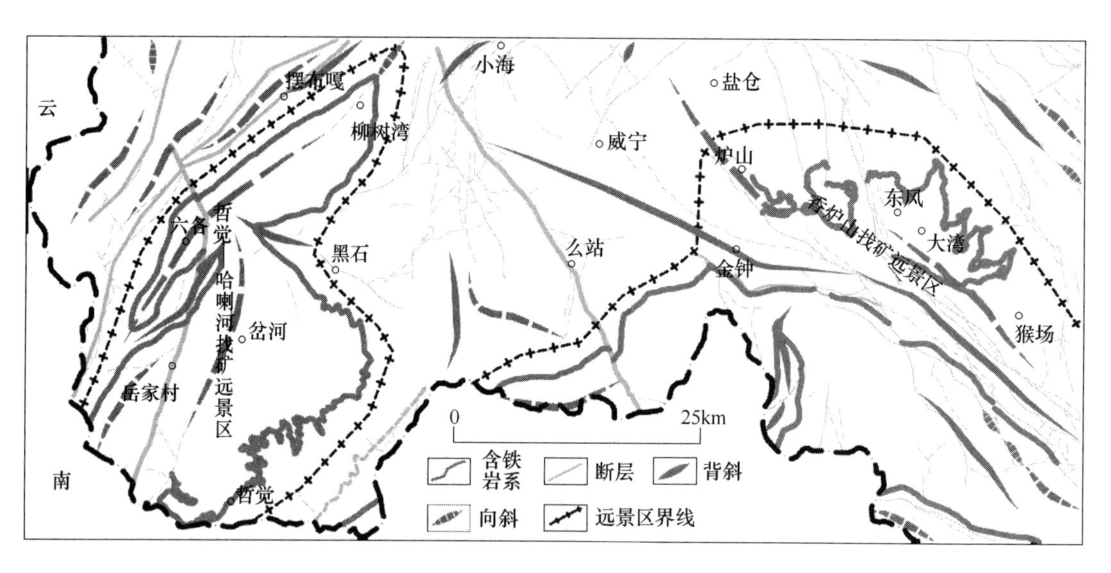

图 9-3　贵州西部“香炉山式铁矿”找矿远景区划分图

10 结　　语

“唯改革者进，唯创新者强，唯改革创新者胜”。今天，我们步入了创新驱动发展、建立创新型国家的新时代，需要更多更好的自主创新成果转化为生产力以支撑和促进我国经济社会发展，需要更多优质矿产资源以保障国家发展战略安全，时代的要求就是地质科研工作者的使命。本书的编写正是在这种新的历史时代背景下完成的。本书是《贵州省西部地区铁矿成矿规律、控矿因素与成矿预测研究》项目成果的集中体现，是一部地质生产和地质科研几乎同步完成的原创性研究成果，也是教学科研与生产实践切实有机结合的成功实例展现。项目研究工作的主要进展、成果特色和问题建议主要体现在以下方面。

10.1　项目研究工作主要进展

（1）通过对矿床地质特征、地球化学特征、成矿控制因素、成矿规律及成矿机制的研究，提出了“玄武岩—古风化壳沉积（堆积）型”铁矿床新类型。明确指出，该铁矿属于古风化壳沉积（堆积）型矿床，兼有风化矿床和沉积矿床的二重性，拟定为“香炉山式铁矿”。

（2）通过对峨眉山玄武岩顶部至宣威组底部岩石组合特征的研究，拟定了铁矿的含铁岩系（含矿层）属于晚二叠纪晚期峨眉山玄武岩组第三段的风化壳沉积（堆积）层，含铁岩系的顶、底界面性质均为平行不整合界面。

（3）系统对成矿背景进行了研究，认为：

1）研究区属于扬子陆块西南缘，处于北西向紫云～垭都深大断裂、北东向的弥勒～师宗深大断裂带和近南北向小江深大断裂挟持的三角地带。

2）研究区内与峨眉地幔柱活动相关的成矿作用广泛，矿床类型多样，且对成矿的控制作用还表现在它遭受风化剥蚀后为后期的沉积矿床提供了丰富而独特的巨量物源。

3）玄武岩喷溢结束后，由于陆壳的多次振荡性升降和差异性剥蚀作用，在玄武岩高原上形成相对高地和低地两种次级地貌类型，高地的玄武岩受到侵蚀、风化和剥蚀，低地接受来自于高地风化剥蚀产物堆积和沉积。

4）岩石地球化学分析结查表明，主量元素表现为 MgO 含量较低，TFe_2O_3 含量明显高于邻区峨眉山玄武岩中 TFe_2O_3 的含量，TiO_2 含量高于区域上峨眉山玄武岩中的 TiO_2 含量，属高钛玄武岩，SiO_2 含量低；微量元素表现为 Cr 有明显亏损，Ni 和 Co 明显增高，Cu 元素具有明显正异常；稀土元素表现为轻稀土富集型，在轻稀土中以铈（Ce）和镧（La）二元素为主，在重稀土中以钇（Y）为主。

（4）全面对成矿控制因素进行了研究，认为：

1）成矿物质来源于峨眉山玄武岩组第三段。

2）峨眉山大火成岩省控制了“玄武岩—古风化壳沉积（堆积）型”（“香炉山式铁矿”）铁矿床的区域分布。

3）峨眉山玄武岩组顶部的古风化壳控制了区内该铁矿床的分布，其古风化作用的风化程度控制了该地区铁矿层在空间上和时间上的分布。

4）玄武岩高原上形成的高地和低地两种地形，高地的玄武岩遭受风化侵蚀和剥蚀，风化作用不断为低地（沉积区）提供物质来源，陆相大型浅水湖盆边缘是成矿最有利的部位。

5）晚二叠世时期，研究区古纬度处于赤道附近，为多雨潮湿炎热的古气候环境，为峨眉山玄武岩组顶部古风化壳的快速形成提供了有利的古气候条件。

6）古环境与古生态研究表明以大羽羊齿属为代表的华夏植物群是加速风化作用进程的重要因素，表明含矿层形成时属于陆相温暖潮湿的最佳气候环境。

（5）详细对成矿规律进行了研究，认为：

1）含铁岩系形成于峨眉山玄武岩浆大规模喷溢结束之后至宣威组第一段细碎岩沉积之前，成矿作用发生在255Ma——晚二叠世宣威早期，并且成矿过程具有长期性和多阶段性。

2）铁矿床成矿空间分布规律表现为“香炉山式铁矿”集中分布于峨眉山大火成岩省外带的东部边缘，其空间分布受到峨眉山玄武岩顶部古风化壳界面、含铁岩系沉积盆地等多种因素的控制。

3）褶皱构造决定了矿床的保存与产出空间，铁矿床均产在凹陷的古盆地边缘与向斜构造中。

4）矿体严格受“含铁岩系”的空间展布控制。

5）矿物岩石学成矿规律表现为：含矿性较好的是含矿岩系下部具火山角砾结构、凝灰角砾结构、条带状构造和层状构造的凝灰质岩石，上部具凝灰结构的岩石其含矿性次之，含矿性最差的为泥质结构的岩石。

6）研究区多有铝（Al）、钛（Ti）、钪（Sc）、稀土等矿产与铁矿床共（伴）生。

（6）通过研究，探讨了“香炉山式铁矿”的形成过程和形成机制，建立了“玄武岩—古风化壳沉积（堆积）型”铁矿的成矿模式，研究认为：成矿经历了三期六个阶段，三期分别为第一期矿源层形成期，第二期含铁岩系形成期，第三期淋滤富集成矿期；其中第二期再分为二个阶段，第三期再分为三个阶段；六个阶段分别为第一阶段的峨眉地幔柱上隆—地壳拉伸—玄武岩浆喷溢，第二阶段的玄武岩风化蚀顶—古风化壳形成，第三阶段的古风化壳积物堆积—迁移—沉积—含矿层形成，第四阶段的地壳振荡性升降—暴露—含矿层风化淋滤，第五阶段的含矿层次生富集成矿，第六阶段的含矿层被覆盖保存。

（7）总结了“玄武岩—古风化壳沉积（堆积）型”铁矿的找矿标志，建立了“玄武岩—古风化壳沉积（堆积）型”铁矿的找矿模式，预测了找矿方向。

10.2　项目研究成果主要特色

（1）全面系统地对“香炉山式铁矿”的成矿背景、控矿因素、成矿规律进行了研究和讨论。

（2）通过详细地对峨眉山玄武岩组顶部至宣威组底部岩石组合特征和沉积环境的研究，拟定了“香炉山式铁矿”的含铁岩系（含矿层）属于晚二叠纪晚期峨眉山玄武岩组第三段的古风化壳沉积（堆积）层。

（3）提出了该铁矿床的成因类型为“玄武岩—古风化壳沉积（堆积）型”，首次拟定为“香炉山式铁矿”，探讨了其成矿机制。

（4）首次建立了“香炉山式铁矿”的成矿模式与找矿模型。

10.3 存在问题和建议

（1）部分研究工作还有待加强，如碳氧同位素分析等，由于当时取样未取到合适的方解石脉和黄铁矿，致使该项研究工作完成不够理想。

（2）由于项目工作时间短促，有些问题研究深入不够，如成矿作用过程深入不够、成矿时间约束不够精准等。

（3）通过典型矿床研究，尽管哲觉矿田内的铁矿层厚度较大，矿石品位也相对较高，但由于该类型铁矿床首先在威宁县香炉山地区发现，根据命名优先权原则，项目组认为应保持“香炉山式铁矿”名称较为合适，不宜另立新名。

（4）在研究区域内，含矿岩系分布空间广泛，多处矿点矿层厚度和品位已达到铁矿床工业指标要求，本次研究初步提出其时空分布规律及找矿模式，但整个研究区目前的勘查程度还很低，需加强地质勘查工作进行验证，特别是开展铁矿石的选冶加工技术性能试验，为工业开发利用提供可靠依据。

（5）区域内含铁岩系中共（伴）生有多种矿产，如铝、稀土、钛、钪等，建议加强共伴生矿产的研究与评价工作，提高矿产资源的综合利用率，使离子吸附型稀土、铌等高附加值共伴生矿产为促进贵州西部地区经济社会又好又快发展发挥更大作用。

参 考 文 献

[1] 贵州省地质矿产勘查开发局113地质大队．贵州省威宁—水城地区铁多金属矿整装勘查报告［R］. 2014.

[2] 贵州省地质调查院．贵州省区域地质志［R］. 2012.

[3] 贵州省地质矿产局区域地质调查大队．贵州岩相古地理图集［M］．贵阳：贵州科技出版社，1992.

[4] 贵州省地质调查院．全国矿产资源利用现状调查、贵州省铁矿资源储量核查报告［R］. 2010.

[5] 贵州省地质调查院．全国矿产资源潜力评价项目，贵州省铁矿资源潜力评价成果报告［R］. 2009.

[6] 刘幼平，程国繁，崔滔，等．贵州铝土矿成矿规律［M］．北京：冶金工业出版社，2015.

[7] 毛德明，张启厚，安树人．贵州西部峨眉山玄武岩及其有关矿产［M］．贵阳：贵州科技出版社，1992.

[8] 聂爱国，亢庚．贵州峨眉山玄武岩差异性成矿研究［M］．贵阳：贵州科技出版社，2014.

[9] 陈文一，刘家仁，王中刚，等．贵州峨眉山玄武岩喷发期的岩相古地理研究［J］．古地理学报，2003，5（1）：17～28.

[10] 孟昌忠，陈旸，张莹华，等．峨眉山大火成岩省去顶作用与黔西铁～多金属矿床成因：锆石U-Pb同位素年代学约束［J］．中国科学，2015，45（10）：1469～1480.

[11] 李再勇，杨德传，郭云胜．贵州省威宁—水城地区铁多金属矿矿体地质特征研究［J］．企业技术开发，2015（4）：33～35.

[12] 张海，何明友，卢啟富，等．贵州西部二叠系玄武岩古风化壳常量元素地球化学特征研究［J］．地球科学进展，2012（S1）：144～148.

[13] 邓克勇，王东，张正荣．贵州西部玄武岩型铜矿成矿规律研究［J］．贵州地质，2007，24（4）：247～252.

[14] 王富东，朱笑青，王中刚．与峨眉山玄武岩有关的沉积型铜矿——“马豆子式”铜矿的成因研究［J］．中国科学：地球科学，2011，41（12）：1851～1861.

[15] 李松涛．黔西北威宁香炉山地区铁铜矿地质地球化学特征研究［D］．成都：成都理工大学，2014.

[16] 杨瑞东，鲍森，廖琍，等．贵州西部中、上二叠统界线附近风化壳类型及成矿作用［J］．矿物学报，2007，27（1）.

[17] 晏勇，陶平，刘锐．贵州赫章县菜园子铁矿稀土元素地球化学研究［J］．贵州地质，2012，29（2）：145～150.

[18] 廖震文．滇黔邻区与峨眉山玄武岩有关的铜矿、金矿地质特征对比［J］．吉林大学学报（地球科学版），2010，40（4）：821～827.

[19] 王伟，杨瑞东，鲍森，等．贵州峨眉山玄武岩区风化壳与成矿关系［J］．贵州大学学报（自然科学版），2006，23（4）.

[20] 王晓刚，黎荣，蔡俐鹏，等．川滇黔峨眉山玄武岩铜矿成矿地质特征、成矿条件及找矿远景［J］．地质学报，2010，30（2）.

[21] 张莉，季宏兵，高杰，等．风化壳主量元素、微量元素及稀土元素的地球化学特征［J］．地球化学，2015，44（4）.

[22] 张海，何明友，郭佩佩，等．贵州西部二叠系玄武岩古风化壳型铁多金属矿床演化特征研究［J］．高校地质学报，2013，19（增刊）.

[23] 王伟，杨瑞东，栾进华，等．贵州西部玄武岩风化壳中稀土矿成矿机理及成矿模式［J］．四川地质学报，2011，31（4）.

[24] 孟昌忠，何明友，张海，等．黔西北威宁地区含铁铜地层及其矿物岩石学特征［J］．矿物岩石地球化学通报，2015，34（5）.

[25] 韩昭．安林地区铁矿成矿规律及控矿因素［J］．现代矿业，2011，508（8）．
[26] 张腊梅，马润则，陈娟，等．贵州省大方地区二叠纪玄武岩地球化学特征［J］．现代矿业．2015（4）：82～86.
[27] 廖宝丽，张招崇，寇彩化，等．贵州水城二叠纪钠质粗面玄武岩的地球化学特征及其源区［J］．岩石学报，2012（4）：1238～1250.
[28] 张文婷．滇东南丘北地区铝土矿地球化学特征及成矿物质来源研究［D］．北京：中国地质大学（北京），2012.
[29] 肖加飞，熊小辉，付绍洪．贵州峨眉山玄武岩东部边缘带岩石地球化学特征及其有关的成矿作用［J］．矿物学报，2011（S1）：177～178.
[30] 李闫华，鄢云飞，谭俊，等．稀土元素在矿床学研究中的应用［J］．地质找矿论丛，2007，22（4）：294～298.
[31] 高军波，杨瑞东，陶平，等．贵州西北部泥盆系镁菱铁矿床成因研究［J］．地质论评，2015，61（6）：1305～1320.
[32] 王居里，郭健，刘忠奎，等．滇东北峨眉山玄武岩区的沉积型铜矿床［J］．矿床地质，2006，25（6）：663～671.
[33] 俞缙，李普涛，于航波．靖西三合铝土矿微量元素地球化学特征与成矿环境研究［J］．河南理工大学学报，2009，28（3）：289～293.
[34] 史忠生，陈开远，史军，等．运用锶钡比判定沉积环境的可行性分析［J］．断块油气田，2003，10（2）：12～18.
[35] 孙镇城，杨藩，张枝焕，等．中国新生代咸化湖泊沉积环境与油气生成［M］．北京：石油工业出版社，1997.
[36] 陈平，柴东浩．山西地块石炭纪铝土矿沉积地球化学研究［M］．太原：山西科学技术出版社，1997.
[37] 任来义，符俊辉，林桂芳，等．孢粉化石的信息函数与古环境分析［J］．西北大学学报，2001，31（6）：506～508.
[38] 李丽琴，王永栋．孢粉生态群模型（SEG）及其在古环境研究中的应用［J］．古生物学报，2014，53（3）：335～344.
[39] 吴炳伟．孢粉信息函数在辽河断陷西部凹陷沙河街组古环境分析中的应用［J］．微体古生物学报，2015，32（3）：285～291.
[40] 王燕，赵志中，乔彦松，等．川北若尔盖高原红泥炭剖面孢粉记录的晚冰期以来古气候古环境的演变［J］．地质通报，2006，25（7）：827～832.
[41] 杜圣贤，王启飞，宋香锁，等．山东平邑盆地古新世孢粉组合及其古气候意义［J］．微体古生物学报，2015，32（4）：419～429.
[42] 苗运法，方小敏，宋之琛，等．青藏高原北部始新世孢粉记录与古环境变化［J］．中国科学，2008，38（2）：187～196.
[43] 朱江，张招崇，侯通，等．贵州盘县峨眉山玄武岩系顶部凝灰岩 LA-ICP-MS 锆石 U-Pb 年龄：对峨眉山大火成岩省与生物大规模灭绝关系的约束［J］．岩石学报，2011，27（9）：2743～2751.
[44] Pang K, Zhou M, Qi L, et al. Flood basalt-related Fe-Ti oxide deposits in the Emeishan large igneous province, SW China［J］. Lithos. 2010, 119（1-2）：123～136.
[45] 夏林圻，徐学义，李向民，等．亚洲 3 个大火成岩省（峨眉山、西伯利亚、德干）对比研究［J］．西北地质，2012，45（2）．
[46] 李松涛，刘建中，何明友，等．黔西北威宁香炉山地区铁铜矿地质地球化学特征研究［J］．地质与勘探，2016，52（5）：826～837.

附 录

附录1 古生物化石照片

▲ ZTC511 剖面烟叶大羽羊齿叶片

▲ ZTC511 剖面烟叶大羽羊齿叶片

▲ ZTC511 剖面烟叶大羽羊齿叶片

▲ ZTC511 剖面美羊齿叶片

▲ XZK0201 贝尔瑙蕨叶片

▲ 大羽羊齿属叶片

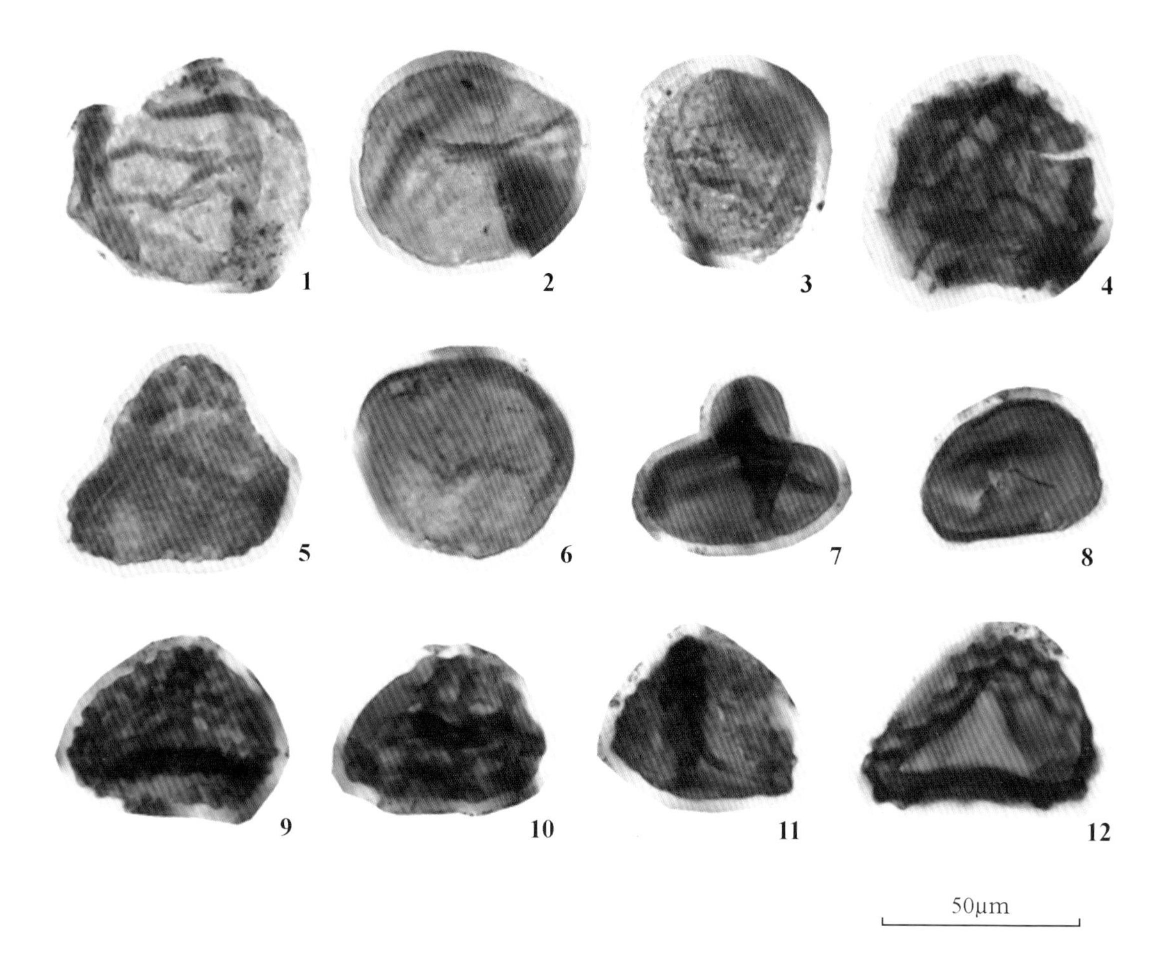

1、2 短射线芦木孢 *Calamosporabreviradiata* (Kosanke,1950) 新疆，红雁池组。样品编号 MBT1。

3 史蒂普林圆形粒面孢 *Cyclogranisporitesstaplinii* 新疆，乌尔禾下亚组。样品编号 MBT1。

4 双网平网孢 *Dictyotriletes cf. bireticulatus* 新疆，巴塔玛依内山组。样品编号 MBT5。

5 结瘤格脉蕨孢 *Clathroiditespapulosus* (Bai,1983) 上三叠统和下侏罗统。样品编号 MBT5。

6 史蒂普林圆形粒面孢 *Cyclogranisporitesstaplinii* 新疆，乌尔禾下亚组。样品编号 MBT2。

7 弓形堤光面三缝孢 *Leiotriletesadnatus* (Kosanke,1950；Potonie et Kremp,1955) 新疆，梧桐沟组。样品编号 MBT2。

8 弓形堤光面三缝孢 *Leiotriletesadnatus* (Kosanke,1950；Potonie et Kremp,1955) 新疆，梧桐沟组。样品编号 MBT1。

9、11、12 克鲁克孢（未定种）*Klukisporites* sp. 中生代。样品编号 MBT2。

10 鲁氏孢（未定种）*Rogalskaisporites* sp. 晚三叠世至早白垩世。样品编号 MBT2。

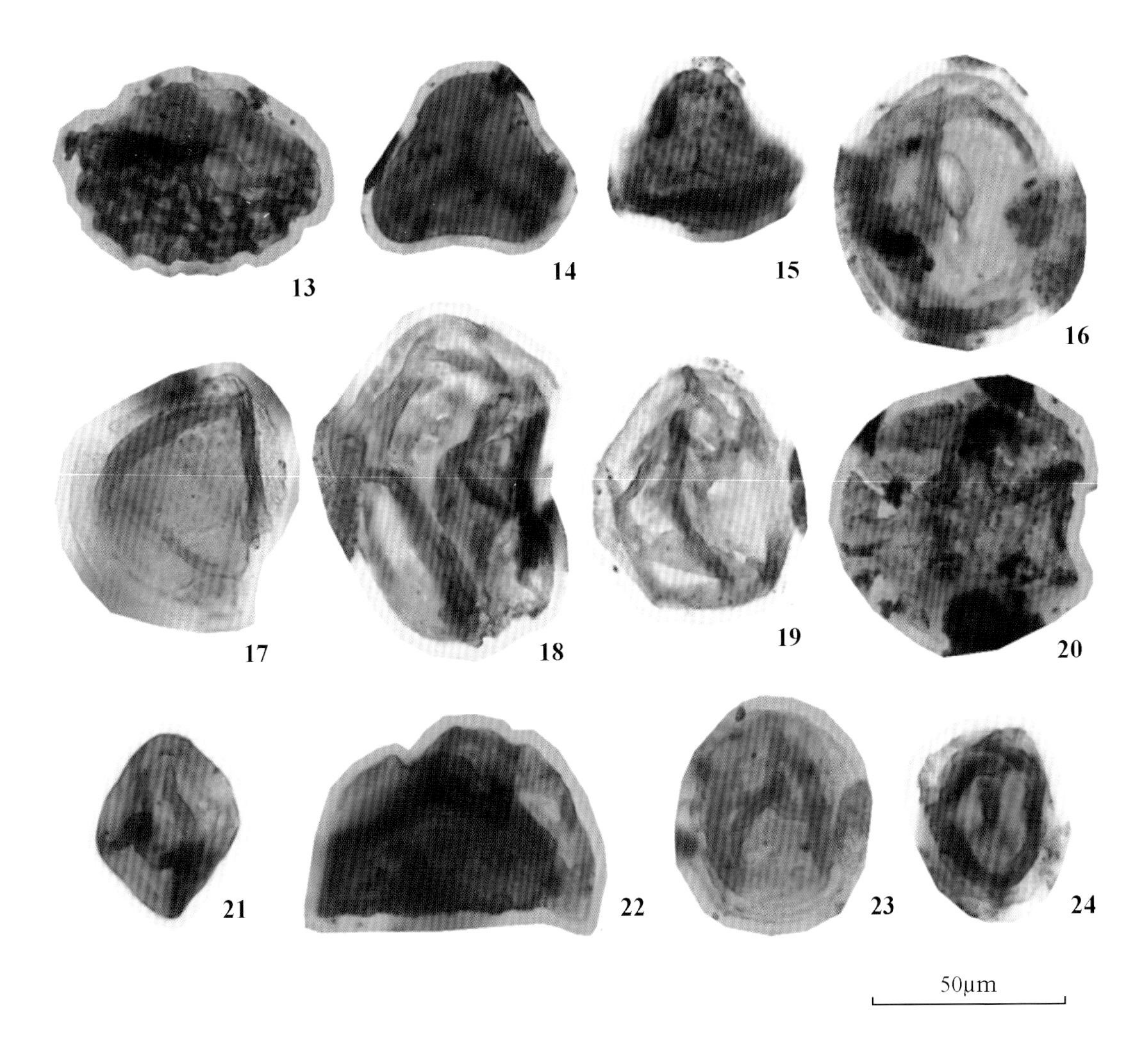

13 克鲁克孢（未定种）*Klukisporites* sp. 中生代。剖面编号 MBT2。样品编号 PM001-50F1。

14 弓形堤光面三缝孢 *Leiotriletesadnatus* (Kosanke,1950；Potonie et Kremp,1955) 新疆，梧桐沟组。样品编号 PM001-50F1。

15 变异三角锥瘤孢 *Lophotriletesvarius* (Zhou, 2003) 新疆，佳木河组。样品编号 MBT2。

16 南洋杉粉（未定种）*Araucariacutes* sp. 中生代。样品编号 MBT2。

17 南洋杉粉（未定种）*Araucariacutes* sp. 中生代。样品编号 MBT1。

18 皱球粉（未定种）*Psophosphaera* sp. 中、新生代。样品编号 MBT1。

19 皱球粉（未定种）*Psophosphaera* sp. 中、新生代。样品编号 MBT2。

20 皱球粉（未定种）*Psophosphaera* sp. 中、新生代。样品编号 PM001-50F1。

21 卵形粉（未定种）*Ovalipollis* sp. 中三叠世至早侏罗世。样品编号 MBT2。

22 皱囊粉（未定种）*Plicatipollenites* sp. 二叠纪。样品编号 PM001-47F1。

23 巴德沃沃基粉（未定种）*Bharadwajispora* sp. 新疆，梧桐沟组。样品编号 PM001-47F1。

24 巴德沃沃基粉（未定种）*Bharadwajispora* sp. 新疆，梧桐沟组。样品编号 MBT4。

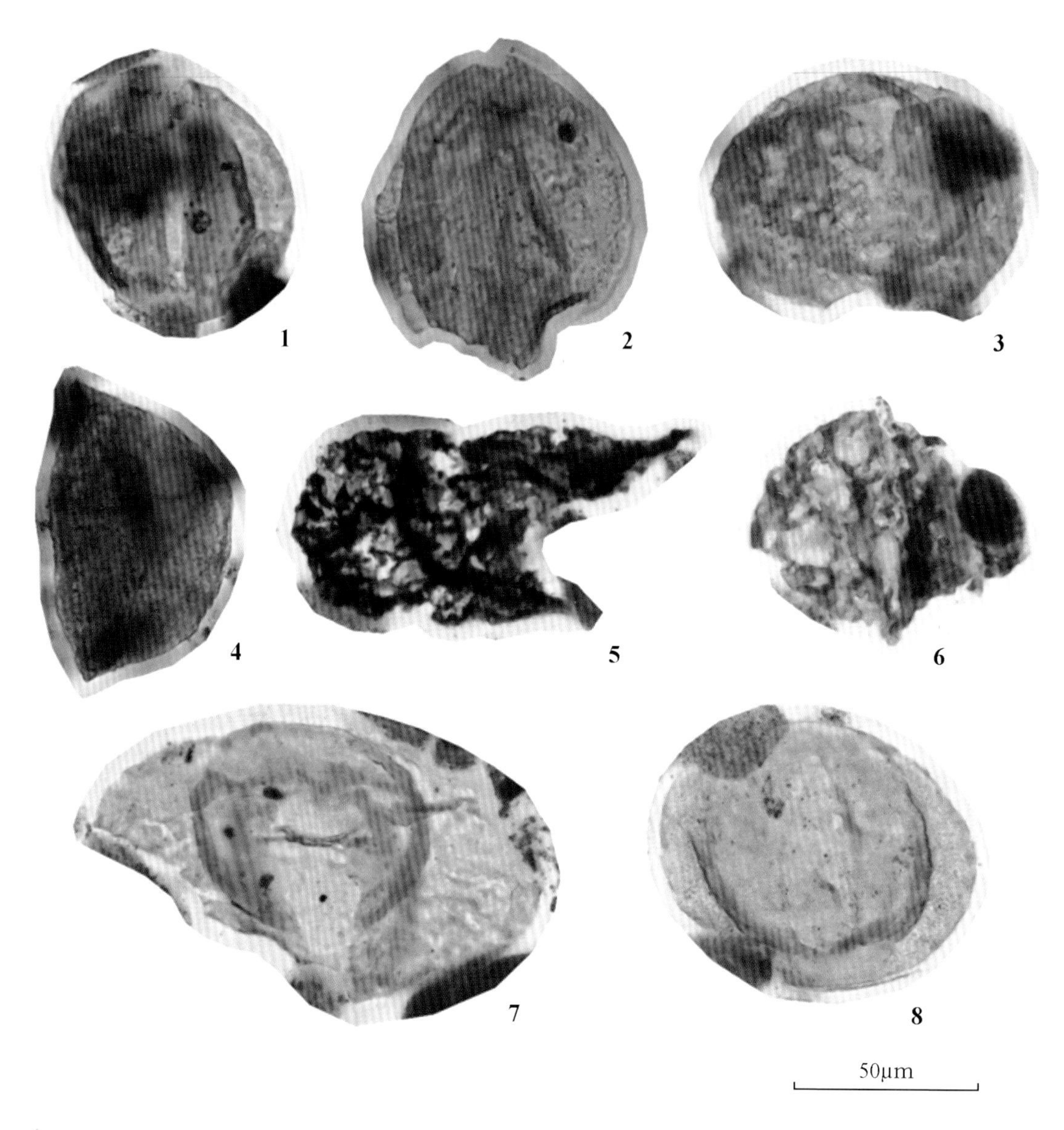

1 原始松柏粉（未定种）*Protoconiferus* sp. 中生代。样品编号 MBT1。

2 原始松柏粉（未定种）*Protoconiferus* sp. 中生代。样品编号 PM001-47F1。

3 原始松粉（未定种）*Protopinus* sp. 中生代。样品编号 MBT2。

4 原始双囊粉（未定种）*Pristinuspollenites* sp. 以中生代为主。样品编号 MBT2。

5 维尔基二肋粉 *Lueckisporitesvirkkiae* (Protonie et Klaus,1954) 新疆，梧桐沟组–锅底坑组。晚二叠标准化石。样品编号 MBT1。

6 拟云杉粉（未定种）*Piceites* sp. 中生代。样品编号 MBT4。

7 残缝粉（未定种）*Vestigisporites* sp. 二叠纪。样品编号 MBT1。

8 原始松粉（未定种）*Protopinus* sp. 中生代。样品编号 MBT1。

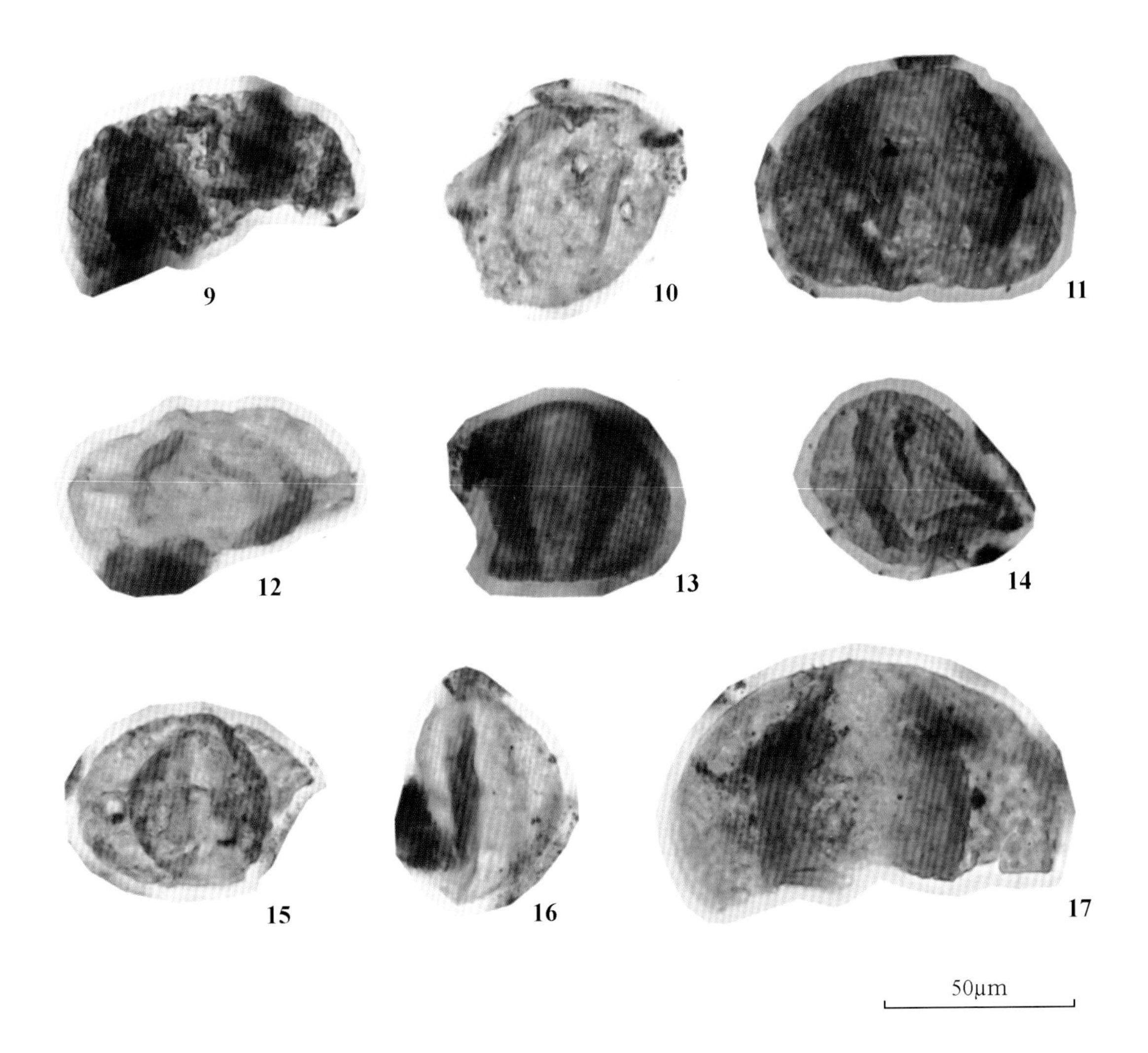

9 残缝粉（未定种）*Vestigisporites* sp. 二叠纪。样品编号 MBT4。

10 松型粉（未定种）*Pityosporites* sp. 晚古生代至早中生代。样品编号 MBT4。

11 松型粉（未定种）*Pityosporites* sp. 晚古生代至早中生代。样品编号 PM001-47F1。

12 塔图二肋粉 *Lueckisporitestattooensis* (Jensonius,1962) 新疆，韭菜园组。样品编号 MBT4。

13 微小阿里粉 *Alisporitesparvus* (De Jersey,1962) 中生代。样品编号 PM001-47F1。

14 微小阿里粉 *Alisporitesparvus* (De Jersey,1962) 中生代。样品编号 PM001-50F1。

15 微小阿里粉 *Alisporitesparvus* (De Jersey,1962) 中生代。样品编号 MBT1。

16 菱形具沟双囊粉 *Sulcatisporitesrhombicus* 山西，和尚沟组。样品编号 MBT3。

17 假云杉粉（未定种）*Pseudopicea* sp. 中生代。样品编号 MBT5。

附录 2 贵州西部“香炉山式铁矿”成矿规律图

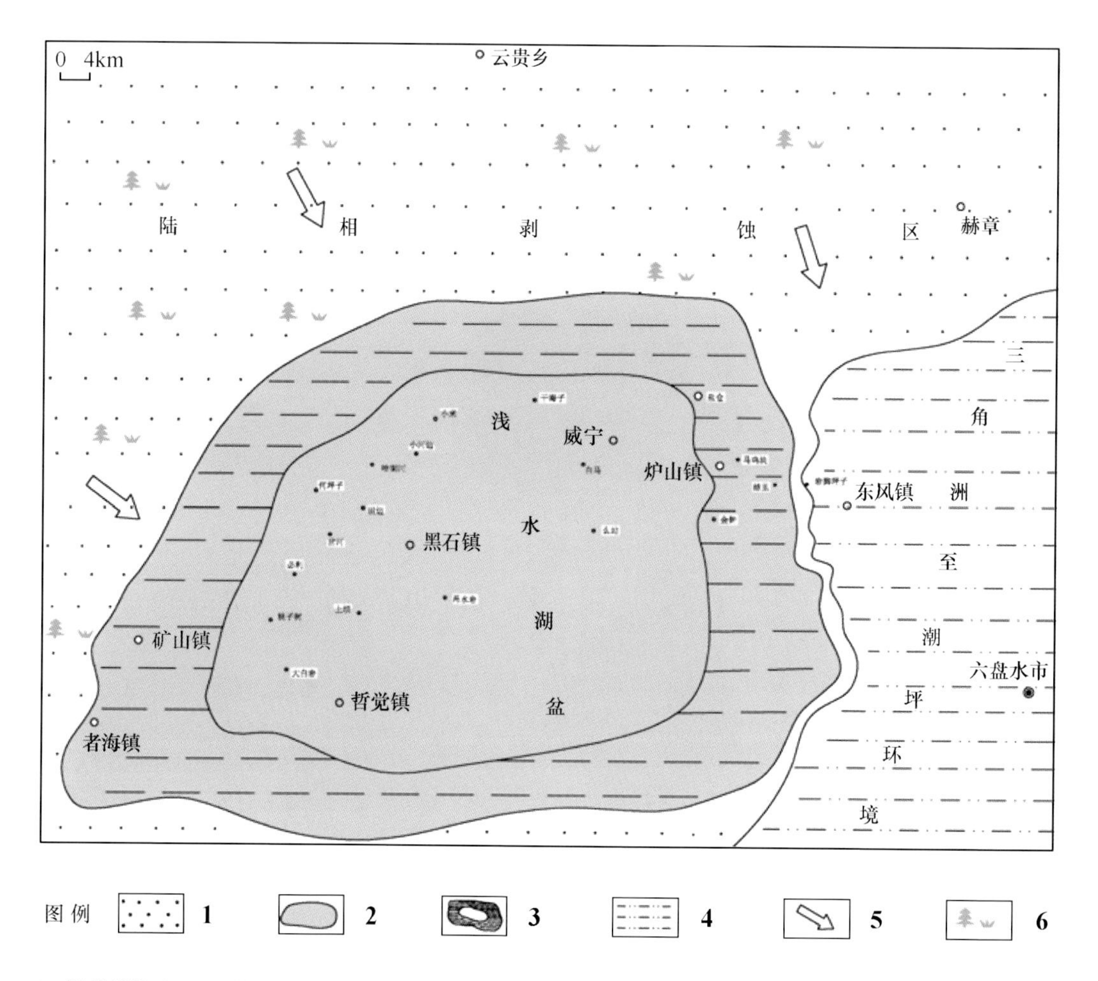

1—陆相剥蚀区；2—陆相湖盆区；3—陆相湖盆边缘；4—三角洲至潮坪环境；5—剥蚀物搬运方向；6—华夏植物群

附录 3　岩矿石质量照片

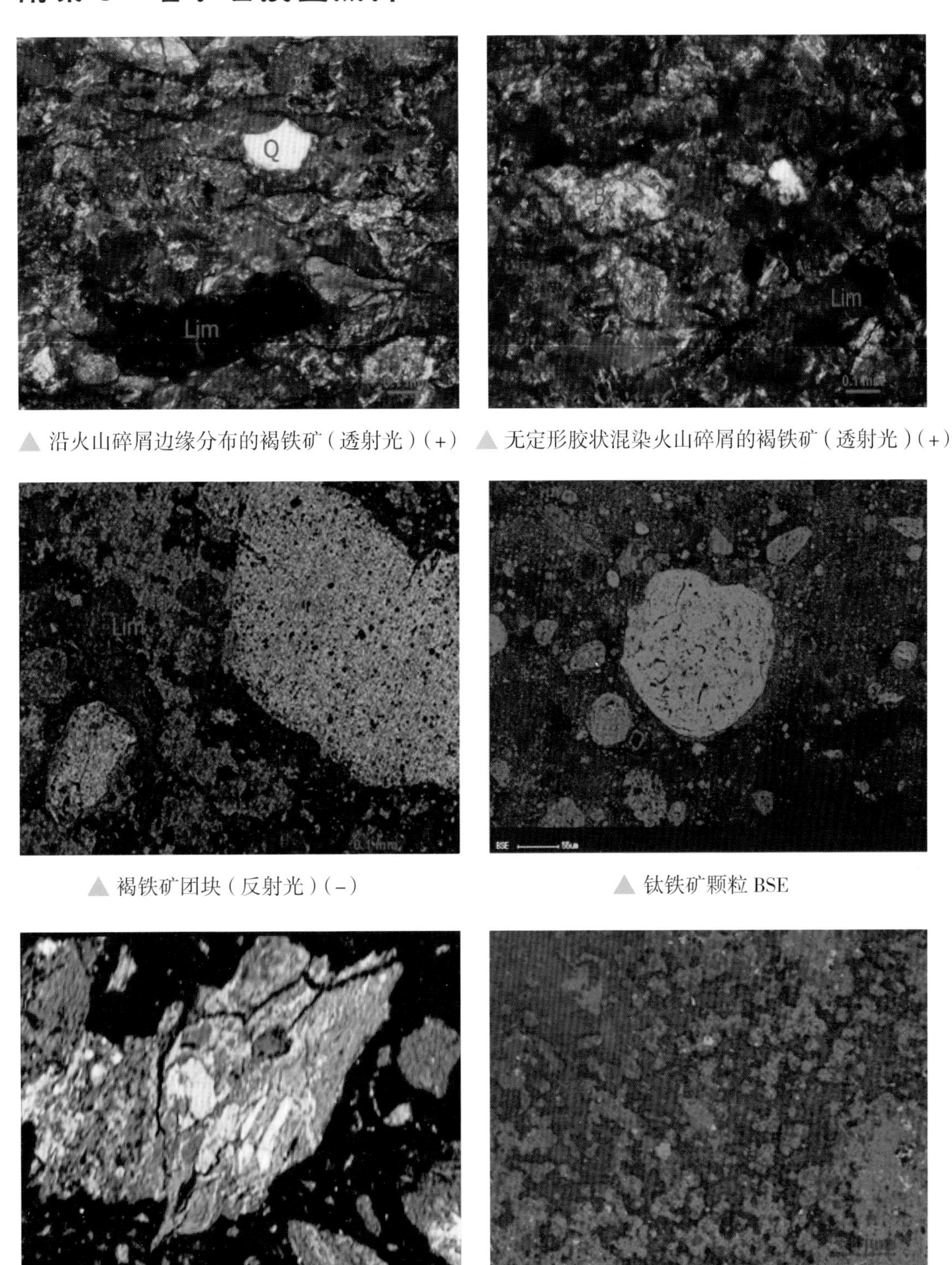

▲ 沿火山碎屑边缘分布的褐铁矿（透射光）(+)

▲ 无定形胶状混染火山碎屑的褐铁矿（透射光）(+)

▲ 褐铁矿团块（反射光）(-)

▲ 钛铁矿颗粒 BSE

▲ 分布于黏土中的钛铁矿（亮白色条状）BSE

▲ 赤铁矿星点状分布（反射）(200×)(-)

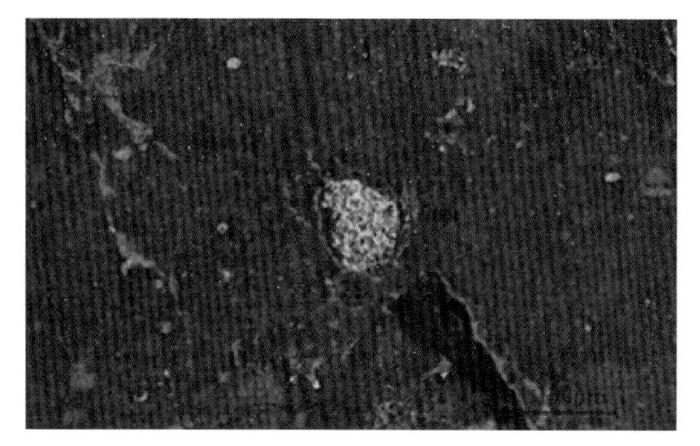
▲ 细脉状赤铁矿（反射）（200×）（-）

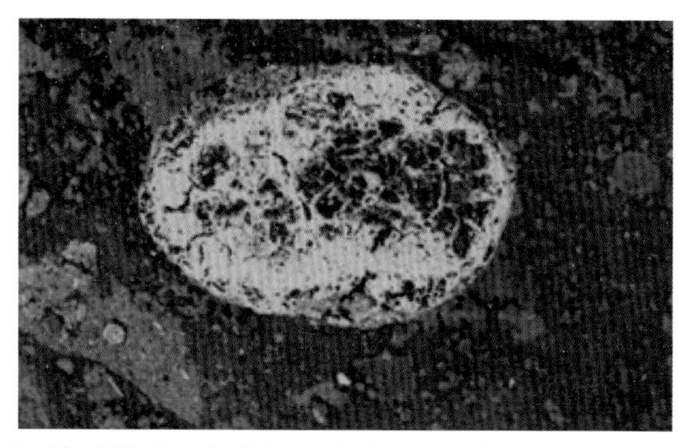
▲ 钛磁铁矿以鲕粒的形式存在（反射）（100×）（-）

▲ 钛磁铁矿鲕粒发生褐铁矿化（反射）（200×）（-）

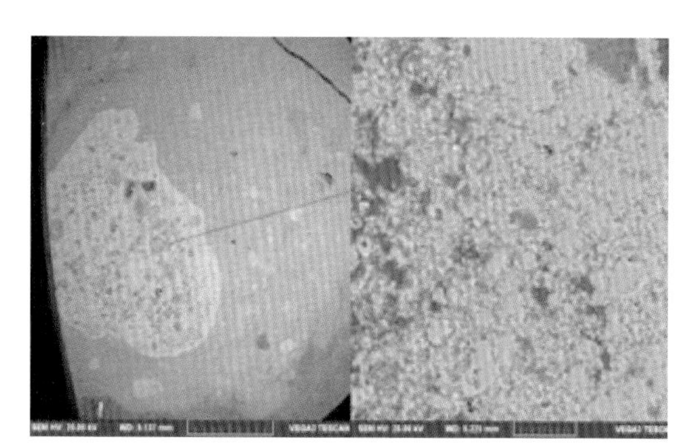
▲ 钛磁铁矿鲕粒 SEM 背散射图像

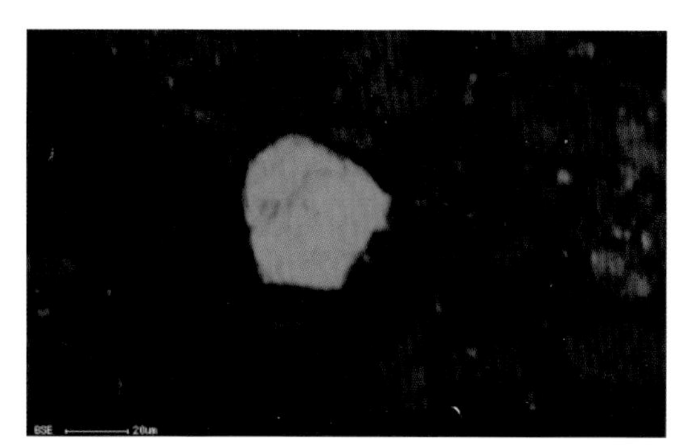
▲ 分布于黏土中的铬铁矿 BSE

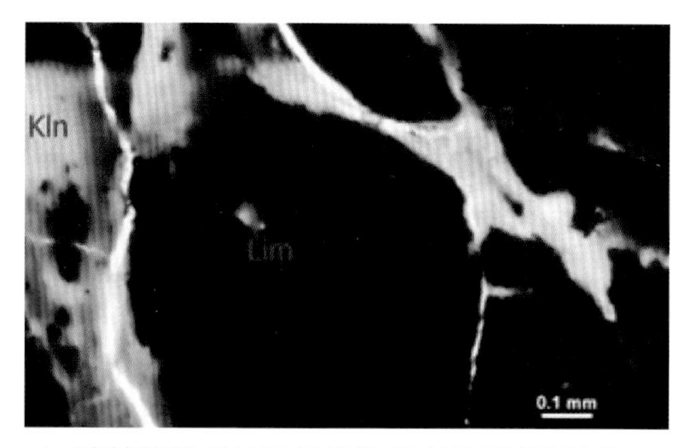

▲ 胶结褐铁矿的隐晶质胶状高岭石（透射光）

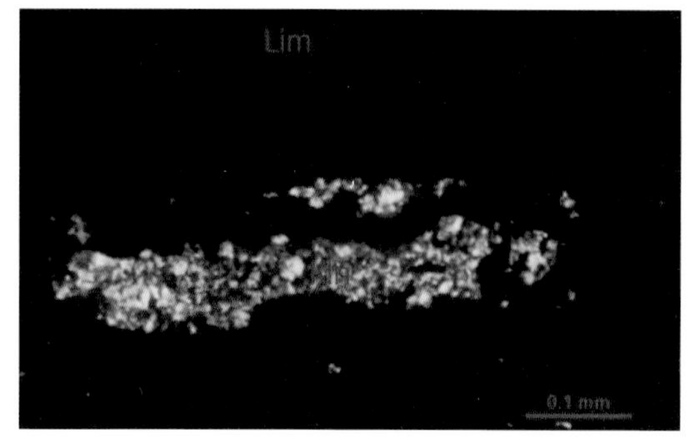

▲ 充填于褐铁矿空隙中的高岭石

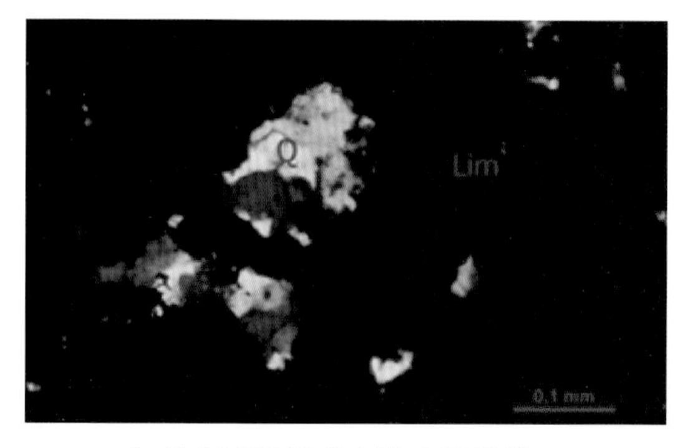

▲ 分布于褐铁矿空隙中的石英

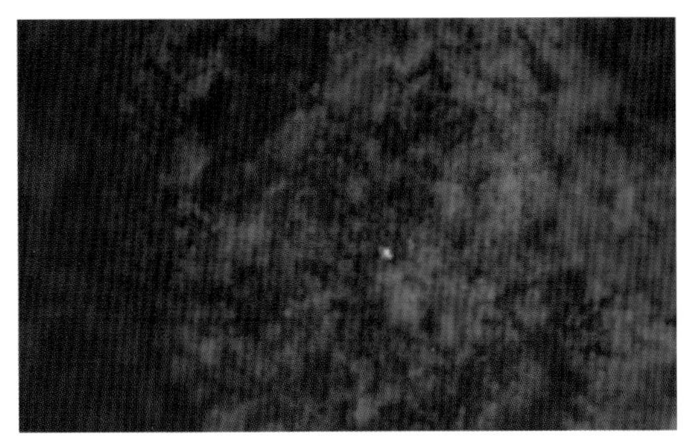

▲ 铁质 ZTC511-Y7B（哲觉）
（光片：反射光，目镜 10×，物镜 20×）

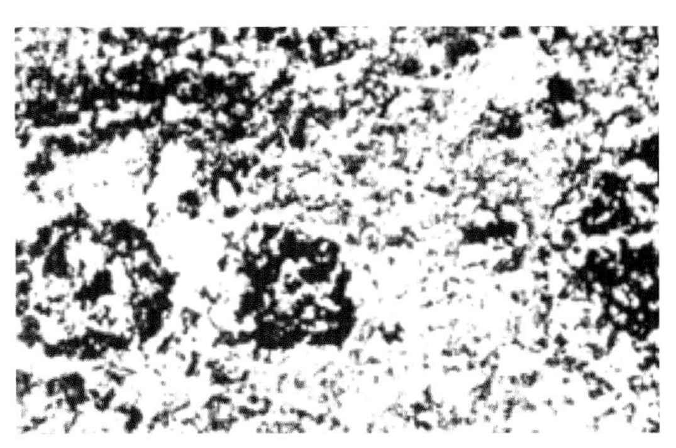

▲ 豆粒状结构（定向排列）ZTC511-Y13B（哲觉）
（薄片：单偏光，目镜 10×，物镜 4×）

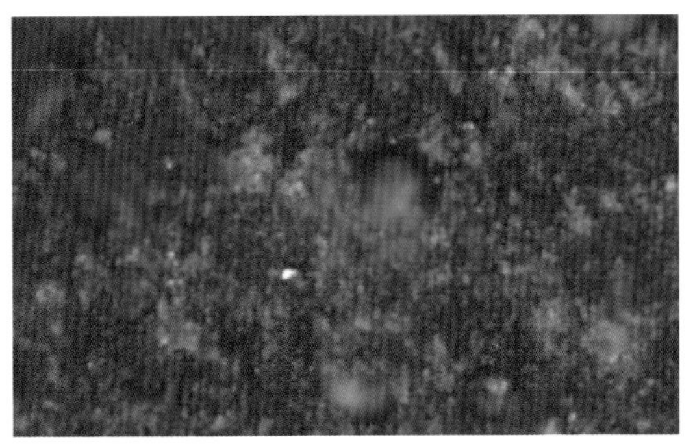

▲ 铁质 ZTC511-Y13B（哲觉）
（光片：反射光，目镜 10×，物镜 20×）

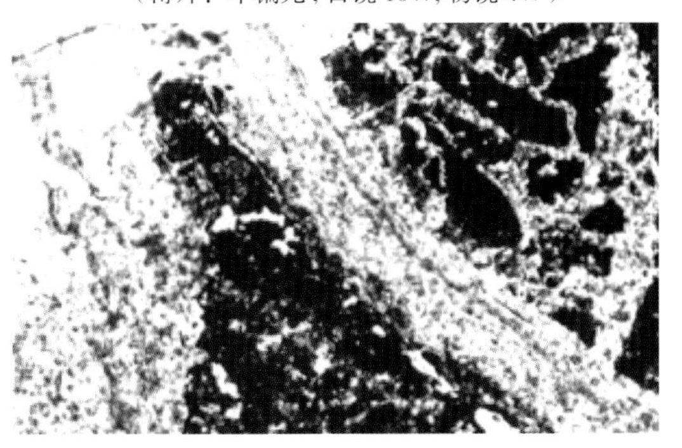

▲ 火山角砾结构 ZK437-1-3B1（哲觉）
（薄片：单偏光，目镜 10×，物镜 4×）

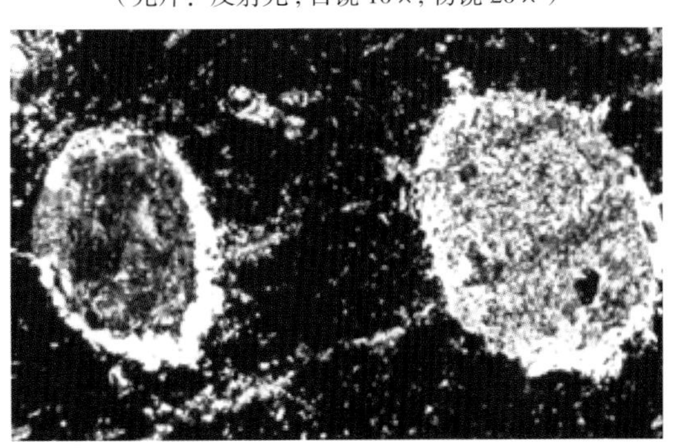

▲ 豆状结构（被石英交代）ZK437-1-3B1（哲觉）
（薄片：正交偏光，目镜 10×，物镜 4×）

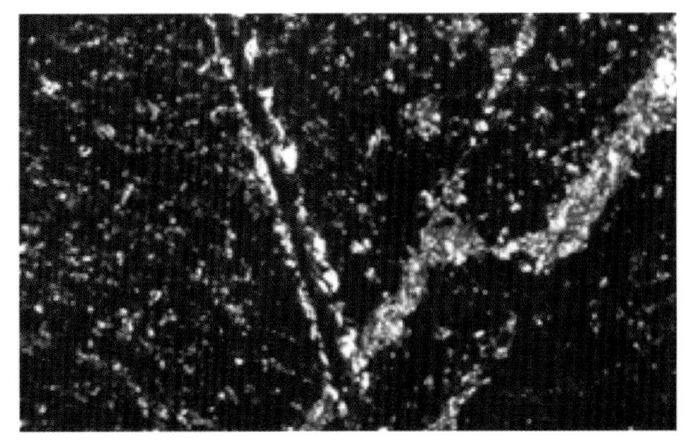

▲ 相互穿插的石英脉 PM465-4Y（哲觉）
（薄片：正交偏光，目镜 10×，物镜 4×）

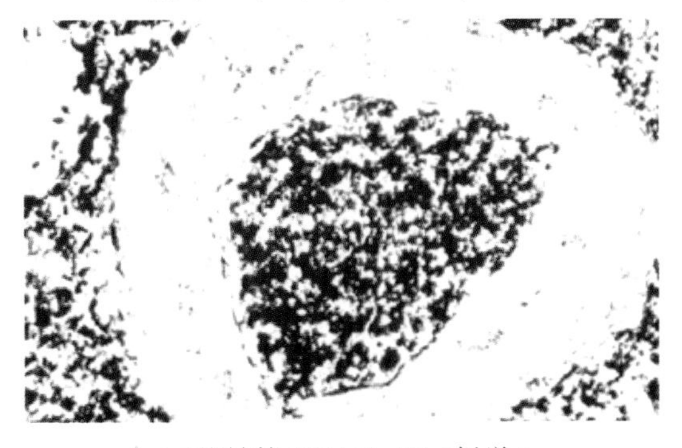

▲ 豆状结构 PM465-5Y（哲觉）
（薄片：单偏光，目镜 10×，物镜 4×）

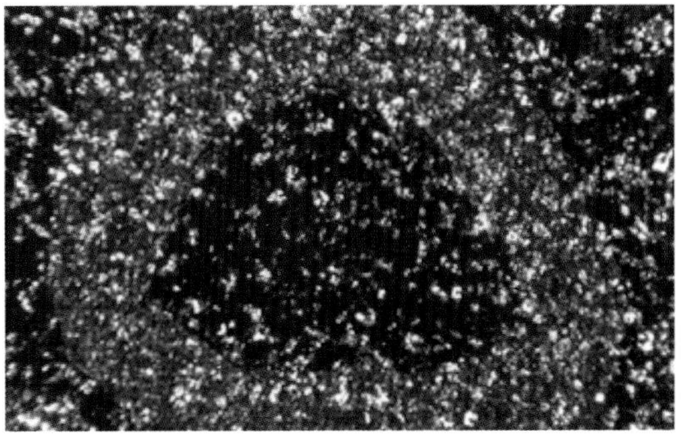

▲ 豆状结构（被石英交代）PM465-5Y（哲觉）
（薄片：正交偏光，目镜 10×，物镜 4×）

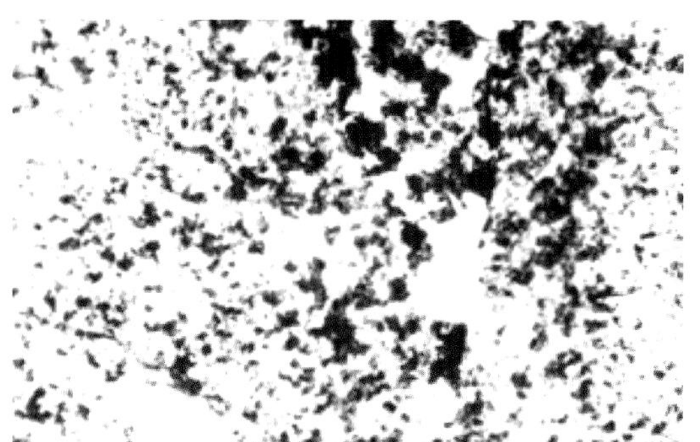

▲ 沉凝灰结构 PM465-11Y（哲觉）
（薄片：单偏光＋锥光，目镜 10×，物镜 4×）

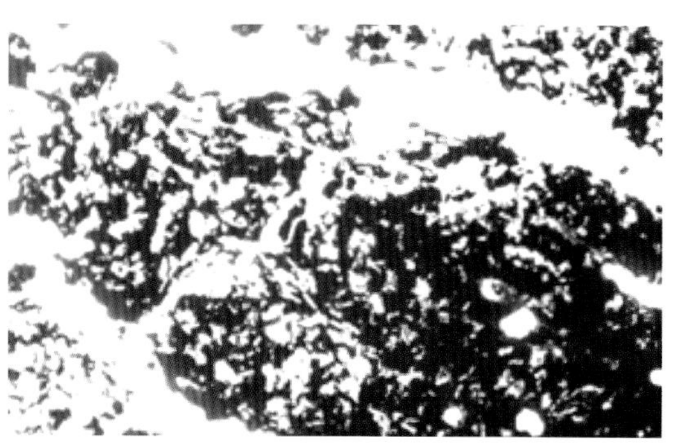

▲ 火山角砾结构 PM465-3Y（哲觉）
（薄片：单偏光，目镜 10×，物镜 4×）

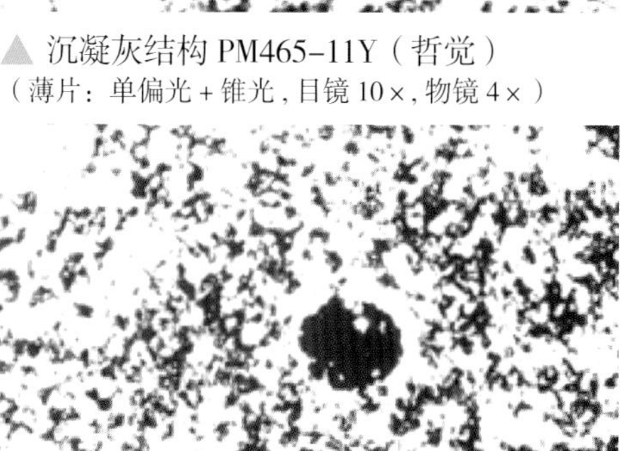

▲ 豆状结构 ZTC511-8B1（哲觉）
（薄片：单偏光，目镜 10×，物镜 4×）

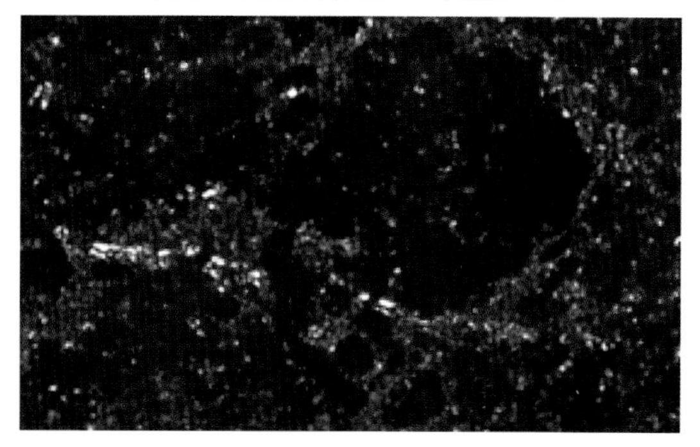

▲ 豆状结构与石英脉 ZTC511-5B（哲觉）
（薄片：正交偏光，目镜 10×，物镜 4×）

▲ 玄武岩拉斑玄武结构含杏仁构造
（薄片：正交偏光，目镜 10×，物镜 5×）

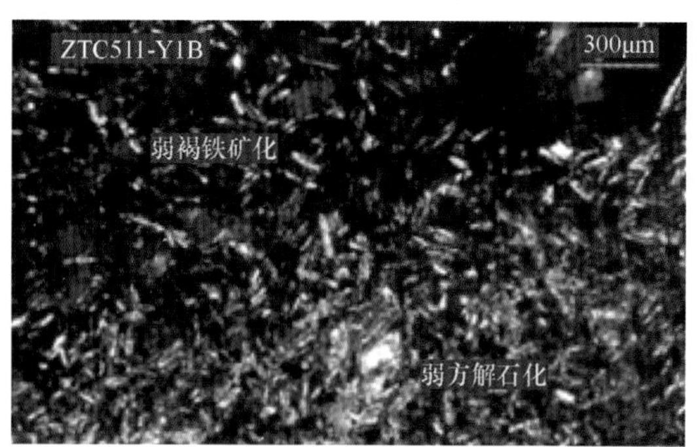

▲ 玄武岩拉斑玄武结构
（薄片：正交偏光，目镜 10×，物镜 5×）

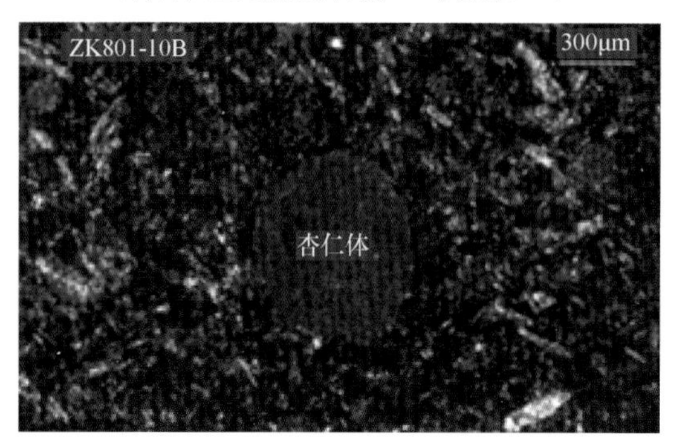

▲ 玄武岩拉斑玄武结构杏仁状构造
（薄片：正交偏光，目镜 10×，物镜 5×）

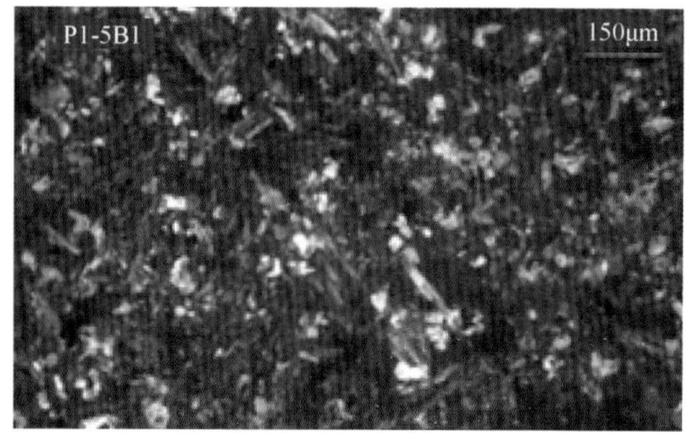

▲ 玄武岩拉斑玄武结构含杏仁构造
（薄片：正交偏光＋锥光，目镜 10×，物镜 10×）

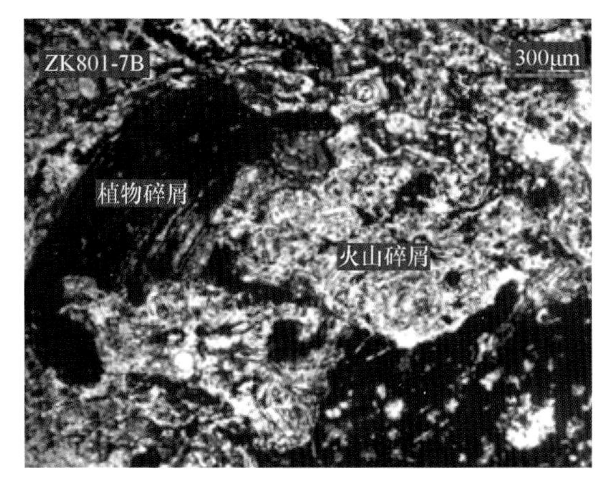

▲ 玄武质火山角砾岩中的植物碎屑（薄片）

▲ 含铁岩系与其宣威组的斜截关系

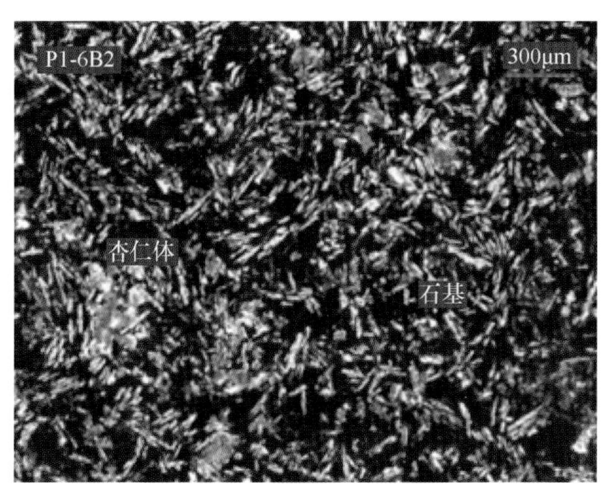

▲ 拉斑玄武结构含杏仁构造
（薄片：单偏光，目镜 10×，物镜 5×）

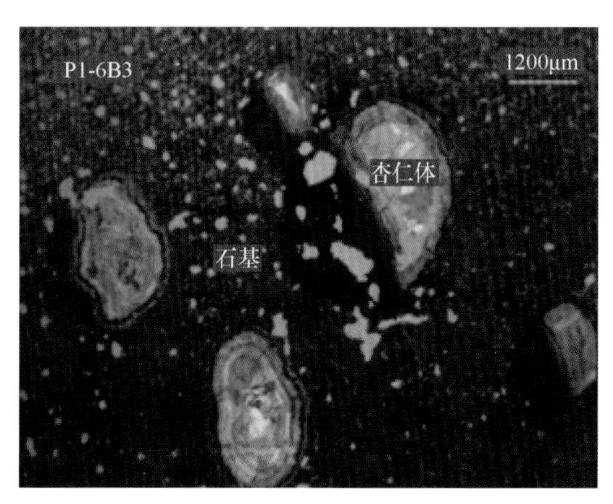

▲ 椭圆状杏仁构造
（薄片：正交偏光，目镜 10×，物镜 1.25×）

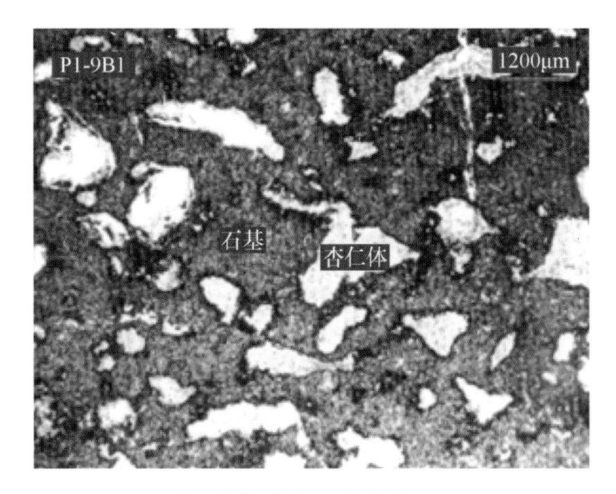

▲ 不规则杏仁状构造
（薄片：单偏光，目镜 10×，物镜 1.25×）

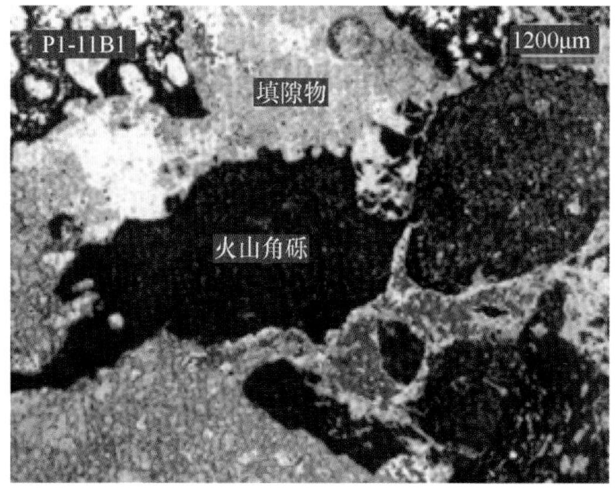

▲ 火山角砾结构
（薄片：单偏光，目镜 10×，物镜 1.25×）

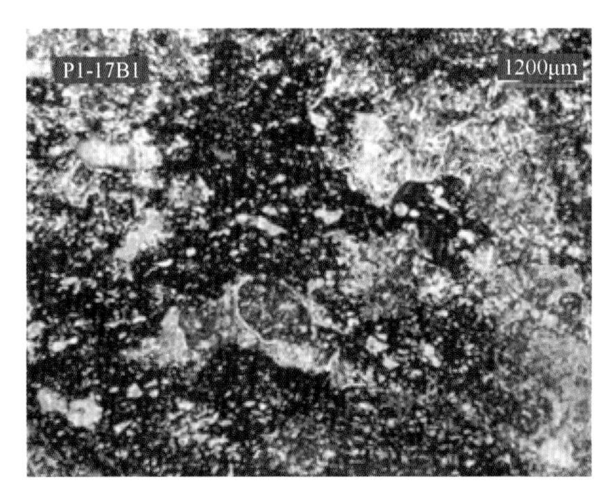

▲ 岩屑结构

（薄片：单偏光，目镜 10×，物镜 1.25×）

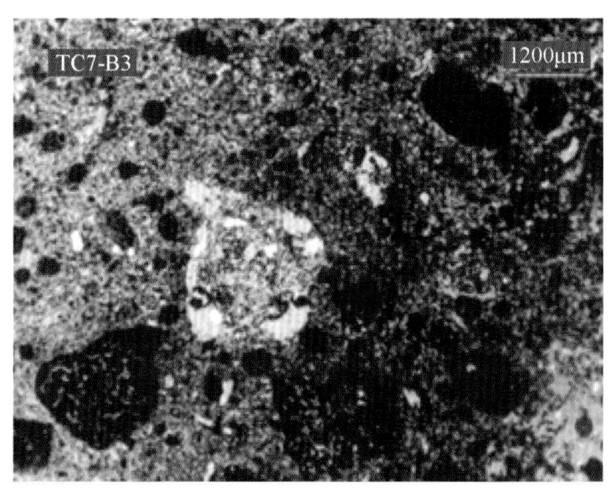

▲ 凝灰结构

（薄片：单偏光，目镜 10×，物镜 1.25×）

▲ 茅口组最顶部露头

（由颗粒灰岩与粒泥白云岩组成）

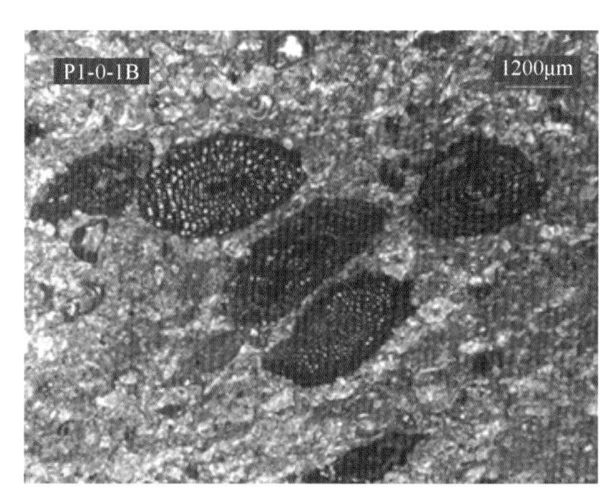

▲ 微－泥晶生物屑结构（蜓科化石）

（薄片：单偏光，目镜 10×，物镜 1.25×）

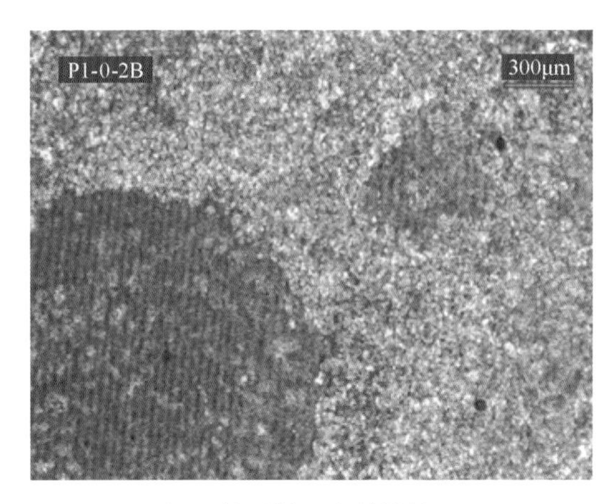

▲ 生物屑粉－微晶结构

（薄片：单偏光＋茜素红染色，目镜 10×，物镜 5×）

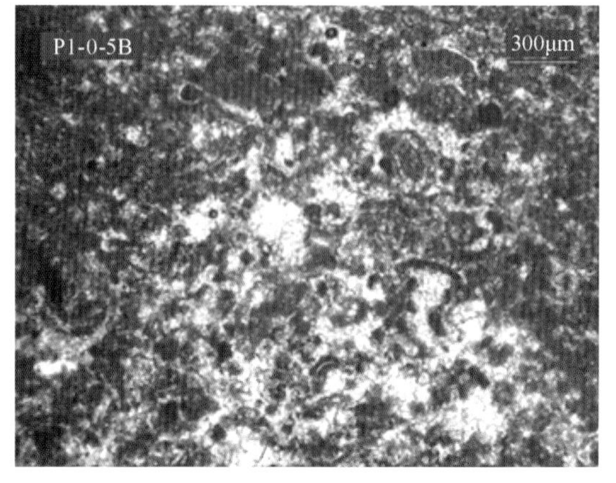

▲ 微－泥晶生物屑藻砂屑结构

（薄片：单偏光，目镜 10×，物镜 5×）

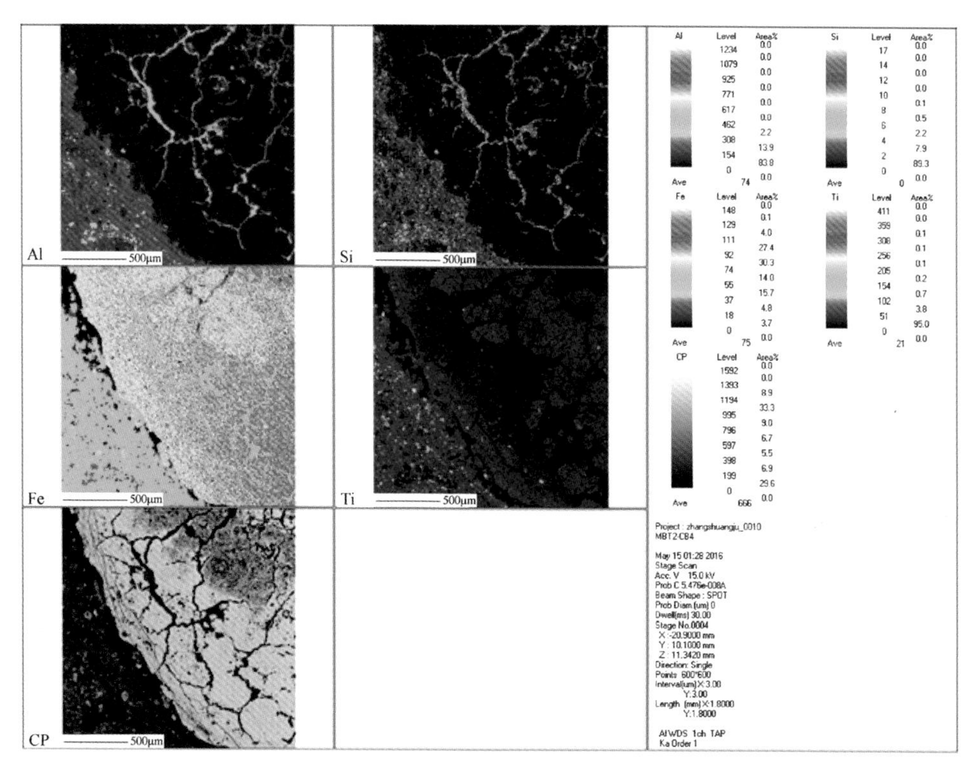

▲ MBT2-CB4 面扫描图像

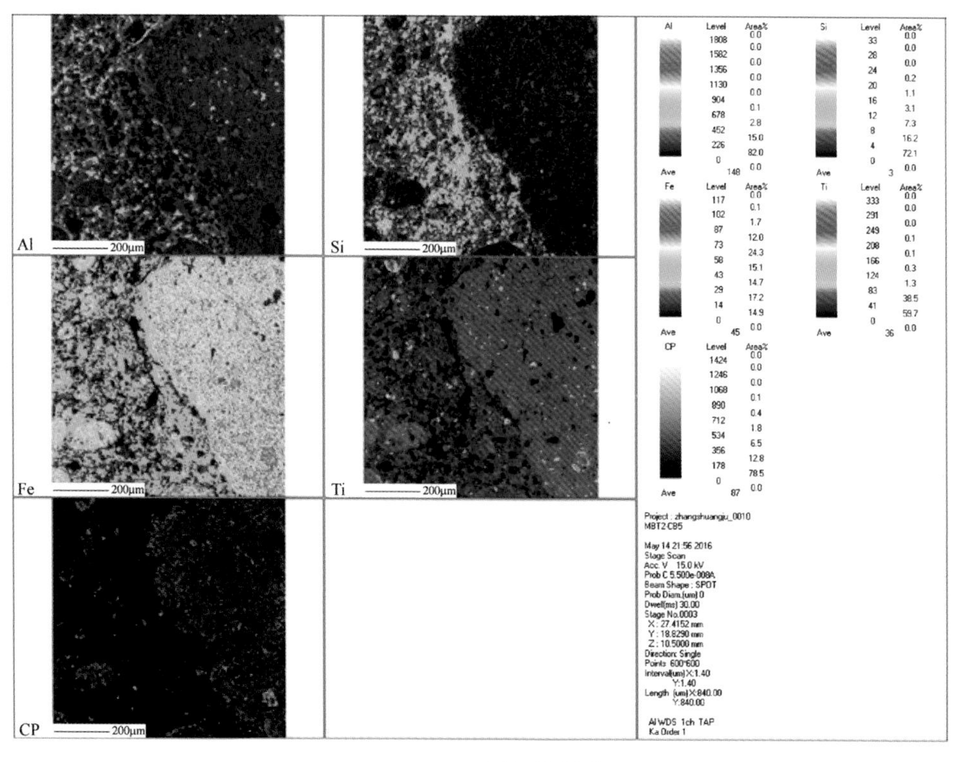

▲ MBT2-CB5 面扫描图像

附录 4　沉积相及风化淋滤现象照片

▲ 香炉山 TC11 铁矿层底部的豆粒结构

▲ 香炉山 TC11 剖面铁矿层顶部的次级风化壳
（黄褐色，褐铁矿层）

▲ 香炉山 TC11 铁矿层中的泥裂构造

▲ 哲觉 TC481 剖面硬质铝土岩中的“姜结仁”结构
（古风化壳的典型结构）

▲ 香炉山 MBT2 铁矿层中的渗流孔

▲ 香炉山 MBT2 铁矿层中的渗流管

▲ 香炉山 MBT2 铁矿层中的渗流孔及物质流失的孔洞

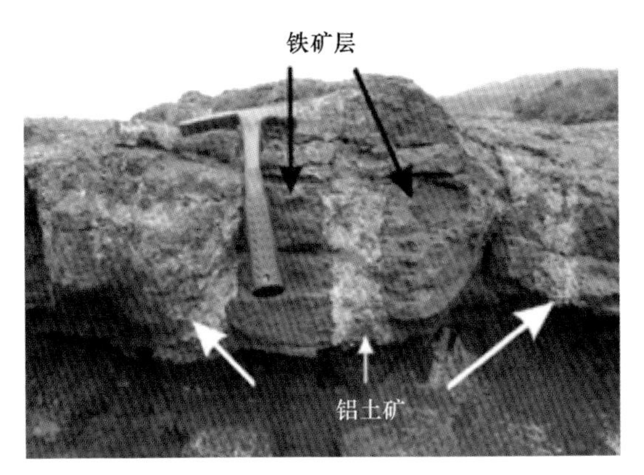

▲ 香炉山充填于铁矿层裂隙中的铝土岩岩脉
（据 113 队铁矿报告）

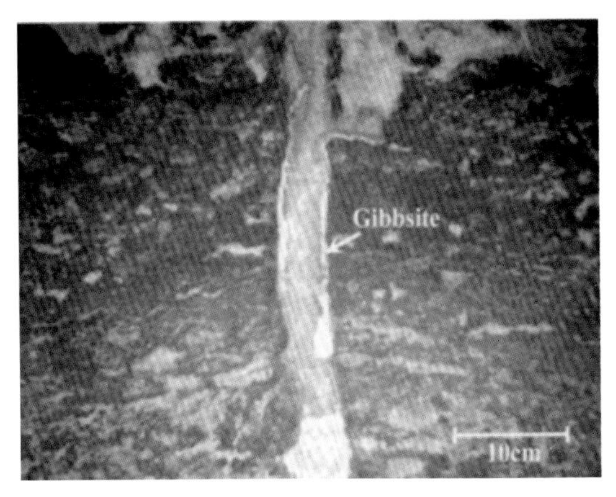

▲ 北爱尔兰，Lyle 矿山采壁中三水铝石的裂隙（渗流管）充填结构，指示古风化剖面上铝质的再分配现象

附录 5　矿区铁矿露头照片